国家科学技术学术著作出版基金资助出版

现代原竹结构研究及应用

周绪红　周期石　著

中国建筑工业出版社

图书在版编目（CIP）数据

现代原竹结构研究及应用 / 周绪红，周期石著.

北京：中国建筑工业出版社，2024.6. -- ISBN 978-7-112-30042-6

Ⅰ. TU759.9

中国国家版本馆 CIP 数据核字第 2024GY8553 号

责任编辑：杨　允　李静伟
责任校对：赵　力

现代原竹结构研究及应用

周绪红　周期石　著

*

中国建筑工业出版社出版、发行（北京海淀三里河路 9 号）

各地新华书店、建筑书店经销

北京红光制版公司制版

河北鹏润印刷有限公司印刷

*

开本：787 毫米×1092 毫米　1/16　印张：15¼　字数：379 千字

2024 年 6 月第一版　2024 年 6 月第一次印刷

定价：**89.00** 元

ISBN 978-7-112-30042-6

（43120）

前　言

　　2020 年，中国在第 75 届联合国大会上正式提出了 2030 年实现碳达峰、2060 年实现碳中和的"双碳"目标。为了贯彻落实"双碳"目标，2021 年国家林业和草原局等 10 部门发布了《关于加快推进竹产业创新发展的意见》，指出"在满足质量安全的条件下，逐步推广竹结构建筑和竹质建材。"2022 年中共中央办公厅、国务院办公厅印发《乡村建设行动实施方案》，指出农房应因地制宜推广木竹结构安全可靠的新型建造方式。2022 年住房和城乡建设部发布了《"十四五"建筑节能与绿色建筑发展规划》，指出要加强高品质绿色建筑建设，推广新型绿色建造方式，因地制宜发展木结构建筑，促进绿色建材推广应用，推动绿色城市建设。在国家和地方政策的支持和鼓励下，现代竹结构在我国得到了越来越广泛的关注。

　　基于此背景，依据《木结构设计规范》GB 50005—2017 等国家标准，吸纳"十三五"国家重点研发计划项目"绿色生态木竹结构体系研究与示范应用"研究成果编写了本书。本书系统讲解了现代原竹结构的发展概况、原竹材料的力学性能及评价方法、新型原竹及原竹组合构件、新型原竹及原竹组合节点、新型原竹及原竹组合体系、新型原竹及原竹组合结构施工安装方法以及工程应用等。本书可作为土木工程、林业工程等相关专业的教材，也可作为竹结构领域从事科研生产的工程技术人员的学习参考用书。

　　本书主要由重庆大学、中南大学、浙江大学、昆明理工大学、中冶建工集团等从事竹结构相关的教学科研人员联合编著而成。在此由衷感谢卓新、柏文峰、程睿、何子奇、聂诗东、刘鹏程等为本书编著做出的贡献。本书还参考并引用了一些公开出版的文献，在此表示由衷感谢！限于作者水平有限，书中谬误之处在所难免，敬请读者指正。

周绪红　周期石

目 录

第 1 章　原竹结构的发展及应用概况

原竹结构在我国的应用和发展可追溯到远古时期，从新石器时代的干栏式建筑到一千年前少数民族开始兴建的竹楼，再到现代竹结构建筑，人们对竹子特性的了解日益深入，原竹建造技术亦日趋成熟。1984 年，一座集我国传统建造技术与现代科学技术的竹楼 [图 1-1(a)] 在瑞士苏黎世展出，建筑面积约 $1200m^2$，满足使用荷载 $300kN/m^2$ 的要求[2]。1988 年，德国巴登符腾堡州花园展览会建造了一座由昆明市建筑设计研究院设计的单跨拱高 7.2m、跨度 22m 的两跨拱形原竹吊桥 [图 1-1(b)]，被誉为"欧洲第一桥"。在工程验收时通过加载试验表明，该桥面均布荷载总重量可达到 26t，卸载后残余变形几乎为零，可见竹子具有极其优异的弹性[3]。2008 年，世界最大的竹结构"游牧博物馆" [图 1-1(c)] 在墨西哥建成，该博物馆占地面积为 $5130m^2$，为当时全拉美最大的博物馆[4]。同年，印尼巴厘岛"绿色学校"[图 1-1(d)] 建成，校园不仅拥有世界上规模最大的竹建筑群，配套设施亦采用了绿色环保的能源系统[5]。2010 年，上海世博园"德中同行馆"[图 1-1(e)] 为采用原竹和竹层积材自支撑的两层建筑[6]，成为象征德中友谊的典型项目。2011 年，越南永福省的纯原竹鸟翼结构 [图 1-1(f)] 获评芝加哥科学博物馆国

(a) 瑞士苏黎世竹楼

(b) 德国巴登符腾堡州花园展览会竹桥

(c) 墨西哥"游牧博物馆"

(d) 印尼巴厘岛"绿色学校"

图 1-1　国内外典型竹建筑（一）

1

(e) 上海世博园"德中同行馆"

(f) 越南鸟翼竹结构

(g) 成都菊乐牧场亲子园

(h) "中国龙泉·国际竹建筑双年展"低耗能
示范竹屋

(i) 北京世园会竹藤馆

(j) 中冶柏芷山游客接待中心

图 1-1 国内外典型竹建筑（二）

际建筑奖，成为生态绿色建筑的典型范例[7]。2015 年，四川成都的菊乐牧场亲子园
［图 1-1(g)］就地取材，采用大量竹元素，打造了集文化、生态、地域和时代特征于一体
的标志性亲子互动空间[8]。2016 年，"中国龙泉·国际竹建筑双年展"展示了 12 位国际
建筑师设计的 18 座风格迥异的竹建筑［图 1-1(h)][9]。竹建筑能够结合地域文化和习俗，
将自然和生活完美融合。2019 年，北京世界园艺博览会竹藤馆［图 1-1(i)］采用原竹拱
建筑体系，竹拱跨度达到 32m，为目前我国北方跨度最大的无支点拱形原竹建筑[10]。
2021 年，由中冶建工集团开发的贵州遵义柏芷山游客接待中心原竹建筑［图 1-1(j)］建造完
成，该项目规模为 1000m²，跨度为 28m，高度为 15m，原竹结构采用了国内首创的装配式

施工工艺。

随着经济社会的发展和科学技术的进步，全球越来越重视环境保护，各国对绿色建筑的发展越来越重视。许多国家出台了一系列政策推动建筑业的绿色发展，比如美国的《零能耗、高性能绿色建筑行政命令》、欧盟的《欧洲绿色新政》等。随着我国"十四五"规划的颁布和党的二十大的召开，全国绿色建筑和木竹结构的发展进入了新阶段。表 1-1 为近年来我国在绿色建筑及木竹结构方面颁布的相关政策。由此可见，发展绿色建筑是大势所趋，木竹结构作为绿色建筑的一个重要组成部分也将发挥重要作用。

近年来我国关于发展绿色建筑及木竹结构的相关政策　　　　　表 1-1

颁布时间	颁布部门	政策名称	主要内容
2022 年	住房和城乡建设部	《"十四五"建筑节能与绿色建筑发展规划》	加强高品质绿色建筑建设，推广新型绿色建造方式，因地制宜发展木结构建筑，促进绿色建材推广应用，推动绿色城市建设
2022 年	中共中央办公厅、国务院办公厅	《乡村建设行动实施方案》	农房因地制宜推广装配式钢结构、木竹结构安全可靠的新型建造方式
2022 年	中共吉林省委办公厅、吉林省人民政府	《吉林省乡村建设行动实施方案》	因地制宜推广装配式钢结构、木竹结构安全可靠的新型建造方式，规范带动农民建设功能现代、风貌乡土、成本经济、结构安全、绿色环保的宜居性住房
2021 年	国家林业和草原局、国家发展改革委、科技部、工业和信息化部、财政部、自然资源部、住房和城乡建设部、农业农村部、中国银保监会、中国证监会	《十部门关于加快推进竹产业创新发展的意见》	到 2035 年，全国竹产业总产值超过 1 万亿元，成为世界竹产业强国。在满足质量安全的条件下，逐步推广竹结构建筑和竹质建材
2021 年	西藏自治区住房和城乡建设厅	《西藏自治区绿色建筑创建行动实施方案（征求意见稿）》	自治区各级财政部门要加大财政支持力度，有针对性扶持绿色建筑发展
2020 年	住房和城乡建设部、国家发展改革委、教育部、工业和信息化部、人民银行、国管局、银保监会	《绿色建筑创建行动方案》	推动新建建筑全面实施绿色设计，推广装配化建造方式，推动绿色建材应用
2020 年	国家林业和草原局	《加快木竹结构建筑和建材产业发展》	加快木竹结构建筑等新型建筑工业化发展，加大环境友好健康宜居的木竹建筑和相关建材应用，推动建筑业高质量发展和绿色发展
2020 年	北京市住房和城乡建设委员会、北京市规划和自然资源委员会、北京市财政局	《北京市装配式建筑、绿色建筑、绿色生态示范区项目市级奖励资金管理暂行办法》	对绿色建筑给予财政奖励，用于支持装配式建筑、绿色建筑的非政府民用建筑项目和绿色生态示范区
2020 年	浙江省第十三届人民代表大会常务委员会	《浙江省绿色建筑条例（修正文本）》	省城乡建设主管部门应当将先进、适用的绿色建筑新技术、新工艺、新材料和新设备纳入本省建设工程材料和设备的推广使用目录

颁布时间	颁布部门	政策名称	主要内容
2020 年	河北省人民代表大会常务委员会	河北省促进绿色建筑发展条例	推动建材工业转型升级，支持企业开展绿色建材生产和应用技术改造，促进**绿色建材和绿色建筑产业**融合发展
2019 年	山西转型综合改革示范区管理委员会	《山西转型综改示范区绿色建筑扶持办法（试行）》	鼓励项目建设单位优先采用示范区内企业研发生产的**建筑节能（技术）产品或绿色建材**
2019 年	贵州省住房和城乡建设厅、贵州省发展和改革委员会、贵州省财政厅、贵州省机关事务管理局	《加快绿色建筑发展的十条措施》	对星级**绿色建筑、可再生能源**应用、非传统水源利用、既有建筑节能和绿色化改造等项目进行奖补
2018 年	四川省人民政府办公厅	《关于推进竹产业转型发展的意见》	形成以川南**竹产业集群**和青衣江、渠江、龙门山三大竹产业带为支撑的现代竹业发展格局，现代竹林基地突破 1000 万亩
2018 年	天津市人民政府	《天津市绿色建筑管理规定》	绿色建筑项目应当优先使用绿色建材和设备，鼓励使用**可再生、可循环的建筑材料**
2015 年	辽宁省人民政府办公厅	《辽宁省绿色建筑行动实施方案》	加快**绿色建筑相关技术研发推广**
2014 年	四川省住房和城乡建设厅、四川省发展和改革委员会	《四川省推进绿色建筑行动实施细则》	建立**绿色建材**评价标识体系，大力发展绿色环保建材产业
2013 年	河南省发展和改革委员会、河南省住房和城乡建设厅	《河南省绿色建筑创建行动实施方案》	鼓励城市新区集中连片发展绿色建筑，建设**绿色生态城区**
2013 年	福建省人民政府办公厅	《福建省绿色建筑行动实施方案》	加大对**绿色建筑**的资金投入，重点支持绿色生态城区示范、绿色建筑工程、建筑工业化、既有建筑节能改造、可再生能源建筑应用等重点工作
2013 年	江西省发展和改革委员会、江西省住房和城乡建设厅	《江西省发展绿色建筑实施意见》	支持**绿色建筑项目和绿色生态城区**建设
2013 年	青海省发展和改革委员会、青海省住房和城乡建设厅	《青海省绿色建筑行动实施方案》	从整体上**推动绿色建筑发展**，并注重集中资金，支持政府投资公益性建筑在加快绿色建筑发展方面率先突破

  对于原竹材料性能的研究，主要可分为微观和宏观两个层面。尽管竹子的种类繁多，但是其基本组织构造大体相同。竹材由维管束系统、基本系统和表皮系统组成。维管束系统由维管束群组成，包含纤维、导管、筛管等。基本系统由薄壁组织和髓环组织组成，是

维管束系统之间的填充物。表皮系统包括表皮层、皮层和皮下层，为竹子最外侧至维管束最外侧之间的细胞组织。表皮系统对竹材内部起到了重要的保护作用。维管束系统对竹材的力学性能起到了决定性作用。表 1-2 为国内外在竹材微观方面的主要研究。

国内外在竹材微观方面的主要研究 表 1-2

文献	研究内容	主要结论
Grosser D 等[11]	维管束的分类	根据竹子横切面维管束的特点将维管束分为开放型、紧腰型、断腰型和双断腰型 4 个基本类型
李世红 等[12]	采用自动图像分析仪对竹材中纤维的含量进行测定	竹材中纤维体积分数从竹黄至竹青呈非线性递增趋势
马乃训 等[13]	竹龄、胸径和竹杆部位对竹材纤维形态、组织含量、纤维素含量以及密度的影响	竹杆部位影响纤维长度，胸径影响组织含量，竹龄、胸径和竹杆部位均影响纤维素含量和密度
Amada S 等[14]	竹材的断裂韧性	竹材的断裂韧性和纤维体积分数具有较强的相关性
Lo T 等[15]	通过扫描电镜观测了竹子的维管束密度并进行了抗压试验	维管束密度越大，竹子的承载力越高
刘焕荣 等[16]	对竹材从竹青至竹黄进行了分层抗拉试验	竹材顺纹抗拉强度和弹性模量与纤维含量成正比

由竹材的微观构造可知，竹材为非匀质的各向异性材料。竹材在顺纹方向具有较强的受力性能，横纹方向则相对较弱。从宏观角度分析，竹材的力学性能受到竹材品种、立地条件、竹龄、含水率、密度、取材部位、有无竹节等诸多因素的影响。表 1-3 为国内外在竹材宏观方面的主要研究。

国内外在竹材宏观方面的主要研究 表 1-3

文献	研究内容	主要结论
杨中强 等[17]	对华南地区 8 种竹子进行了物理力学性能试验	不同竹种的密度、顺纹抗拉强度、顺纹抗压强度、顺纹抗剪强度和抗弯强度存在较大差异
鲁顺保 等[18]	研究了立地条件对毛竹力学性能的影响	土壤厚度对竹材抗压、抗剪和抗弯性能具有显著影响
林金春 等[19]	对不同立地条件毛竹的物理力学性能进行测试	Ⅲ级地竹材的基本密度、顺纹抗压强度、抗弯强度和抗弯弹性模量均大于Ⅰ级地和Ⅱ级地
王健 等[20]	开展了不同竹龄麻竹的物理力学性能试验	竹材的密度、顺纹抗拉强度、顺纹抗压强度、抗弯强度及弹性模量随着竹龄先增大后减小
钟莎 等[21]	毛竹干缩率与含水率的关系	毛竹的弦向干缩率随着含水率的增大而增大，径向干缩率随着含水率的增大而降低
Xu Qi 等[22]	研究了含水率对竹材力学性能的影响	当含水率达到 30% 时，竹材力学性能显著降低
张晓冬 等[23]	对毛竹的弯曲性能及相应密度进行了测试	竹材的弯曲性能与密度呈现近似线性关系

续表

文献	研究内容	主要结论
李光荣等[24]	研究了毛竹气干密度、顺纹抗压强度、抗弯强度及弹性模量与试件部位的关系	从基部到梢部上述性能逐渐增大
邵卓平等[25]	竹节对竹材力学性能的影响	竹节对竹材的顺纹抗压强度、顺纹抗剪强度和抗弯强度具有一定的增强作用,对顺纹抗拉强度具有显著的降低作用

由于竹材具有非匀质各向异性的特征,不同尺寸、方向和高度的力学性能都不尽相同,这导致工程应用中要耗费大量的竹材性能测试时间和成本。为探究竹材性能之间的相关性进而实现对竹材性能的预测,学者开展试验对竹材物理力学性能的相关关系进行了研究并取得了相关成果。Sá Ribeiro RA 等[26]通过应力波计时器(SWT)对竹材进行无损检测,获取了竹杆在不同高度位置处的密度、弹性模量、断裂模量等性能,并建立了各物理力学性能之间的关系模型。H Ren 等[27]和 A Kumar 等[28]研究了竹材顺纹抗压强度、抗弯强度、顺纹抗拉强度与密度的关系,结果表明竹材力学性能与密度之间具有良好的相关性。P G Dixon 等[29]研究了毛竹轴向抗压性能与密度的关系,结果表明两者具有线性相关关系。

对于原竹结构构件,目前的研究较少。R Lorenzo 等[30]提出了确定竹杆弯曲时截面应变和应力分布的解析双模量模型并通过单根竹杆的弯曲试验验证了模型的准确性。M F García-Aladín 等[31]开展了双竹杆梁的抗弯刚度试验与有限元分析,研究表明,与没有连接件的双竹杆梁相比,两端有连接件的梁的刚度略有提高。

第 2 章　原竹材料的力学性能及评价方法

2.1　原竹的预处理

由于竹材和木材的结构构造存在很大差异，竹材比木材更难进行预处理，因此不能机械地套用木材的预处理方法。竹材作为一种有机材料，含有氮化合物、淀粉、葡萄糖等易引起竹材腐朽的物质。通过药剂可对竹材进行防腐处理，所采用的药剂主要包括桐油、煤焦油、沥青、克鲁素油、重油、鱼油、树脂、白铅、生漆、明矾、醋酸铝、硫酸铜、氟化钠和氯化锌等。所采用的处理方法主要包括涂刷法、热冷槽法、基部穿孔注药法、注液吸干法、静水压入法、气压注入法等。原竹应选择秋冬季节进行砍伐，竹龄宜在 4 年以上。竹材应经过专用设备的物理脱糖处理、杀菌和干燥处理，接着可在表面喷涂一层无机涂料，以延缓竹结构材料的老化。由于竹子是非匀质材料且具有吸湿性，因此有必要进行防开裂处理。原竹防开裂措施主要包括：浸泡法、蒸煮法、慢速自然干燥、蒸汽锅炉处理后干燥、化学药剂处理后干燥等。

2.2　原竹力学性能试验

2.2.1　破坏模式

参考标准《建筑用竹材物理力学性能试验方法》JG/T 199—2007[32]和 *Bamboo struc-tures-Determination of physical and mechanical properties of bamboo culms-Test methods* ISO 22157—2019[33]开展原竹力学性能试验，探究原竹的破坏过程及破坏形态。

顺纹抗压（UC）节部与节间试件破坏过程大致相同。随着荷载增大，试件逐渐发生鼓曲，最终产生纵向裂缝而破坏。鼓曲破坏的形态包括中部鼓曲［图 2.2-1(a)］和端部鼓曲［图 2.2-1(b)］，大部分节间和节部试件发生端部鼓曲破坏。顺纹抗压（UC）试件典型荷载-位移曲线［图 2.2-2(a)］包含弹性阶段、弹塑性阶段和下降段，在荷载较小时试件处于弹性阶段，随着荷载增大试件进入弹塑性阶段，部分试件薄弱位置竹壁出现向外鼓曲，随着鼓曲位置出现顺纹方向的裂缝，试件进入下降段，试件呈现良好的延性破坏特征。

随着加载的进行，竹片弯曲（B）变形逐渐增大，当荷载增大到一定值时，试件在加载点处出现明显变形并于底部率先发生开裂。加载至极限荷载时，试件形成上下贯通的裂缝，试件纤维几乎都被拉断［图 2.2-1(c)］。图 2.2-2(b)为试件不同部位的荷载-位移曲线，由图可知，竹片在抗弯加载过程中首先经历较长的弹性阶段，塑性阶段较短。随着部位的增高，试件抗弯承载力逐渐降低。

顺纹抗拉（UT）节部与节间试件破坏过程和形态大致相同，破坏模式主要有两种，一种为试件中心处横向断裂破坏 [图 2.2-1(d)]，另一种为有效段出现纵向开裂后的"Z"形断裂破坏 [图 2.2-1(e)]。由典型荷载-位移曲线 [图 2.2-2(c)] 可知，曲线呈双折线形态，在达到极限荷载后承载力突然骤降，试件呈现脆性破坏特征。

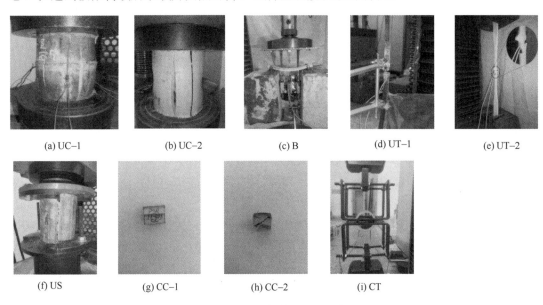

| (a) UC–1 | (b) UC–2 | (c) B | (d) UT–1 | (e) UT–2 |

| (f) US | (g) CC–1 | (h) CC–2 | (i) CT |

图 2.2-1　试件典型破坏形态

　　顺纹抗剪（US）节部与节间试件在加载过程中均无明显外观变形，试件在剪切面发生纵向错动而破坏 [图 2.2-1(f)]。顺纹抗剪（US）试件典型荷载-位移曲线如图 2.2-2

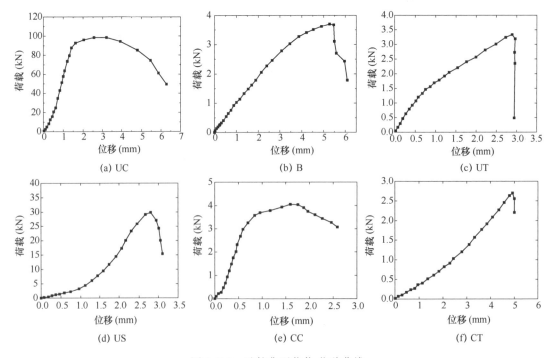

| (a) UC | (b) B | (c) UT |

| (d) US | (e) CC | (f) CT |

图 2.2-2　试件典型荷载-位移曲线

（d）所示，在加载初期荷载呈现缓慢上升的特征，在达到极限荷载时，承载力骤降，试件呈现脆性破坏特征。

横纹抗压（CC）节部和节间试件的破坏模式主要有两种，由于竹壁为曲面形状，大部分试件出现垂直于受力力方向水平裂缝［图 2.2-1(g)］，呈现压弯破坏模式，少部分试件由于加载面摩擦力的影响出现斜向裂缝［图 2.2-1(h)］，呈现斜压破坏模式。试件典型的荷载-位移曲线［图 2.2-2(e)］包括弹性阶段、弹塑性阶段和下降段，呈延性破坏特征。在加载初期因小试件制作精度的原因，试件处于局部受力状态，荷载增加缓慢。

横纹抗拉（CT）节部与节间试件均发生沿试件开缝处的断裂破坏，破坏后的形态如图 2.2-1(i) 所示。典型荷载-位移曲线［图 2.2-2(f)］表明：在加载过程中试件弹塑性变形不明显，在达到极限荷载后承载力突然骤降，呈现脆性破坏特征。

2.2.2　力学性能统计

对标准含水率（12%）下竹材各项物理力学性能进行统计，得到表 2.2-1 所示结果。由表 2.2-1 可知，竹材力学性能呈现显著的各向异性特点，其中顺纹抗拉压和抗弯性能尤为优异；顺纹抗拉压强度明显大于横纹抗拉压强度，顺纹抗拉强度略大于抗弯强度，顺纹抗拉和抗弯强度明显大于顺纹抗压强度，横纹抗压强度明显大于横纹抗拉强度；竹节对各项力学性能值均具有不同程度的影响，横纹方向节部和节间力学性能值相对差异最大。

原竹力学性能统计结果　　　　　　　　　　　　　　　　　　表 2.2-1

力学性能指标	试件数量	均值	标准差	变异系数
UCS_N	74	59.79MPa	4.13MPa	0.069
UCS_I	231	57.20MPa	4.68MPa	0.082
UCE_N	74	14.50GPa	1.17GPa	0.080
UCE_I	231	13.58GPa	1.18GPa	0.087
MOR_N	75	130.66MPa	6.65MPa	0.046
MOR_I	80	133.13MPa	7.19MPa	0.054
MOE_N	75	17.38GPa	0.80GPa	0.046
MOE_I	80	17.73GPa	1.37GPa	0.077
USS_N	61	15.91MPa	1.62MPa	0.109
USS_I	144	15.92MPa	1.10MPa	0.069
UTS_N	167	140.06MPa	12.28MPa	0.088
UTS_I	147	149.17MPa	9.41MPa	0.063
UTE_N	167	16.55GPa	1.15GPa	0.070
UTE_I	158	16.32GPa	1.18GPa	0.072
CCS_N	77	37.32MPa	4.65MPa	0.125
CCS_I	100	27.93MPa	1.37MPa	0.049
CTS_N	47	6.33MPa	0.49MPa	0.077
CTS_I	73	3.77MPa	0.52MPa	0.137

注：UCS、UCE、MOR、MOE、USS、UTS、UTE、CCS、CTS 分别表示顺纹抗压强度（竹筒）、顺纹抗压弹性模量、抗弯强度、抗弯弹性模量、顺纹抗剪强度、顺纹抗拉强度、顺纹抗拉弹性模量、横纹抗压强度、横纹抗拉强度，节部和节间试件分别以下角标"N"和"I"表示，余同。

2.3 原竹性能时变劣化规律

将四川宜宾蜀南竹海的毛竹砍伐后放置于自然环境中，一年的时间内分三次对其小试件顺纹抗压强度、横纹抗压强度、抗弯强度、顺纹抗拉强度和竹筒顺纹抗压强度进行试验研究和分析，并将各次试验结果进行对比。

毛竹暴露于自然环境中其力学性能会随时间的推移发生劣化。从微观层次看，竹材物理力学性能的劣化是由于霉菌分解纤维素、半纤维素和木质素等组织结构所致（图 2.3-1）。霉菌在处于 15～35℃、相对湿度高时生长迅速，故竹材承载力在温湿季节下降快而干冷季节下降慢。试验结果如图 2.3-2 所示，11 个月后小试件顺纹抗压强度下降为原来的 89.32%，

| (a) 原竹表面的霉菌 | (b) 电镜下的霉菌 |

图 2.3-1 霉菌腐蚀后的竹树

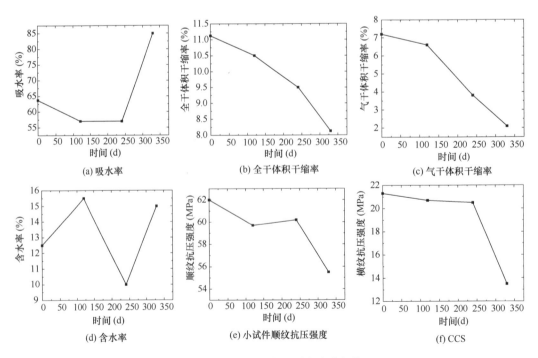

图 2.3-2 竹材各力学性能的时变劣化规律（一）

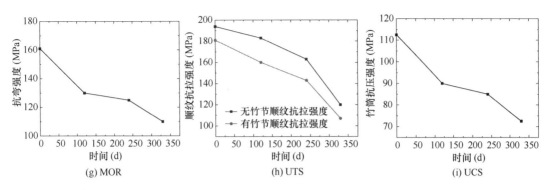

图 2.3-2　竹材各力学性能的时变劣化规律（二）

横纹抗压强度下降为原来的 63.57％，抗弯强度下降为原来的 67.87％，节部小试件顺纹抗拉强度下降为原来的 57.93％，节间小试件顺纹抗拉强度下降为原来的 61.78％，竹筒顺纹抗压强度下降为原来的 64.91％，由于小试件在工人制作时倾向于选择劣化较为轻微的部分，所以可将偏差稍大的顺纹抗压强度劣化比例暂且忽略，认为毛竹在自然环境中无保护放置 11 个月强度会劣化为原来的 60％～65％；试件在自然环境中放置时，不同的季节劣化速度不同，在气候炎热、潮湿的时候劣化速度快，气候寒冷、干燥的季节劣化速度慢，冬季发生劣化极少；就试件的破坏模式而言，三次试验与对照组的情况大致相同，只是承载力存在一定差异，说明一年内的劣化尚未影响竹材的破坏模式。

2.4　原竹力学性能的预测

2.4.1　预测公式

采用 Linear、Exponential 和 Power 函数，将竹材顺纹抗压强度（UCS）、顺纹抗压弹性模量（UCE）、抗弯强度（MOR）、抗弯弹性模量（MOE）、顺纹抗拉强度（UTS）、顺纹抗拉弹性模量（UTE）、顺纹抗剪强度（USS）、横纹抗压强度（CCS）、横纹抗拉强度（CTS）分别与高度（h）、壁厚（t）、周长（C）、密度（ρ）进行拟合，得到拟合关系式如表 2.4-1～表 2.4-4 所示。采用高度、壁厚、周长、密度对力学性能进行拟合的线性平均判定系数 R^2 分别为 0.47、0.33、0.36 和 0.53，竹材各项力学性能与密度的相关性相对更强。通过表中的关系式，可以通过易于测量的参数对竹材力学性能进行预测，这将大大减少竹结构工程中的材料测试时间和成本。

力学性能与 h 的拟合关系式　　　　　　　　　　　　　　　　表 2.4-1

	线性函数关系式	R^2	指数函数关系式	R^2	幂函数关系式	R^2
UCS_J-h	$UCS_J = 0.0017h + 54.655$	0.469	$UCS_J = 54.737e^{3\times10^{-5}h}$	0.465	$UCS_J = 41.934h^{0.0454}$	0.314
UCS_R-h	$UCS_R = 0.0021h + 50.422$	0.639	$UCS_R = 50.545e^{4\times10^{-5}h}$	0.639	$UCS_R = 36.5h^{0.0575}$	0.499
UCE_J-h	$UCE_J = 0.0005h + 12.723$	0.730	$UCE_J = 12.774e^{4\times10^{-5}h}$	0.728	$UCE_J = 8.678h^{0.0645}$	0.565
UCE_R-h	$UCE_R = 0.0006h + 11.675$	0.765	$UCE_R = 11.731e^{4\times10^{-5}h}$	0.764	$UCE_R = 7.891h^{0.0696}$	0.621
USS_J-h	$USS_J = 0.0009h + 13.241$	0.823	$USS_J = 13.375e^{6\times10^{-5}h}$	0.824	$USS_J = 5.776h^{0.1291}$	0.794
USS_R-h	$USS_R = 0.0005h + 14.419$	0.570	$USS_R = 14.428e^{3\times10^{-5}h}$	0.569	$USS_R = 10.48h^{0.0533}$	0.521

续表

	线性函数关系式	R^2	指数函数关系式	R^2	幂函数关系式	R^2
UTS_J-h	$UTS_J=0.0058h+117.66$	0.545	$UTS_J=118.66e^{4\times10^{-5}h}$	0.545	$UTS_J=63.362h^{0.0966}$	0.404
UTS_R-h	$UTS_R=0.0033h+137.28$	0.305	$UTS_R=137.42e^{2\times10^{-5}h}$	0.303	$UTS_R=86.417h^{0.0674}$	0.291
UTE_J-h	$UTE_J=0.0004h+15.082$	0.309	$UTE_J=15.094e^{2\times10^{-5}h}$	0.311	$UTE_J=10.309h^{0.0575}$	0.278
UTE_R-h	$UTE_R=0.0005h+14.517$	0.444	$UTE_R=14.563e^{3\times10^{-5}h}$	0.442	$UTE_R=8.055h^{0.0866}$	0.412
CCS_J-h	$CCS_J=-0.0021h+43.378$	0.433	$CCS_J=43.617e^{-6\times10^{-5}h}$	0.431	$CCS_J=111.26h^{-0.142}$	0.420
CCS_R-h	$CCS_R=0.0003h+26.923$	0.195	$CCS_R=26.918e^{10^{-5}h}$	0.193	$CCS_R=24.051h^{0.0194}$	0.155
CTS_J-h	$CTS_J=-0.0002h+6.744$	0.245	$CTS_J=6.737e^{-3\times10^{-5}h}$	0.242	$CTS_J=9.287h^{-0.052}$	0.271
CTS_R-h	$CTS_R=-0.0001h+4.069$	0.138	$CTS_R=4.047e^{-3\times10^{-5}h}$	0.137	$CTS_R=4.995h^{-0.067}$	0.082

力学性能与 t 的拟合关系式　　　　　　　　表 2.4-2

	线性函数关系式	R^2	指数函数关系式	R^2	幂函数关系式	R^2
UCS_N-t	$UCS_N=-1.587t+72.583$	0.421	$UCS_N=73.968e^{-0.027t}$	0.428	$UCS_N=99.023t^{-0.235}$	0.422
UCS_I-t	$UCS_I=-1.544t+70.339$	0.462	$UCS_I=71.807e^{-0.027t}$	0.464	$UCS_I=92.356t^{-0.227}$	0.466
UCE_N-t	$UCE_N=-0.722t+21.092$	0.560	$UCE_N=22.545e^{-0.049t}$	0.572	$UCE_N=36.813t^{-0.426}$	0.588
UCE_I-t	$UCE_I=-0.663t+19.006$	0.650	$UCE_I=20.285e^{-0.05t}$	0.663	$UCE_I=32.112t^{-0.415}$	0.665
MOR_N-t	$MOR_N=-2.898t+155.59$	0.394	$MOR_N=158.16e^{-0.022t}$	0.401	$MOR_N=205.03t^{-0.211}$	0.422
MOR_I-t	$MOR_I=-3.146t+159.99$	0.437	$MOR_I=162.77e^{-0.024t}$	0.439	$MOR_I=209.74t^{-0.214}$	0.462
MOE_N-t	$MOE_N=-0.262t+19.633$	0.220	$MOE_N=19.78e^{-0.015t}$	0.224	$MOE_N=23.613t^{-0.144}$	0.237
MOE_I-t	$MOR_I=-0.439t+21.476$	0.227	$MOE_I=21.829e^{-0.025t}$	0.224	$MOE_I=28.651t^{-0.227}$	0.244
USS_N-t	$USS_N=-0.568t+20.311$	0.432	$USS_N=21.041e^{-0.036t}$	0.434	$USS_N=28.869t^{-0.294}$	0.432
USS_I-t	$USS_I=-0.404t+18.934$	0.397	$USS_I=19.296e^{-0.026t}$	0.405	$USS_I=24.505t^{-0.217}$	0.408
UTS_N-t	$UTS_N=-3.329t+168.26$	0.269	$UTS_N=171.03e^{-0.024t}$	0.268	$UTS_N=215.16t^{-0.204}$	0.270
UTS_I-t	$UTS_I=-3.762t+179.28$	0.220	$UTS_I=182.99e^{-0.026t}$	0.223	$UTS_I=230.65t^{-0.212}$	0.217
UTE_N-t	$UTE_N=-0.452t+20.312$	0.215	$UTE_N=20.762e^{-0.028t}$	0.214	$UTE_N=27.056t^{-0.235}$	0.220
UTE_I-t	$UTE_I=-0.371t+19.332$	0.219	$UTE_I=19.634e^{-0.023t}$	0.222	$UTE_I=24.147t^{-0.189}$	0.217
CCS_N-t	$CCS_N=2.015t+17.806$	0.311	$CCS_N=21.683e^{0.0552t}$	0.304	$CCS_N=11.556t^{0.515}$	0.312
CCS_I-t	$CCS_I=-0.347t+30.675$	0.152	$CCS_I=30.462e^{-0.013t}$	0.190	$CCS_I=34.305t^{-0.106}$	0.198
CTS_N-t	$CTS_N=0.435t+2.5$	0.182	$CTS_N=3.218e^{0.0729t}$	0.190	$CTS_N=1.502t^{0.651}$	0.172
CTS_I-t	$CTS_I=0.161t+2.46$	0.230	$CTS_I=2.572e^{0.0443t}$	0.217	$CTS_I=1.821t^{0.349}$	0.177

力学性能与 C 的拟合关系式　　　　　　　　表 2.4-3

	线性函数关系式	R^2	指数函数关系式	R^2	幂函数关系式	R^2
UCS_N-C	$UCS_N=-0.0649C+77.191$	0.279	$UCS_N=80.031e^{-0.001C}$	0.282	$UCS_N=309.31C^{-0.295}$	0.281
UCS_I-C	$UCS_I=-0.053C+71.94$	0.308	$UCS_I=73.744e^{-0.001C}$	0.305	$UCS_I=226.24C^{-0.245}$	0.307
UCE_N-C	$UCE_N=-0.0257C+22.546$	0.524	$UCE_N=24.789e^{-0.002C}$	0.519	$UCE_N=251.19C^{-0.504}$	0.522
UCE_I-C	$UCE_I=-0.0249C+20.293$	0.616	$UCE_I=22.264e^{-0.002C}$	0.609	$UCE_I=207.35C^{-0.489}$	0.604
MOR_N-C	$MOR_N=-0.144C+173.23$	0.490	$MOR_N=180.73e^{-0.001C}$	0.492	$MOR_N=792.23C^{-0.317}$	0.486

	线性函数关系式	R^2	指数函数关系式	R^2	幂函数关系式	R^2
$MOR_I\text{-}C$	$MOR_I=-0.171C+183.22$	0.557	$MOR_I=193.46e^{-0.001C}$	0.554	$MOR_I=1050C^{-0.364}$	0.550
$MOE_N\text{-}C$	$MOE_N=-0.0119C+20.889$	0.228	$MOE_N=21.233e^{-0.001C}$	0.228	$MOE_N=53.449C^{-0.198}$	0.229
$MOE_I\text{-}C$	$MOE_I=-0.0252C+25.116$	0.323	$MOE_I=26.744e^{-0.001C}$	0.317	$MOE_I=174.76C^{-0.404}$	0.318
$USS_N\text{-}C$	$USS_N=-0.0236C+22.087$	0.566	$USS_N=23.506e^{-0.001C}$	0.569	$USS_N=137.91C^{-0.389}$	0.556
$USS_I\text{-}C$	$USS_I=-0.0183C+20.665$	0.481	$USS_I=21.544e^{-0.01C}$	0.484	$USS_I=92.081C^{-0.317}$	0.481
$UTS_N\text{-}C$	$UTS_N=-0.156C+179.84$	0.313	$UTS_N=186.08e^{-0.001C}$	0.310	$UTS_N=686.41C^{-0.288}$	0.315
$UTS_I\text{-}C$	$UTS_I=-0.184C+196.95$	0.300	$UTS_I=204.99e^{-0.001C}$	0.298	$UTS_I=857.39C^{-0.316}$	0.301
$UTE_N\text{-}C$	$UTE_N=-0.0175C+20.807$	0.273	$UTE_N=21.493e^{-0.001C}$	0.273	$UTE_N=73.683C^{-0.273}$	0.268
$UTE_I\text{-}C$	$UTE_I=-0.0177C+20.861$	0.283	$UTE_I=21.514e^{-0.001C}$	0.279	$UTE_I=76.173C^{-0.279}$	0.282
$CCS_N\text{-}C$	$CCS_N=0.0803C+15.37$	0.339	$CCS_N=20.025e^{0.0022C}$	0.339	$CCS_N=1.365C^{0.589}$	0.342
$CCS_I\text{-}C$	$CCS_I=-0.0129C+31.131$	0.120	$CCS_I=31.307e^{-5\times10^{-4}C}$	0.119	$CCS_I=55.433C^{-0.125}$	0.124
$CTS_N\text{-}C$	$CTS_N=0.0056C+4.866$	0.218	$CTS_N=4.716e^{0.001C}$	0.221	$CTS_N=1.321C^{0.277}$	0.220
$CTS_I\text{-}C$	$CTS_I=0.0048C+2.598$	0.195	$CTS_I=2.684e^{0.0013C}$	0.204	$CTS_I=1.107C^{0.225}$	0.211

力学性能与 ρ 的拟合关系式　　　　　表 2.4-4

	线性函数关系式	R^2	指数函数关系式	R^2	幂函数关系式	R^2
$UCS_N\text{-}\rho$	$UCS_N=18.544\rho+43.293$	0.530	$UCS_N=45.274e^{0.31\rho}$	0.524	$UCS_N=61.838\rho^{0.269}$	0.516
$UCS_I\text{-}\rho$	$UCS_I=17.128\rho+43.545$	0.401	$UCS_I=45.079e^{0.296\rho}$	0.392	$UCS_I=60.561\rho^{0.247}$	0.390
$UCE_N\text{-}\rho$	$UCE_N=7.093\rho+8.123$	0.717	$UCE_N=9.392e^{0.479\rho}$	0.718	$UCE_N=15.242\rho^{0.443}$	0.716
$UCE_I\text{-}\rho$	$UCE_I=5.712\rho+8.4$	0.503	$UCE_I=9.182e^{0.427\rho}$	0.502	$UCE_I=14.116\rho^{0.38}$	0.511
$MOR_N\text{-}\rho$	$MOR_N=113.34\rho+24.404$	0.563	$MOR_N=55.413e^{0.923\rho}$	0.564	$MOR_N=137.41\rho^{0.835}$	0.579
$MOR_I\text{-}\rho$	$MOR_I=78.752\rho+58.432$	0.576	$MOR_I=75.107e^{0.594\rho}$	0.576	$MOR_I=137.07\rho^{0.547}$	0.569
$MOE_N\text{-}\rho$	$MOE_N=7.923\rho+10.176$	0.734	$MOE_N=11.547e^{0.448\rho}$	0.735	$MOE_N=18.103\rho^{0.413}$	0.723
$MOE_I\text{-}\rho$	$MOR_I=9.165\rho+9.434$	0.623	$MOE_I=11.093e^{0.515\rho}$	0.619	$MOE_I=18.598\rho^{0.466}$	0.617
$UTS_N\text{-}\rho$	$UTS_N=43.526\rho+98.376$	0.669	$UTS_N=103.44e^{0.314\rho}$	0.663	$UTS_N=142.25\rho^{0.288}$	0.661
$UTS_I\text{-}\rho$	$UTS_I=56.968\rho+94.71$	0.704	$UTS_I=102.82e^{0.386\rho}$	0.695	$UTS_I=151.92\rho^{0.347}$	0.688
$UTE_N\text{-}\rho$	$UTE_N=4.541\rho+12.039$	0.495	$UTE_N=12.497e^{0.28\rho}$	0.491	$UTE_N=16.606\rho^{0.255}$	0.491
$UTE_I\text{-}\rho$	$UTE_I=3.615\rho+12.943$	0.432	$UTE_I=13.215e^{0.223\rho}$	0.430	$UTE_I=16.594\rho^{0.203}$	0.436
$USS_N\text{-}\rho$	$USS_N=3.716\rho+12.259$	0.560	$USS_N=12.622e^{0.236\rho}$	0.560	$USS_N=16.058\rho^{0.213}$	0.555
$USS_I\text{-}\rho$	$USS_I=4.312\rho+11.865$	0.505	$USS_I=12.268e^{0.274\rho}$	0.498	$USS_I=16.203\rho^{0.246}$	0.496
$CCS_N\text{-}\rho$	$CCS_N=-14.879\rho+50.403$	0.157	$CCS_N=53.672e^{-0.422\rho}$	0.162	$CCS_N=35.147\rho^{-0.374}$	0.154
$CCS_I\text{-}\rho$	$CCS_I=7.541\rho+20.869$	0.455	$CCS_I=21.646e^{0.271\rho}$	0.452	$CCS_I=28.379\rho^{0.236}$	0.436
$CTS_N\text{-}\rho$	$CTS_N=-12.419\rho+17.571$	0.573	$CTS_N=40.278e^{-2.076\rho}$	0.561	$CTS_N=5.076\rho^{-1.34}$	0.552
$CTS_I\text{-}\rho$	$CTS_I=-2.129\rho+5.71$	0.395	$CTS_I=6.249e^{-0.579\rho}$	0.386	$CTS_I=3.469\rho^{-0.431}$	0.372

2.4.2 力学性能的换算

采用力学性能与密度的线性关系式推导各项力学性能之间的关系。表 2.4-5 为节部与节间试件的力学性能换算关系式。力学性能之间的换算公式如下：

$$M_2 = \eta M_1 + \theta \tag{2.4-1}$$

式中，M_1、M_2 为力学性能指标；η、θ 为换算参数，详见表 2.4-6 和表 2.4-7。

原竹节部与节间力学性能的换算　　　　　　　　　　　　　表 2.4-5

力学性能指标	节部-节间	节间-节部
UCS	$UCS_N = 1.08UCS_I - 3.85$	$UCS_I = 0.924UCS_N + 3.56$
UCE	$UCE_N = 1.24UCE_I - 2.31$	$UCE_I = 0.805UCE_N + 1.86$
MOR	$MOR_N = 1.44MOR_I - 59.7$	$MOR_I = 0.695MOR_N + 41.5$
MOE	$MOE_N = 0.864UCE_I + 2.02$	$MOE_I = 1.16UCE_N - 2.34$
USS	$USS_N = 0.862USS_I - 2.03$	$USS_I = 1.16USS_N - 2.36$
UTS	$UTS_N = 0.764UTS_I + 26.0$	$UTS_I = 1.31UTS_N - 34.0$
UTE	$UTE_N = 1.26UTE_I - 4.22$	$UTE_I = 0.796UTE_N + 3.36$
CCS	$CCS_N = -1.97CCS_I - 91.6$	$CCS_I = -0.507CCS_N + 46.4$
CTS	$CTS_N = 5.83CTS_I - 15.7$	$CTS_I = 0.171CTS_N + 2.70$

原竹节部试件力学性能之间的换算参数　　　　　　　　　　表 2.4-6

参数	M_1	M_2								
		UCS_{N2}	UCE_{N2}	MOR_{N2}	MOE_{N2}	USS_{N2}	UTS_{N2}	UTE_{N2}	CCS_{N2}	CTS_{N2}
η	UCS_{N1}	1	0.382	6.11	0.427	0.2	2.35	0.245	-0.802	-0.670
	UCE_{N1}	2.61	1	16.0	1.117	0.524	6.14	0.64	-2.10	-1.75
	MOR_{N1}	0.164	0.063	1	0.07	0.033	0.384	0.04	-0.131	-0.11
	MOE_{N1}	2.34	0.895	14.3	1	0.469	5.50	0.573	-1.88	-1.57
	USS_{N1}	4.99	1.91	30.5	2.13	1	11.7	1.22	-4.00	-3.34
	UTS_{N1}	0.426	0.163	2.60	0.182	0.085	1	0.104	-0.342	-0.285
	UTE_{N1}	4.08	1.56	25.0	1.75	0.818	9.59	1	-3.28	-2.74
	CCS_{N1}	-1.25	-0.477	-7.61	-0.532	-0.25	-2.93	-0.305	1	0.835
	CTS_{N1}	-1.50	-0.571	-9.12	-0.638	-0.299	-3.51	-0.366	1.20	1
θ	UCS_{N1}	0	-8.44	-240	-8.32	3.58	-3.24	1.44	85.1	46.6
	UCE_{N1}	22.1	0	-105	1.10	8.00	48.5	6.84	67.4	31.8
	MOR_{N1}	39.3	6.60	0	8.47	11.5	89.0	11.1	53.6	20.2
	MOE_{N1}	19.5	-0.987	-121	0	7.49	42.5	6.21	69.5	33.5
	USS_{N1}	-17.9	-15.3	-350	-16.0	0	-45.2	-2.94	99.5	58.5
	UTS_{N1}	1.38	-7.91	-232	-7.73	3.86	0	1.78	84.0	45.6
	UTE_{N1}	-5.87	-10.7	-276	-10.8	2.41	-17.0	0	89.9	50.5
	CCS_{N1}	106	32.2	408	37.0	24.8	245	27.4	0	-24.5
	CTS_{N1}	69.5	18.2	185	21.4	17.5	160	18.5	29.4	0

原竹节间试件力学性能之间的换算参数　　　　　　　　　　　表 2.4-7

参数	M_1	M_2								
		UCS_{l2}	UCE_{l2}	MOR_{l2}	MOE_{l2}	USS_{l2}	UTS_{l2}	UTE_{l2}	CCS_{l2}	CTS_{l2}
η	UCS_{l1}	1	0.333	4.60	0.535	0.252	3.33	0.211	0.440	−0.124
	UCE_{l1}	3.00	1	13.8	1.61	0.755	9.97	0.633	1.320	−0.373
	MOR_{l1}	0.217	0.073	1	0.116	0.055	0.723	0.046	0.096	−0.027
	MOE_{l1}	1.87	0.623	8.59	1	0.470	6.22	0.394	0.823	−0.232
	USS_{l1}	3.97	1.33	18.3	2.13	1	13.2	0.838	1.75	−0.494
	UTS_{l1}	0.301	0.100	1.38	0.161	0.076	1	0.063	0.132	−0.037
	UTE_{l1}	4.74	1.58	21.8	2.54	1.19	15.8	1	2.09	−0.589
	CCS_{l1}	2.27	0.757	10.4	1.22	0.572	7.55	0.479	1	−0.282
	CTS_{l1}	−8.05	−2.68	−37.0	−4.31	−2.03	−26.8	−1.70	−3.54	1
θ	UCS_{l1}	0	−6.12	−142	−13.9	0.902	−50.1	3.75	1.70	11.1
	UCE_{l1}	18.4	0	−57.4	−4.04	5.52	10.9	7.63	9.78	8.84
	MOR_{l1}	30.8	4.16	0	2.63	8.67	52.4	10.3	15.3	7.29
	MOE_{l1}	25.9	2.52	−22.6	0	7.43	36.1	9.22	13.1	7.90
	USS_{l1}	−3.59	−7.32	−158	−15.8	0	−62.0	2.99	0.119	11.6
	UTS_{l1}	15.1	−1.10	−72.5	−5.80	4.70	0	6.93	8.33	9.25
	UTE_{l1}	−17.8	−12.1	−224	−23.4	−3.57	−109	0	−6.13	13.3
	CCS_{l1}	−3.86	−7.41	−160	−15.9	−0.068	−62.9	2.94	0	11.6
	CTS_{l1}	89.5	23.7	270	34.0	23.4	247	22.6	41.1	0

2.5　原竹应力-应变本构模型

2.5.1　应力-应变全曲线

将竹材顺纹抗拉压试件根据密度分为 $0.65\mathrm{g/cm^3}$、$0.75\mathrm{g/cm^3}$、$0.85\mathrm{g/cm^3}$、$0.95\mathrm{g/cm^3}$、$1.05\mathrm{g/cm^3}$ 和 $1.15\mathrm{g/cm^3}$ 组,每组由三个试件组成。试件编号"UT65-1"含义为密度为 $0.65\mathrm{g/cm^3}$ 组的第一个顺纹抗拉试件,其余试件同理。UT 和 UC 试件的应力-应变曲线分别如图 2.5-1 和图 2.5-2 所示。UT 试件应力-应变曲线呈现典型的线弹性特点,试件应变随着应力线性增大。随着密度增大,顺纹抗拉强度和弹性模量均呈增大趋势。UC 试件的应力-应变曲线可分为以下 3 个阶段:

(1)线弹性阶段:当荷载较小时(低于约 $0.4\sigma_{cf}$),试件应力-应变曲线处于明显的线性阶段,此阶段内随着所受荷载的增加,试件的变形呈线性均匀增大的趋势。在线弹性阶段内,试件无明显肉眼可见的变形,也无裂缝的产生。

(2)弹塑性阶段:当进入到弹塑性阶段时($0.4\sigma_{cf}\sim\sigma_{cf}$),随着荷载增大,试件的变形不再均匀变化。应力-应变曲线的斜率逐渐减小,即增加同样的荷载试件的变形量逐渐增大。在此阶段,试件会发生肉眼可见的变形,试件逐渐向外鼓曲并可能在顺纹方向产生微小裂缝。

（3）下降阶段：当荷载进入到下降阶段时，试件所能承受的荷载逐渐降低，试件的鼓曲变形持续增大，顺纹方向的裂缝也逐渐加宽直至形成贯通裂缝。

由图 2.5-2 的平均应力-应变曲线可知，UC115 组的峰值应力和弹性段斜率最大，UC65 组最小，即顺纹抗压力学性能随着密度增大而增大。应力-应变曲线中下降段的标准差明显高于上升段，表明竹材在下降段具有较大离散性。

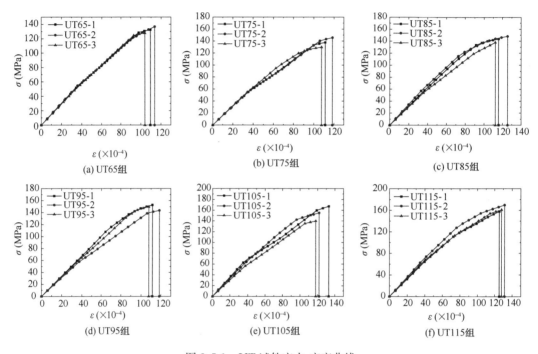

图 2.5-1 UT 试件应力-应变曲线

2.5.2 本构模型

竹材顺纹抗拉本构模型可采用线性模型表示：

$$\sigma_t = E_t \varepsilon_t \tag{2.5-1}$$

式中，σ_t 为顺纹抗拉应力；ε_t 为顺纹抗拉应变；E_t 为顺纹抗拉弹性模量。

将顺纹抗压应力-应变进行无量纲化，得到如图 2.5-3 所示的曲线。由图 2.5-3 可知，竹材顺纹抗压无量纲化应力-应变曲线在上升段较为接近，但在下降段呈现较大的离散性。研究发现，Sargin 模型能够较好地拟合上升段，为统一本构模型，下降段亦采用 Sargin模型。竹材应力-应变本构模型表达式如下：

$$y = \frac{\alpha x + (\beta - 1) x^2}{1 + (\alpha - 2) x + \beta x^2} \tag{2.5-2}$$

式中，α、β 为本构模型参数，取值见式（2.5-3）和式（2.5-4）。

$$\alpha = \begin{cases} 24.103\rho^3 - 78.995\rho^2 + 75.45\rho - 17.015 & (R^2 = 0.895, 0 \leqslant \rho < 1) \\ -287.63\rho^3 + 864.49\rho^2 - 845.22\rho + 273.23 & (R^2 = 0.616, \rho \geqslant 1) \end{cases} \tag{2.5-3}$$

$$\beta = \begin{cases} -565.74\rho^3 + 1565.8\rho^2 - 1401.9\rho + 408.38 & (R^2 = 0.982, 0 \leqslant \rho < 1) \\ 136.98\rho^3 - 401.47\rho^2 + 383.83\rho - 120.2 & (R^2 = 0.980, \rho \geqslant 1) \end{cases} \tag{2.5-4}$$

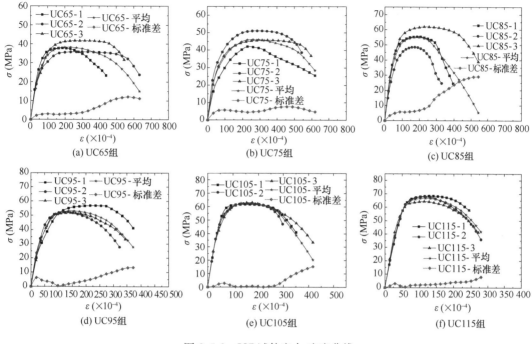

(a) UC65组　(b) UC75组　(c) UC85组

(d) UC95组　(e) UC105组　(f) UC115组

图 2.5-2　UC 试件应力-应变曲线

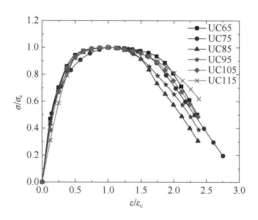

图 2.5-3　顺纹抗压无量纲化应力-应变曲线

2.6　原竹强度设计指标

2.6.1　强度统计

原竹材料强度标准值是反映原竹材料自身特性的一个强度指标。一般将 75% 置信度下的 5% 分位值对应的强度值定义为材料的强度标准值，所采用的方法主要是参数法和非参数法。原竹材料相关研究累积的基础数据较少，采用参数法推测其强度标准值会导致概率分布模型出现失真的情况，尤其是低分位值。为此，采用非参数法计算得到原竹材料的强度标准值，结果见表 2.6-1。

原竹材料强度统计　　　　　　　　　　　表 2.6-1

强度指标	N	m（MPa）	S（MPa）	δ	f_k（MPa）
UTS	307	145.084	35.502	0.245	122.113
UCS	321	57.479	7.311	0.127	49.785
CTS	120	4.700	1.802	0.383	2.843
CCS	292	27.289	5.362	0.196	25.882
MOR	171	132.361	7.022	0.053	120.889
USS	216	15.922	1.269	0.079	13.603

注：N 为试件数量，m 为平均值，S 为标准差，δ 为变异系数，f_k 为强度标准值。

2.6.2　可靠度影响因素

通常采用 Normal 分布、Lognormal 分布和 2-P-Weibull 分布对结构用竹材进行强度概率拟合，拟合出的累积概率分布曲线可分为尾部、中部和端部。强度尾部概率分布对结构设计结果有较大影响。为此，分别选取前 100%、75%、50%、25% 和 15% 数据进行拟合。采用不同概率分布模型和拟合数据点拟合得到的结果如表 2.6-2 所示，表中 m_f 为拟合的平均值，δ_f 为拟合的变异系数。以顺纹抗压强度为例的累积概率分布如图 2.6-1 所示。

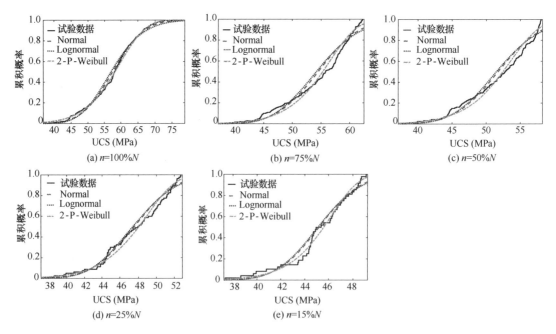

图 2.6-1　不同概率分布下原竹 UCS 累积概率拟合结果

由表 2.6-2 和图 2.6-1 可知，采用 100% 数据进行拟合得到的尾部概率分布具有较大偏差，2-P-Weibull 分布拟合的顺纹抗压强度尾部概率分布高于实测概率值，Normal 分布和 Lognormal 分布拟合的顺纹抗压强度尾部概率均略低于实测概率值，但 Normal 分布拟合结果与实测值相对更为接近。随着拟合数据的减少，3 种概率分布模型拟合得到的尾部概率前段分布趋于一致，其中 2-P-Weibull 分布拟合结果略高于 Normal 分布和 Lognormal 分布，尾部概率后端分布偏差呈现先增大后减小的趋势。

原竹材料强度拟合结果　　　　　　　　　　表 2.6-2

强度指标	概率分布	m_f （MPa）					δ_f				
		100%	75%	50%	25%	15%	100%	75%	50%	25%	15%
UTS	Normal	145.084	129.233	117.103	101.835	91.739	0.245	0.184	0.165	0.153	0.138
	Lognormal	145.273	129.414	117.246	101.914	91.786	0.259	0.205	0.184	0.165	0.139
	2-P-Weibull	144.901	129.495	117.573	102.178	91.946	0.256	0.176	0.149	0.142	0.125
UCS	Normal	57.515	54.944	52.779	49.188	47.017	0.109	0.086	0.082	0.066	0.047
	Lognormal	57.521	54.952	52.784	49.190	47.018	0.112	0.090	0.085	0.066	0.048
	2-P-Weibull	57.359	55.103	52.894	49.208	46.997	0.121	0.077	0.077	0.067	0.051
CTS	Normal	4.700	3.859	3.270	2.660	2.241	0.383	0.279	0.241	0.242	0.212
	Lognormal	4.726	3.830	3.286	2.669	2.246	0.424	0.330	0.288	0.272	0.228
	2-P-Weibull	4.707	3.866	3.283	2.671	2.247	0.384	0.270	0.218	0.225	0.201
CCS	Normal	27.289	25.028	23.106	20.518	19.250	0.196	0.152	0.138	0.115	0.115
	Lognormal	27.316	25.058	23.132	20.547	19.286	0.208	0.170	0.157	0.140	0.146
	2-P-Weibull	27.204	25.092	23.141	20.547	19.291	0.212	0.142	0.131	0.099	0.088
UTE	Normal	16.438	15.949	15.464	14.902	14.609	0.0713	0.0560	0.0437	0.0313	0.0713
	Lognormal	16.438	15.949	15.464	14.902	14.609	0.0719	0.0568	0.0443	0.0317	0.0719
	2-P-Weibull	16.417	15.952	15.469	14.906	14.614	0.0788	0.0579	0.0444	0.0315	0.0788
UCE	Normal	13.919	13.321	12.827	12.225	11.894	0.1008	0.0703	0.0579	0.0432	0.1008
	Lognormal	13.912	13.322	12.828	12.225	11.894	0.0999	0.0720	0.0591	0.0440	0.0999
	2-P-Weibull	13.836	13.328	12.835	12.234	11.900	0.1248	0.0710	0.0577	0.0418	0.1248
MOR	Normal	132.361	129.258	126.515	123.457	121.905	0.0531	0.0385	0.0287	0.0199	0.0531
	Lognormal	132.362	129.259	126.516	123.458	121.906	0.0530	0.0387	0.0289	0.0200	0.0530
	2-P-Weibull	132.109	129.199	126.543	123.490	121.899	0.0622	0.0419	0.0291	0.0196	0.0622
MOE	Normal	17.836	17.212	16.792	16.276	15.985	0.0742	0.0471	0.0373	0.0292	0.0742
	Lognormal	17.836	17.213	16.792	16.277	15.985	0.0736	0.0477	0.0379	0.0297	0.0736
	2-P-Weibull	17.778	17.202	16.805	16.284	16.003	0.0896	0.0505	0.0355	0.0275	0.0896
USS	Normal	15.922	15.402	14.878	14.187	13.834	0.0797	0.0649	0.0540	0.0368	0.0797
	Lognormal	15.923	15.403	14.879	14.188	13.834	0.0809	0.0662	0.0548	0.0370	0.0809
	2-P-Weibull	15.897	15.413	14.890	14.186	13.833	0.0875	0.0648	0.0537	0.0387	0.0875

　　在可靠度分析时，考虑 4 种荷载组合，分别为恒荷载＋住宅楼面活荷载（D＋R）、恒荷载＋办公室楼面活荷载（D＋O）、恒荷载＋风荷载（D＋W）和恒荷载＋雪荷载（D＋S），其中风荷载和雪荷载重现期分别为 30 年和 50 年。考虑 7 种荷载效应比 ρ，即可变荷载效应与永久荷载效应的比值 S_Q/S_G，分别为 0、0.25、0.5、1.0、2.0、3.0 和 4.0，其中 $\rho=0$ 表示仅有恒荷载作用。结构安全等级按 II 级考虑，设计基准年限按 50 年考虑，使用时根据具体竹结构设计使用年限所对应的结构重要性系数进行相应折减，结构

重要性系数根据结构的安全等级和设计使用年限确定。脆性破坏的力学性能指标目标可靠度 $\beta_0=3.7$，延性破坏力学性能指标目标可靠度 $\beta_0=3.2$。

图 2.6-2 为在 D+R 荷载组合类型下荷载效应比 $\rho=1.0$ 时不同拟合数据点和强度概率分布类型下的顺纹抗压强度可靠度指标 β 与抗力分项系数 γ_R 之间的关系。从图中可以看出，γ_R 相同时，100%数据由 Normal 分布拟合出的 β 值略高于 2-P-Weibull 分布和 Lognormal 分布，这是由于 Normal 分布拟合的尾部概率分布与实测值最接近，变异系数最小。75%、50%、25%和15%数据由 2-P-Weibull 分布拟合出的 β 值均高于 Normal 分布和 Lognormal 分布，随着拟合数据的减少，三种概率分布类型下可靠度指标 β 与抗力分项系数 γ_R 之间的关系曲线偏差呈现先增大再减小的趋势，这是由尾部概率后端分布偏差先增大后减小导致的。建议 UTS、UCS、CTS、CCS、UTE、UCE、MOR、MOE、USS 分别采用 100%、100%、100%、50%、25%、50%、50%、25%和50%拟合数据点进行强度设计值的确定。根据 K-S 检验，由于 2-P-Weibull 概率分布模型对于所有强度指标均具有较好的拟合优度，因此选用 2-P-Weibull 分布来确定原竹材料强度设计值。

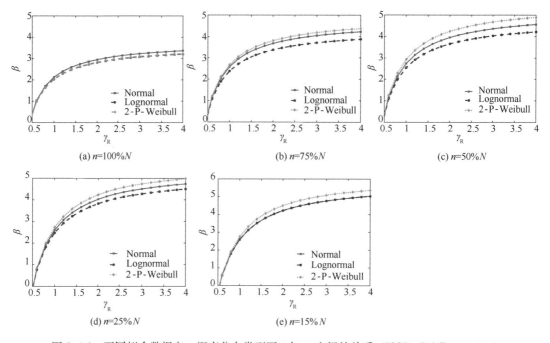

图 2.6-2　不同拟合数据点、概率分布类型下 β 与 γ_R 之间的关系（UCS、D+R、$\rho=1.0$）

2.6.3　可靠度分析

基于建议拟合数据点和 2-P-Weibull 概率分布对不同试验类型原竹材料开展可靠度分析，研究原竹材料在不同荷载组合类型、荷载效应比下可靠度指标 β 与抗力分项系数 γ_R 之间的关系。图 2.6-3 为 UCS 在不同荷载类型、荷载效应比下 β 与 γ_R 之间的关系曲线。可靠度指标 β 随着抗力分项系数 γ_R 的增大而增大；对于 D+R 和 D+O 荷载组合，其可靠度指标 β 随荷载效应比 ρ 的增大呈递增趋势；但对于荷载组合 D+W 和 D+S，其中 β 值随 ρ 的增大变化较小，这主要是因为 D 的平均值与标准值之比大于活荷载 R 和 O 的平均值与标准值之比。

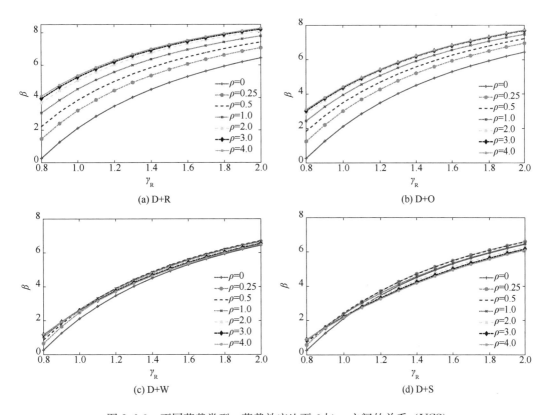

图 2.6-3　不同荷载类型、荷载效应比下 β 与 γ_R 之间的关系（UCS）

在目标可靠度下，不同荷载组合、荷载效应比下对应的抗力分项系数见表 2.6-3。由表 2.6-3 结果可知，相同强度试验类型下，在荷载效应比 $\rho > 0$ 时，D＋S 荷载组合下的抗力分项系数最大，D＋R 荷载组合下的抗力分项系数最小；相同荷载组合和荷载效应比下，横纹抗拉试验的抗力分项系数最大，顺纹抗压试验的抗力分项系数最小。

不同荷载组合和荷载效应比下的抗力分项系数　　　　　表 2.6-3

强度指标	荷载组合	γ_{Ri}						
		$\rho=0$	$\rho=0.25$	$\rho=0.5$	$\rho=1.0$	$\rho=2.0$	$\rho=3.0$	$\rho=4.0$
UTS	D＋R	1.945	1.692	1.542	1.377	1.238	1.178	1.144
	D＋O	1.945	1.733	1.608	1.472	1.357	1.308	1.280
	D＋W	1.945	1.858	1.816	1.781	1.761	1.756	1.754
	D＋S	1.945	1.877	1.851	1.839	1.844	1.852	1.858
UCS	D＋R	1.116	0.971	0.893	0.816	0.758	0.735	0.722
	D＋O	1.116	0.993	0.928	0.866	0.821	0.804	0.795
	D＋W	1.116	1.064	1.049	1.048	1.061	1.070	1.077
	D＋S	1.116	1.077	1.077	1.097	1.129	1.148	1.160

强度指标	荷载组合	γ_{Ri}						
		$\rho=0$	$\rho=0.25$	$\rho=0.5$	$\rho=1.0$	$\rho=2.0$	$\rho=3.0$	$\rho=4.0$
CTS	D+R	2.329	2.026	1.840	1.626	1.434	1.346	1.296
	D+O	2.329	2.076	1.922	1.744	1.584	1.511	1.470
	D+W	2.329	2.227	2.170	2.109	2.060	2.039	2.028
	D+S	2.329	2.246	2.204	2.163	2.136	2.126	2.122
CCS	D+R	1.259	1.095	1.002	0.905	0.828	0.796	0.779
	D+O	1.259	1.120	1.043	0.964	0.902	0.877	0.863
	D+W	1.259	1.201	1.179	1.166	1.167	1.171	1.175
	D+S	1.259	1.215	1.206	1.213	1.234	1.248	1.257
UTE	D+R	2.021	1.699	1.508	1.306	1.152	1.089	1.061
	D+O	2.021	1.681	1.471	1.241	1.071	1.004	0.974
	D+W	2.021	1.784	1.644	1.514	1.434	1.417	1.415
	D+S	2.021	1.789	1.674	1.566	1.522	1.522	1.527
UCE	D+R	1.577	1.327	1.188	1.028	0.899	0.859	0.832
	D+O	1.577	1.302	1.152	0.981	0.841	0.784	0.764
	D+W	1.577	1.384	1.286	1.186	1.126	1.121	1.112
	D+S	1.577	1.398	1.303	1.229	1.199	1.199	1.199
MOR	D+R	1.621	1.359	1.212	1.051	0.922	0.872	0.852
	D+O	1.621	1.342	1.182	1.002	0.858	0.808	0.781
	D+W	1.621	1.421	1.322	1.215	1.155	1.145	1.141
	D+S	1.621	1.441	1.333	1.258	1.221	1.221	1.221
MOE	D+R	1.621	1.376	1.216	1.056	0.925	0.881	0.861
	D+O	1.621	1.348	1.188	1.008	0.868	0.808	0.788
	D+W	1.621	1.429	1.329	1.221	1.165	1.145	1.142
	D+S	1.621	1.442	1.352	1.262	1.232	1.229	1.233
USS	D+R	1.708	1.448	1.288	1.118	0.990	0.939	0.921
	D+O	1.708	1.421	1.261	1.071	0.918	0.862	0.832
	D+W	1.708	1.518	1.408	1.312	1.252	1.232	1.228
	D+S	1.708	1.528	1.438	1.358	1.308	1.318	1.315

2.6.4 强度设计值

为使强度设计值满足目标可靠度要求，采用不同荷载组合下 γ_{Ri} 的最大值作为最终抗力分项系数 γ_R。原竹强度设计值的计算采用基于可靠的极限状态设计方法，公式如下：

$$f_d = \frac{f_k K_P K_A K_Q}{\gamma_R} \qquad (2.6-1)$$

式中，f_d 为竹材强度设计值；f_k 为竹材强度标准值；K_P 为计算模型不定性系数；K_A 为尺寸不定性系数；K_Q 为由小试件强度转换为构件强度的折减系数；γ_R 为抗力分项系数。原竹强度设计值见表 2.6-4。

原竹强度设计值　　　　　　　　　　　　　　　　　　　　表 2.6-4

指标	UTS	UCS	CTS	CCS	MOR	USS
f_d（MPa）	62.78	44.61	1.22	20.56	74.58	7.96

第3章 新型原竹及原竹组合
构件性能与设计方法

3.1 原竹集束杆件

3.1.1 种类及组成

原竹集束杆件是通过卡箍、螺杆等连接件将多根竹管进行连接而形成的构件。原竹集束杆件包括压杆和受弯杆件。相比单根竹管，原竹集束杆件的受力性能能够得到有效提高，可运用于原竹结构的柱、梁、拱等构件中。

3.1.2 压杆受压性能

1. 试件设计

试验包括6个单竹杆和9个双竹抱合杆共15个试件，其中9个双竹抱合杆中分别有6个和3个试件采取不同的连接方式。表3.1-1中试件编号用RB表示，L1、L2分别表示双肢抱合杆的连接方式，编号末尾的数字代表相同试件的序号，试件的名义长度为3000mm，所有试件的实测尺寸见表3.1-1。表3.1-1中双竹抱合杆柱编号后面的数字1、2分别代表组成抱合杆的第1肢和第2肢原竹。试验所用原竹为重庆北碚的毛竹，顺纹抗压强度为61.16MPa，抗弯强度为110.61MPa，含水率为14.2%。

试件实测截面尺寸 表 3.1-1

试件编号		L（mm）	D_t（mm）	D_b（mm）	t_t（mm）	t_b（mm）
RB-1		3004.43	91.07	108.32	7.84	9.49
RB-2		3002.83	96.94	114.52	8.56	10.22
RB-3		3001.50	86.34	107.91	7.87	9.89
RB-4		3006.83	88.79	102.70	8.04	9.65
RB-5		3006.37	102.72	117.76	8.99	10.95
RB-6		2998.20	91.80	111.50	8.10	11.20
RB-L1-1	1	3002.77	92.40	109.10	8.42	10.26
	2	2995.50	91.97	107.80	8.08	10.11
RB-L1-2	1	3003.87	80.59	101.49	8.39	10.51
	2	3005.07	82.51	100.30	7.52	9.40
RB-L1-3	1	3004.33	91.68	107.02	7.60	10.62
	2	3003.93	87.80	101.48	8.39	10.62
RB-L1-4	1	3001.03	92.51	107.62	8.40	9.90
	2	2999.30	93.44	113.95	8.03	12.07
RB-L1-5	1	3002.23	89.89	111.62	8.68	9.91
	2	3008.57	85.74	111.24	8.64	8.92

试件编号		L（mm）	D_t（mm）	D_b（mm）	t_t（mm）	t_b（mm）
RB-L1-6	1	3003.27	93.51	109.08	8.53	10.44
	2	3000.50	89.87	103.28	8.69	9.41
RB-L2-1	1	3003.30	89.20	107.78	7.99	9.21
	2	3000.73	102.02	125.71	9.35	12.85
RB-L2-2	1	3005.97	92.82	104.28	15.79	9.45
	2	3001.97	94.72	108.89	8.89	10.83
RB-L2-3	1	3001.93	84.85	103.69	7.40	9.00
	2	3000.03	86.30	99.91	9.72	9.76

注：D_t 和 D_b 分别代表竹构件上端和下端的外径；t_t 和 t_b 分别代表竹构件上端和下端的壁厚。

2. 试验方法

对于单根原竹构件轴压性能试验，为了测出轴压过程中构件应变与轴力之间的关系，在构件跨中位置布置 4 个应变片，水平和竖直方向各 2 个；对于双竹抱合杆轴压性能试验，在组成抱合竹的两根原竹跨中位置上分别布置 4 对一共 8 个应变片，布置方式与单根原竹试件类似，具体布置方式如图 3.1-1 所示。为了得到荷载-位移曲线，本次试验在加载端布置一个位移计，如图 3.1-1 所示。

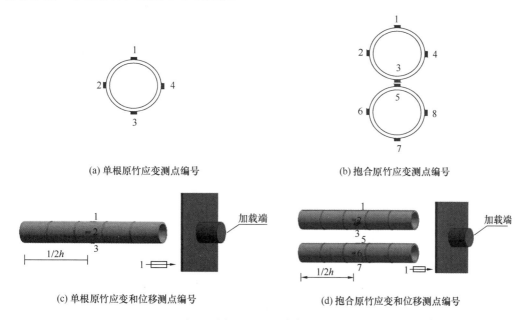

(a) 单根原竹应变测点编号

(b) 抱合原竹应变测点编号

(c) 单根原竹应变和位移测点编号

(d) 抱合原竹应变和位移测点编号

图 3.1-1　测点布置

试验使用反力架和 ZB4-500 型电动油泵千斤顶作为加载装置进行加载，试件插入两端的圆柱形套筒内，套筒固定，见图 3.1-2(b)，传感器与数字静态应变仪相连，荷载由数字静态应变仪测出。结合实际受力和变形情况，边界条件符合一边固定、一边简支的力学模型。安装试件之前贴好应变片，加载装置及试件的安装就位情况如图 3.1-2(a) 所示。试验开始前先对试件进行对中并加以固定，然后将数据清零便进行试验并采集数据。试验过程中以 2kN 为极差进行加载，每级荷载加载后，控制油压持荷 1～2min 后进行下一级加载，当接近极限荷载时，降低加载速率，最后当荷载下降到极限荷载的60％或试件被压坏时加载结束。

(a) 试验加载   (b) 边界条件和传感器

图 3.1-2　试验加载装置

3. 试验结果及分析

（1）破坏模式

对于单根原竹试件，在受压试验过程中的最后破坏模式为整体弯曲失稳破坏，具体的破坏过程表现为随着轴向力的增大而出现弯曲，且弯曲变形逐渐增大，原竹试件失稳破坏。试件 RB-3 的变形破坏过程见图 3.1-3，可以看出，试件在轴向力增大的过程中弯曲变形逐渐增大，直至极限荷载时试件发生整体失稳破坏，荷载下降过程中试件的跨中部位出现两道裂口，卸载后弯曲变形迅速减小，具有较好的回弹性。

(a)加载初期   (b)加载26kN   (c)极限荷载   (d)荷载下降   (e)中部破裂

图 3.1-3　试件 RB-3 变形破坏过程

直接捆绑连接（L2）的双竹抱合杆试件，变形过程与单根原竹试件类似，在加载初期，试件随着轴向力的增大而产生弯曲，之后弯曲逐渐增大，由于两根原竹直接捆绑，在变形时一根原竹的变形相对较大，达到极限荷载之后，荷载开始下降，试件的弯曲变形仍在增大，最后组成抱合竹试件的某一肢原竹破裂。图 3.1-4 为试件 RB-L2-3 的具体变形过

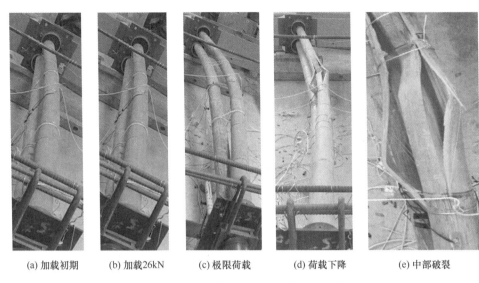

| (a) 加载初期 | (b) 加载26kN | (c) 极限荷载 | (d) 荷载下降 | (e) 中部破裂 |

图 3.1-4　试件 RB-L2-3 变形破坏过程

程和最后的破坏模式。

用钢横隔板连接（L1）构成的双竹抱合杆，其变形过程类似于直接捆绑连接（L2）的双竹抱合杆。但是，此类构件的变形受钢横隔板的约束作用，两肢原竹变形趋于一致，试件的整体性能较好。图 3.1-5 为试件 RB-L1-4 的变形过程，可以看到此试件在变形过程中两根原竹的变形相差不大。图 3.1-6 为试件 RB-L1-6 的破坏形式，虽然其中一肢原竹在钢横隔板连接处发生破裂，但是整体变形仍基本一致。

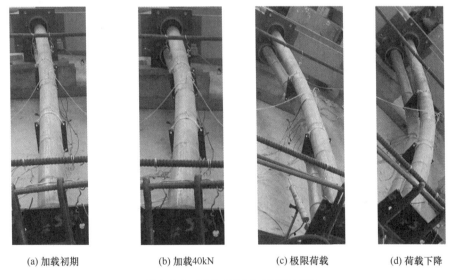

| (a) 加载初期 | (b) 加载40kN | (c) 极限荷载 | (d) 荷载下降 |

图 3.1-5　试件 RB-L1-4 变形过程

（2）荷载-应变曲线

试验对 3 种类型构件的荷载、应变和位移进行了监测。对于单根毛竹试件，测得荷载-应变曲线见图 3.1-7。单根毛竹试件在轴向力作用下会朝某一方向产生弯曲，这一方向由于原竹材料的不均匀性、初弯曲和初偏心等缺陷而不确定。对于试件 RB-1 的荷载-应变曲

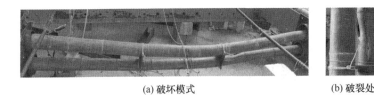

(a) 破坏模式   (b) 破裂处

图 3.1-6 试件 RB-L1-6 破坏模式

线，见图 3.1-7(a)，在施加荷载初期应变随着荷载的增大而增大，因为原竹材料的不均匀性、初弯曲和偏心等缺陷，s1～s4 的 4 条曲线在荷载初期并不重合，随着荷载的进一步增大，s3 的应变开始从受压变为受拉，s1 的受压应变增长幅度变大，说明主要的弯曲方向是朝向 1 号应变片方向一侧；在荷载下降段，s4 的受压应变值减少，但是幅度比 s1 应变小，对应的 s2 的受压应变值增长幅度略微增大，说明构件的变形方向朝 s2 应变片方向一侧，还略微靠向 s4 应变片方向一侧。同理，见图 3.1-7(b)，试件 RB-2 的荷载-应变曲线，在荷载初期 s1～s4 的应变重合，当荷载达到 15kN 左右时，s3、s4 的应变和 s1、s2 的走向发生变化，s3、s4 的应变开始从受压变成受拉，s1、s2 的受压应变值增长幅度较大，说明此构件弯曲方向是朝 s3 和 s4 之间的方向。同理，试件 RB-3 的弯曲方向是朝 s2 的方向；试件 RB-4 的弯曲方向是朝 s2 的方向；试件 RB-5 的弯曲方向是主要朝 s2 的方向一侧并略微偏向 s3 方向一侧；试件 RB-6 的弯曲方向是主要朝 s4 方向一侧。

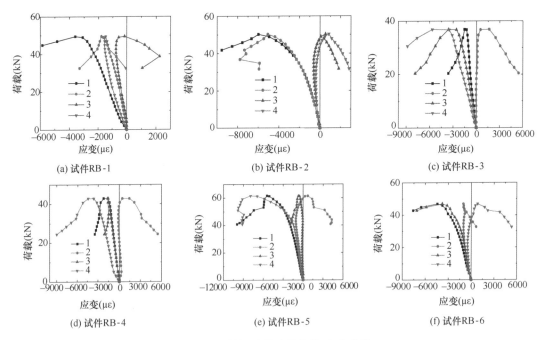

(a) 试件RB-1   (b) 试件RB-2   (c) 试件RB-3

(d) 试件RB-4   (e) 试件RB-5   (f) 试件RB-6

图 3.1-7 单根毛竹试件荷载-应变曲线

用钢横隔板连接（L1）的双竹抱合试件，测得试件的荷载-应变曲线见图 3.1-8。试件在轴向力的作用下会产生弯曲，图 3.1-8(a) 说明了试件 RB-L1-1 在弯曲过程中，上面肢 1 主要弯曲方向朝向 s2 的方向，下面肢 2 主要弯曲方向朝向 s8 的方向，说明构件在弯曲过程中发生扭转；图 3.1-8(b) 为试件 RB-L1-2 的荷载-应变图，构件的主要弯曲方向朝向 s2、s6 的方向；图 3.1-8(c) 为试件 RB-L1-3 的荷载-应变图，构件的主要弯曲方向朝向 s1、s5 的方向；图 3.1-8(d) 为试件 RB-L1-4 的荷载-应变图，构件的主要弯曲方向为 s1、s5 的方向；图 3.1-8(e) 为试件 RB-L1-5 的荷载-应变图，构件的主要弯曲方向为 s2、s6 的方向；图 3.1-8(f) 为试件 RB-L1-6 的荷载-应变图，构件的主要弯曲方向为 s6 的方

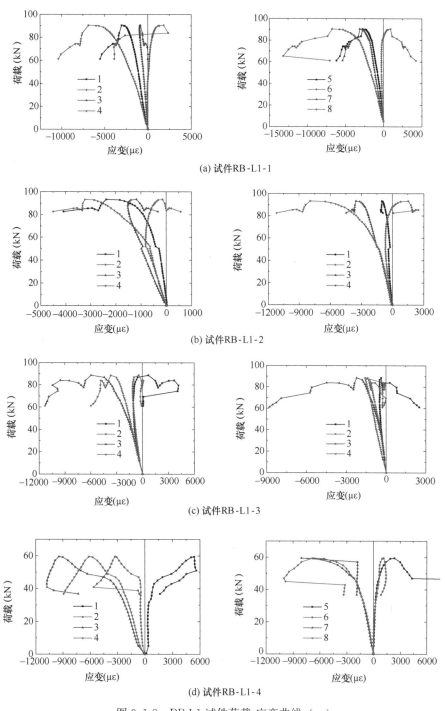

图 3.1-8 RB-L1 试件荷载-应变曲线（一）

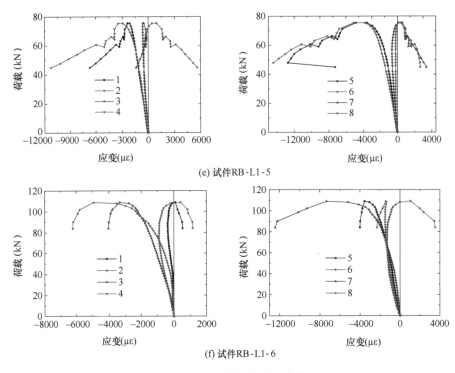

图 3.1-8　RB-L1 试件荷载-应变曲线 （二）

向。可以看出构成 RB-L1 试件的两根原竹的弯曲方向基本一致，说明钢横隔板连接装置有良好的套箍作用，对于某些发生扭转或绕强轴弯曲的构件，可能是毛竹材料的不均匀性、初弯曲和偏心等缺陷而引起。

用直接捆绑连接 L2 组成的双肢抱合试件，测得试件的荷载-应变曲线见图 3.1-9。试件的变形特征类似于 RB-L1 系列试件，试件 RB-L2-1 和试件 RB-L2-2 的弯曲方向均朝向 s1、s5 的方向，两个试件均绕强轴弯曲。试件 RB-L2-3 的两肢弯曲方向不一致，上面的肢 1 主要弯曲方向朝向 s2 的方向，下面的肢 2 主要弯曲方向朝向 s7 的方向。从构件的弯曲方向可以看出直接捆绑方式并不能有效固定试件两肢的连接，试件整体性较差。

（3）荷载-位移曲线

对于单根毛竹试件，其承载力与竹材的材料特性和长细比有关；对双肢抱合试件，其承载力还与双肢之间的连接方式有关。

对单根毛竹试件，选取试件 RB-2 和 RB-3 的荷载-位移曲线作对比，见图 3.1-10。试件 RB-2 和 RB-3 的截面特性见表 3.1-1，试件 RB-2 和 RB-3 的长细比分别为 83.97 和 91.49，从图中可以看出两个试件的荷载-位移曲线形状相似，在试验加载前期曲线稳定增长，之后到达峰值点，最后曲线缓慢下降，但是试件 RB-3 的长细比大于试件 RB-2 的长细比，所以试件 RB-3 的荷载比试件 RB-2 要小。

对双肢抱合试件，因为试件 RB-L1-1 和试件 RB-L2-2 的截面尺寸接近，故选取两根试件的荷载-位移曲线作对比，见图 3.1-10。从图 3.1-11 中可知，用钢横隔板连接（L1）装置的双肢抱合试件和用直接捆绑连接（L2）而成的双肢抱合试件的荷载位移-曲线相似，试件 RB-L2-2 的极限荷载略大于试件 RB-L1-1，考虑到试件 RB-L2-2 的截面尺寸略大于试

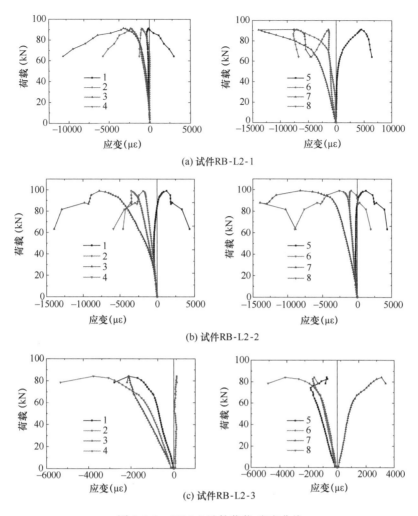

(a) 试件RB-L2-1

(b) 试件RB-L2-2

(c) 试件RB-L2-3

图 3.1-9 RB-L2 试件荷载-应变曲线

件 RB-L1-1，而试件 RB-L2-2 的长细比略小于试件 RB-L1-1，因此可以认为连接方式对双肢抱合试件的承载力影响较小。在图 3.1-11 中，试件的荷载-位移曲线在下降段会突然下凹，原因是双肢抱合试件的其中一肢突然受压破裂导致荷载突变。

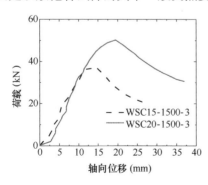

图 3.1-10 试件 RB-2 和 RB-3 的荷载-轴向位移曲线

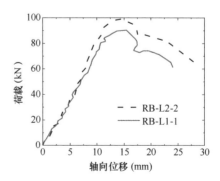

图 3.1-11 试件 RB-L1-1 和 RB-L2-2 的荷载-轴向位移曲线

4. 承载力分析方法

采用陈肇元算法[34]、多利兹算法[36]、同济大学钢木结构教研组算法[36]和《圆竹结构建筑技术规程》CECS 434—2016[35]试件承载力进行计算，并和试验计算结果进行比较，具体算法如下。

陈肇元算法[34]：

$$N = \varphi \sigma F_{pac} \tag{3.1-1}$$

$$\varphi = \begin{cases} 190/(l_0/D)^2 & (l_0/D > 24) \\ 1 - 0.0279(l_0/D) & (6 < l_0/D \leqslant 24) \\ 0.825 & (l_0/D \leqslant 6) \end{cases}$$

式中：F_{pac} ——试件计算面积，$F_{pac} = 0.283D^2$；

　　　l_0 ——试件计算长度，按一边固定、一边铰支取 0.7 试件长度；

　　　D ——试件长度中点的短边外径。

多利兹算法[36]：

$$N = \varphi \sigma A \tag{3.1-2}$$

$$\varphi = \begin{cases} 2100/\lambda^2 & (\lambda \geqslant 62.3) \\ 1 - 0.00012\lambda^2 & (\lambda < 62.3) \end{cases}$$

式中：λ ——试件长细比，按材料力学方法确定，其中计算长度 l_0 按一边固定、一边铰支取 0.7 试件长度；

　　　A ——毛竹材截面面积。

同济大学钢木结构教研组算法[36]：

$$N = \varphi \sigma A \tag{3.1-3}$$

$$\varphi = \begin{cases} 2220/\lambda^2 & (\lambda \geqslant 66.5) \\ 1 - 0.0001126\lambda^2 & (\lambda < 66.5) \end{cases}$$

式中符号定义和取值同多利兹算法。

《圆竹结构建筑技术规程》CECS 434—2016[35]算法：

$$P_{cr} = \varphi_c \pi^2 EA/\lambda^2 \tag{3.1-4}$$

式中：E ——毛竹材弹性模量；

　　　φ_c ——考虑侧向支撑的折减系数，取 0.8；其他取值同上。

为与试验时的实际边界条件保持一致，采用的 4 种理论算法都是基于试件在一端固支，一端铰接下的轴心受压承载力。4 种算法所得出的承载力如表 3.1-2～表 3.1-4 所示。值得注意的是，双肢抱合试件的承载力约为两个单根毛竹构件承载力之和。

试验结果和理论计算结果见表 3.1-2～表 3.1-4。其中 P_t 代表试验极限荷载，P_c 代表陈肇元算法的算值，P_d 代表多利兹算法的算值，P_{tuj} 代表同济钢木结构教研室算法的算值，P_{cecs} 代表《圆竹结构建筑技术规程》CECS 434—2016 算法的算值。λ_c 和 λ 分别为陈肇元算法、材料力学理论的试件长细比。

从表 3.1-2～表 3.1-4 可以看出 3 种类型构件的计算与试验对比情况。对单根毛竹试件，用陈肇元算法得出的计算值比试验结果略大，其他 3 种算法得到的结果与试验值吻合良好。直接捆绑双肢抱合试件，其结论与单根毛竹相似。用钢横隔板连接的双肢抱合试件，试验值与计算值的比值有所提高，陈肇元算法得到的计算值略大于试验值，其他 3 种算法得出的结果与试验值吻合较好。

单根毛竹试件试验结果与计算结果比较 表 3.1-2

试件编号	A (mm²)	P_t (kN)	λ_c	λ	P_c (kN)	P_d (kN)	P_{tuj} (kN)	P_{cecs} (kN)	P_t/P_c	P_t/P_d	P_t/P_{tuj}	P_t/P_{cecs}
RB-1	1298.0	49.47	67.06	62.32	56.09	42.93	44.67	47.36	0.882	1.152	1.107	1.045
RB-2	1489.5	50.29	62.64	58.78	70.54	53.33	55.66	61.09	0.713	0.943	0.904	0.823
RB-3	1292.2	36.82	68.23	64.04	52.66	40.47	42.53	44.65	0.669	0.910	0.866	0.825
RB-4	1267.4	42.84	69.48	65.11	49.54	38.39	40.51	42.36	0.865	1.116	1.058	1.011
RB-5	1647.5	61.51	60.39	56.49	79.55	62.18	64.56	73.17	0.773	0.989	0.953	0.840
RB-6	1473.4	46.92	65.50	61.20	60.44	50.53	52.11	55.75	0.776	0.929	0.900	0.842
平均值									0.780	1.007	0.965	0.898
标准差									0.083	0.103	0.097	0.102

双肢捆绑竹抱合试件试验结果与计算结果比较 表 3.1-3

试件编号		A (mm²)	P_t (kN)	λ_c	λ	P_c (kN)	P_d (kN)	P_{tuj} (kN)	P_{cecs} (kN)	P_t/P_c	P_t/P_d	P_t/P_{tuj}	P_t/P_{cecs}
RB-L1-1	1	1355.8	90.37	66.14	62.67	108.97	79.37	83.26	87.57	0.829	1.139	1.085	1.032
	2	1176.5		69.46	65.68								
RB-L1-2	1	1371.8	89.76	65.62	62.17	128.46	98.91	103.8622	111.35	0.699	0.907	0.864	0.806
	2	1556.9		63.28	60.12								
RB-L1-3	1	1403.3	88.54	65.17	61.77	118.76	86.14	90.37	95.82	0.746	1.028	0.980	0.924
	2	1226.5		66.81	63.07								
RB-L1-4	1	1826.6	59.47	66.78	64.43	120.99	106.90	112.43	118.34	0.492	0.556	0.529	0.503
	2	1499.7		64.52	61.29								
RB-L1-5	1	1160.8	75.48	69.67	65.86	96.61	72.76	76.90	80.28	0.781	1.037	0.980	0.940
	2	1349.3		70.46	67.19								
RB-L1-6	1	1438.6	92.51	64.80	61.46	116.34	88.54	94.28	98.58	0.795	1.045	0.981	0.938
	2	1308.0		67.96	64.46								
平均值										0.724	0.952	0.903	0.857
标准差										0.122	0.208	0.196	0.188

钢横隔板连接双肢抱合试件试验结果与计算结果比较 表 3.1-4

试件编号		A (mm²)	P_t (kN)	λ_c	λ	P_c (kN)	P_d (kN)	P_{tuj} (kN)	P_{cecs} (kN)	P_t/P_c	P_t/P_d	P_t/P_{tuj}	P_t/P_{cecs}
RB-L2-1	1	1408.9	91.29	65.10	61.71	122.05	91.50	96.31	102.42	0.748	0.998	0.948	0.891
	2	1362.0		65.59	62.13								
RB-L2-2	1	1307.0	98.94	66.72	63.16	148.69	115.97	120.48	135.60	0.665	0.853	0.821	0.730
	2	1887.5		57.64	54.77								
RB-L2-3	1	1280.6	84.15	72.23	68.84	86.56	66.72	70.53	73.61	0.972	1.261	1.193	1.143
	2	1157.8		71.90	68.15								
平均值										0.795	1.037	0.987	0.921
标准差										0.159	0.207	0.189	0.208

毛竹压杆实测尺寸及试验数据 表 3.1-5

试件编号	L (mm)	D_d (mm)	D_x (mm)	t_d (mm)	t_x (mm)	ω (%)	λ	λ'	A_x (mm²)	N_u (kN)	N_{cr} (kN)	φ
B10-1	327.1	98.5	97.0	9.5	9.5	11.79	10.42	10.99	2601.64	132.42	143.87	1.09
B10-2	357.7	103.0	101.3	9.5	9.4	12.03	10.85	11.44	2707.30	137.80	154.27	1.12
B20-1	514.1	101.6	98.8	9.4	9.4	11.93	15.94	16.80	2641.40	134.45	119.58	0.89
B20-2	539.7	104.6	102.1	9.0	9.9	12.56	16.17	17.05	2870.48	146.11	106.95	0.73
B20-3	727.1	106.8	103.3	9.9	9.3	12.57	21.44	22.60	2743.14	139.63	146.61	1.05
B20-4	785.5	110.1	107.0	10.5	10.4	12.49	22.53	23.74	3152.16	160.44	157.63	0.98
B30-1	975.8	115.8	109.6	11.8	9.3	12.25	26.88	28.33	2936.46	149.47	121.85	0.82
B30-2	799.0	87.9	87.2	9.2	8.8	12.29	28.60	30.14	2176.19	110.77	55.70	0.50
B30-3	784.4	85.5	84.5	8.8	8.5	11.97	28.89	30.45	2034.55	103.56	50.49	0.49
B30-4	1076.0	113.2	112.0	13.0	10.0	12.91	29.91	31.53	3194.50	162.60	109.37	0.67
B30-5	1125.0	109.8	104.5	9.3	9.1	12.72	32.32	34.08	2714.35	138.16	99.28	0.72
B40-1	1393.3	101.0	102.0	9.1	9.1	12.31	42.44	44.74	2641.56	134.46	64.75	0.48
B40-2	1064.9	80.6	75.1	7.8	7.6	13.64	42.67	44.98	1604.10	81.65	32.30	0.40
B50-1	1560.5	116.9	107.9	13.2	10.2	13.89	43.53	45.89	3139.29	159.79	78.57	0.49
B50-2	1681.1	118.6	110.1	11.2	10.1	12.81	45.60	48.06	3161.71	160.93	99.91	0.62
B60-1	2231.1	118.9	109.0	9.4	8.1	13.50	59.80	63.02	2575.82	131.11	58.71	0.45
B60-2	2066.5	108.9	97.8	9.4	8.3	11.61	61.58	64.91	2329.88	118.59	41.18	0.35
B70-1	1441.8	75.5	67.6	7.2	6.7	11.52	62.79	66.17	1281.65	65.24	35.56	0.55
B80-1	1901.2	84.5	70.3	7.7	6.5	11.71	76.07	80.18	1297.62	66.05	25.68	0.39
B80-2	1838.6	80.4	67.8	8.0	6.9	12.20	77.56	81.73	1319.08	67.14	25.78	0.38
B100-1	3182.2	116.9	101.7	11.8	9.1	12.88	90.53	95.42	2633.89	134.06	31.03	0.23
B100-2	3232.5	117.5	97.0	11.1	7.9	12.47	93.09	98.10	2204.17	112.19	32.57	0.29
B100-3	2324.0	82.6	71.9	8.1	6.7	12.51	93.62	98.65	1366.86	69.57	18.93	0.27
B110-1	2689.1	89.9	74.3	9.5	7.5	11.91	102.65	108.17	1565.08	79.66	15.08	0.19
B110-2	2741.3	84.6	73.8	9.1	7.8	11.95	108.85	114.72	1625.09	82.72	11.93	0.14
B120-1	2828.0	85.2	74.2	10.1	7.3	11.94	111.85	117.91	1529.83	77.87	11.72	0.15
B120-2	2930.3	85.2	69.3	8.3	6.7	11.61	118.16	124.54	1324.88	67.44	14.35	0.21
B130-1	3154.8	86.4	72.4	8.6	6.9	12.40	123.84	130.54	1425.58	72.56	12.76	0.18
B130-2	3251.7	89.4	75.0	10.3	7.5	12.85	124.48	131.24	1584.77	80.66	11.96	0.15
B130-3	2965.0	81.3	65.0	8.1	6.3	12.39	126.39	133.27	1157.51	58.92	9.86	0.17

注：大写字母 B 为竹压杆，其后第一个数字为压杆长细比概值，"-" 后数字为具有相同长细比概值的第几组试件。

3.1.3 屈曲系数研究

1. 试件设计

共选取 31 根无明显缺陷的长直毛竹，初步测量后按竹压杆长细比均匀分布的原则进行加工，加工之后对竹压杆编号，并再次测量尺寸。毛竹压杆实测尺寸见表 3.1-5。竹材在标准含水率下的顺纹抗压强度为 50.9MPa，标准差和变异系数分别为 11.82 和 23.21%。

2. 试验方法

用如图 3.1-12 所示电液伺服试验机加载，并配套加工的刀铰和球铰装置，可模拟试件在两端铰支时的工况，即 $l=L$。试验时，控制油阀使底部液压千斤顶向上移动实现加载，每级荷载增量取 2kN 并持荷 30s，并用静态应力应变测试分析系统实时连续采集数据，当荷载降至临界荷载的 70% 或试件破坏时，停止试验并保存试验数据。

3. 试验结果及分析

各试件在到达临界荷载之前，皆为较小的侧向挠曲变形，并无明显强度破坏现象。当荷载超过临界荷载进入卸载阶段后，侧向挠曲变形速率增大。对于小长细比试件，侧向挠

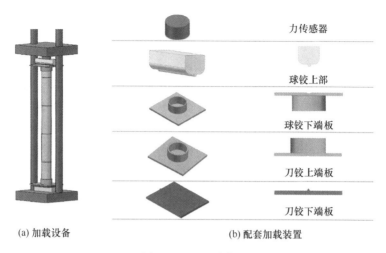

(a) 加载设备　　　　　　　　　　　　(b) 配套加载装置

图 3.1-12　试验装置

曲变形较小，整体弯曲变形较小，而局部鼓曲变形明显；对于大长细比试件，由于侧向大挠曲变形，整体弯曲失稳特征明显，局部鼓曲变形较小，但较大的侧向挠曲变形使得试件在鼓曲变形处有更大的应力。无论小长细比试件或是大长细比试件，均是局部鼓曲和整体弯曲变形叠加，导致竹壁局部处于纵向受拉和环向受拉复合应力状态。由于竹材在横纹方向的抗拉强度较低，最终超过横纹抗拉强度极限值，从而使竹压杆管壁产生裂缝而爆裂。此外，原竹为非规格材，本身的初始缺陷较多，截面椭圆度和初弯曲对侧向挠曲也有一定影响，在一定情况下会强化或弱化上述力学行为。

　　试件的破坏模式如图 3.1-13 所示。对比各试件的破坏形态，试件 B20-3、B60-2、B80-1 均有纵向裂缝产生，试件 B30-2、B100-2 在中部高度处折断且有纵向裂缝，试件 B50-1、B120-1、B130-2 均在中上部区域爆裂。上述已发生的某类破坏形态并没有仅在某特定长细比范围内发生，无法根据试验现象界定大、小长细比之间的界限值。而根据试验现象可以明确：试件在发生破坏前，均有一定程度的侧向挠曲变形及局部鼓曲变形，挠曲变形程度随试件长细比的增大而显著，而局部鼓曲与整体弯曲变形的叠加导致试件爆裂。因此，可认为竹压杆的破坏模式为局部鼓曲变形与整体弯曲变形相互作用下竹壁塑性纵向开裂的破坏模式。

　　4. 竹压杆屈曲系数公式分析

　　出于成本和便捷性考虑，研究人员多以就近的某一类竹子为研究对象，由于不同种类和不同产地条件的竹子间力学性能存在差异，导致以相近试验条件下得到的各文献竹压杆屈曲系数公式具有差异。陈肇元[34]分析了苏联学者多利兹[36]和同济大学木结构教研组[36]分别提出的竹压杆屈曲系数公式，认为推导出这两个公式的条件带有极大的假定性，并以湖南毛竹为研究对象，以竹压杆轴压试验数据为基础推导出了三段式竹压杆屈曲系数公式。文献[35]以欧拉压杆临界力公式为基础，通过乘以折减系数的方式计算竹压杆临界荷载值。Lawrence 等[37]将长细比在 30 以下的竹压杆归类为短柱，而中长柱与长柱之间的界限值与竹材的弹性模量和顺纹抗压强度有关，且认为在任何情况下的竹压杆长细比都不应大于 150。田黎敏等[38]将竹压杆小头端部的横截面面积与竹材顺纹极限压应力的乘积作为承载力值基础，将其乘以一个与竹材物理力学性质相关的折减系数后作为竹压杆临界荷

(a) B20-3   (b) B30-2   (c) B50-1   (d) B60-2

(e) B80-1   (f) B100-2   (g) B120-1   (h) B130-2

图 3.1-13　毛竹压杆破坏模式

载值。吴旖文[39]以浙江湖州毛竹为研究对象，用非线性回归分析方法拟合了竹压杆屈曲系数公式，并认为竹压杆的长细比宜在 45 以内。Bahtiar[40] 和 Nugroho[41] 分别对南美洲西北部的 Guadua 竹压杆和印度尼西亚的 Tali 竹压杆进行轴压试验研究，并借鉴已有屈曲系数公式的形式，通过回归分析方法拟合试验数据得到屈曲系数公式中与材料性质相关的系数。上述文献中提及的竹压杆屈曲系数公式均如表 3.1-6 所示，各文献竹压杆屈曲系数公式各有不同。

表 3.1-6

现有竹压杆屈曲系数计算公式

	屈曲系数公式	各符号参数定义	符号释义	竹材产地/种类
公式1[34]	$N_{cr1} = \varphi\sigma_u A_{pac}$; $\varphi = \begin{cases} 1850/\lambda^2 & \lambda > 75 \\ 1 - 0.00895\lambda & 20 < \lambda \leq 75 \\ 0.825 & \lambda \leq 20 \end{cases}$	$i = 0.32D'$ $\lambda = \dfrac{l}{i}$ $A_{pac} = 0.283D'^2$	A_{pac}—压杆横截面计算面积; D'—压杆长度中点处的短边外径,取 $D'=D$	湖南/毛竹
公式2[36]	$N_{cr2} = \varphi\sigma_u A$; $\varphi = \begin{cases} 2100/\lambda^2 & \lambda \geq 62.3 \\ 1 - 0.00012\lambda^2 & \lambda < 62.3 \end{cases}$	—	—	＊＊
公式3[36]	$N_{cr3} = \varphi\sigma_u A$; $\varphi = \begin{cases} 2220/\lambda^2 & \lambda \geq 66.5 \\ 1 - 0.0001126\lambda^2 & \lambda < 66.5 \end{cases}$	—	—	＊＊
公式4[35]	$N_{cr4} = \varphi_c \dfrac{\pi^2 EA}{\lambda^2}$	—	φ_c—考虑压杆侧向支撑的折减系数,取值为 0.7	＊＊
公式5[37]	$N_{cr6} = \begin{cases} 0.6\dfrac{\pi^2 AE_{0.05}}{\lambda^2} & C_k < \lambda' < 150 \\ \sigma_u A\left[1 - \dfrac{2}{5}\left(\dfrac{\lambda'}{C_k}\right)^3\right] & 30 < \lambda' < 30 \\ \sigma_u A \end{cases}$	$C_k = \pi\sqrt{\dfrac{E_{0.05}}{\sigma_u}}$	$E_{0.05}$—0.05 分位数弹性模量,取值为 13000MPa	＊＊
公式6[38]	$N_{cr6} = \varphi\sigma_u A_x$; $\varphi = \dfrac{1}{2\bar{\lambda}^2}\left[1 + \alpha\bar{\lambda} + \bar{\lambda}^2 - \sqrt{(1 + \alpha\bar{\lambda} + \bar{\lambda}^2)^2 - 4\bar{\lambda}^2}\right]$	$\bar{\lambda} = \dfrac{\lambda_{eq}}{\pi}\sqrt{\dfrac{\sigma_u}{E}}$ $\lambda_{eq} = l/\dfrac{\sqrt[4]{I_x I_d}}{\sqrt[4]{A_x A_d}}$	α—缺陷影响因子,取值为 0.5; λ_{eq}—竹压杆等效长细比	＊＊
公式7[39]	$N_{cr7} = \varphi\sigma_u A$; $\varphi = \begin{cases} 1.8629e^{-0.0196\lambda} & \lambda \geq 45 \\ -0.0052\lambda + 1 & 3 \leq \lambda < 45 \end{cases}$	—	—	浙江湖州/毛竹
公式8[40]	$N_{cr8} = \varphi\sigma_u A$; $\varphi = 87270 + \dfrac{243085127}{\lambda^2} - \sqrt{\left(87270 + \dfrac{243085127}{\lambda^2}\right)^2 - \dfrac{486170253}{\lambda^2}}$	—	—	南美洲西北部/Guadua竹
公式9[41]	$N_{cr9} = \varphi\sigma_u A$; $\varphi = 345.84 + \dfrac{1056937.14}{\lambda^2} - \sqrt{\left(345.84 + \dfrac{1056937.14}{\lambda^2}\right)^2 - \dfrac{2113874.27}{\lambda^2}}$	—	—	印度尼西亚/Tali竹

注:表中"—"代表该信息前文已提及;"＊＊"代表该信息无法获取。

将表 3.1-6 中已有的竹压杆屈曲系数公式用于计算本书毛竹压杆临界荷载值，计算值与试验值对比如图 3.1-14 所示。由图 3.1-14 可知公式 1~5 在长细比较小时计算值与试验值相差较小，而当长细比较大时则误差显著，其余公式与全范围长细比的竹压杆均有较大误差。其中图 3.1-14 仅给出了 λ' 数值大于 40 竹压杆的公式 4 临界荷载计算值，这是由于将公式 4 用于计算 λ' 数值小于 40 的竹压杆临界荷载时，计算值远大于 200kN，可达数千千牛，表明用欧拉公式计算小长细比试件将得到与实际情况严重不符的结果。

由于各文献中竹压杆屈曲公式的试验研究对象取材于不同地区或竹子种类不同，而各地区之间竹子的产地条件不同，这是导致前述现有竹压杆屈曲系数公式与本书试验数据差异性的重要因素之一。为得到取材自四川地区的毛竹压杆更为准确的屈曲系数公式，直接以该地区毛竹为试验研究对象，即可排除产地条件差异显著这一因素，并以试验数据为基础，提出适用于该地区竹子的竹压杆屈曲系数公式。

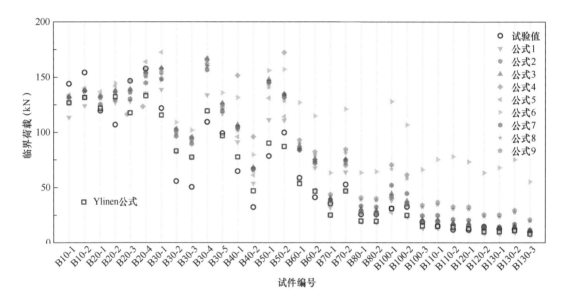

图 3.1-14　现有竹压杆屈曲系数公式临界荷载计算值与试验值对比

细长竹压杆的临界荷载远小于竹材被充分利用时的理论极限承载力，表明用于调整压杆承载力的屈曲系数意义重大。由于确定竹压杆短柱、中长柱和长柱之间的界限值十分困难，故用长细比全范围屈曲系数公式拟合试验数据，如式（3.1-5）~式（3.1-7）所示。

Ylinen 公式[40]：

$$\sigma_{cr} = \frac{\sigma_u + \sigma_e}{2c} - \sqrt{\left(\frac{\sigma_u + \sigma_e}{2c}\right)^2 - \frac{\sigma_u \sigma_e}{c}}; \ \sigma_e = \frac{\pi^2 E}{\lambda'^2} \tag{3.1-5}$$

式（3.1-5）两边同除 σ_u 可得式（3.1-6）：

$$\varphi = \frac{1}{2c} + \frac{\pi^2 E}{2c\sigma_u} \frac{1}{\lambda'^2} - \sqrt{\left(\frac{1}{2c} + \frac{\pi^2 E}{2c\sigma_u} \frac{1}{\lambda'^2}\right)^2 - \frac{\pi^2 E}{c\sigma_u} \frac{1}{\lambda'^2}} \tag{3.1-6}$$

Cubic Rankine-Gordon 公式[42]：

$$\sigma_{cr} = \frac{\sigma_u}{1 + \frac{\sigma_u}{\pi^2 E}\lambda'^3} \tag{3.1-7}$$

式（3.1-7）两边同除 σ_u，可得式（3.1-8）：

$$\varphi = \frac{\sigma_{cr}}{\sigma_u} = \frac{1}{1 + \frac{\sigma_u}{\pi^2 E}\lambda'^3} \tag{3.1-8}$$

Perry-Roberston 公式[42]：

$$\varphi = \frac{1}{2}\left(1 + \frac{1+\eta}{\lambda^{*2}}\right) - \frac{1}{2}\sqrt{\left(1 + \frac{1+\eta}{\lambda^{*2}}\right)^2 - \frac{4}{\lambda^{*2}}}\,;\; \lambda^* = \frac{\lambda'}{\pi}\sqrt{\frac{\sigma_u}{E}} \tag{3.1-9}$$

式（3.1-9）与式（3.1-10）等效：

$$\varphi = \frac{1}{2}\left[1 + \frac{(1+\eta)\pi^2 E}{\sigma_u \lambda'^2}\right] - \frac{1}{2}\sqrt{\left[1 + \frac{(1+\eta)\pi^2 E}{\sigma_u \lambda'^2}\right]^2 - \frac{4\pi^2 E}{\sigma_u \lambda'^2}} \tag{3.1-10}$$

式（3.1-6）、式（3.1-8）、式（3.1-9）中均含有 σ_u/E。研究表明[13, 30]，某些种类竹材的顺纹抗压强度 σ_u 与弹性模量 E 具有相对稳定的比值。但由于不同种类和不同地区间竹子力学性质有差异，加之目前尚无研究表明本书所研究的四川地区竹子具有类似性质，因此不能以直接代入数值的方式得到屈曲系数公式。此外 Ylinen 公式中 c 是表征压杆轴压和屈曲之间相互作用程度的参数，而 Perry-Roberston 公式中 η 是表征压杆几何缺陷的参数，由于竹压杆不可避免地存在多种初始缺陷，且量化竹压杆轴向压缩和屈曲之间相互作用的程度十分困难，鉴于此，将式（3.1-6）、式（3.1-8）、式（3.1-10）中 $\sigma_u/(\pi^2 E)$、$\pi^2 E/(c\sigma_u)$、$1/(2c)$ 以及 $(1+\eta)\pi^2 E/\sigma_u$ 均设为待定参数，则分别得到如式（3.1-11）～式（3.1-13）所示的三种屈曲系数拟合方法。

$$\varphi = a + \frac{b}{\lambda'^2} - \sqrt{\left(a + \frac{b}{\lambda'^2}\right)^2 - \frac{2b}{\lambda'^2}} \tag{3.1-11}$$

$$\varphi = \frac{1}{1 + a\lambda'^3} \tag{3.1-12}$$

$$\varphi = \frac{1}{2}\left(1 + \frac{b}{\lambda'^2}\right) - \frac{1}{2}\sqrt{\left(1 + \frac{b}{\lambda'^2}\right)^2 - \frac{4a}{\lambda'^2}} \tag{3.1-13}$$

$$\varphi = 2544150 + \frac{697147 \times 10^4}{\lambda'^2} - \sqrt{\left(2544150 + \frac{697147 \times 10^4}{\lambda'^2}\right)^2 - \frac{1394294 \times 10^4}{\lambda'^2}}$$

基于如图 3.1-15 所示的拟合结果可知，Ylinen 方法拟合优度优于 Cubic Rankine-Gordon 方法和 Perry-Roberston 方法。将拟合后的 Ylinen 屈曲系数代入式（3.1-4）可计算得到如图 3.1-15 所示的竹压杆临界荷载，可见经拟合后的 Ylinen 屈曲系数计算值与本书试验结果吻合更好，这与将 Ylinen 方法用于木压杆[42]、南美洲 Guadua 竹压杆[40]和印度尼西亚 Tali 竹压杆[41]所得结论一致，表明 Ylinen 方法能广泛适应不同种类的压杆，后续的研究可考虑直接将其用于拟合试验数据，从而获得更为准确的竹压杆屈曲系数公式。

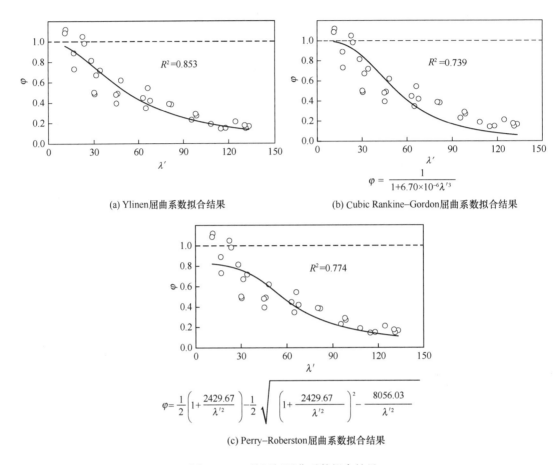

(a) Ylinen屈曲系数拟合结果

(b) Cubic Rankine–Gordon屈曲系数拟合结果

$$\varphi = \frac{1}{1+6.70\times10^{-6}\lambda'^{3}}$$

$$\varphi = \frac{1}{2}\left(1+\frac{2429.67}{\lambda'^{2}}\right) - \frac{1}{2}\sqrt{\left(1+\frac{2429.67}{\lambda'^{2}}\right)^{2} - \frac{8056.03}{\lambda'^{2}}}$$

(c) Perry–Roberston屈曲系数拟合结果

图 3.1-15　竹压杆屈曲系数拟合结果

3.1.4　受弯杆件抗弯性能

1. 试件设计

为研究毛竹直径、跨距对毛竹梁受弯性能的影响，试件材料选用竹龄大于 4 年且无明显缺陷的毛竹 24 根，标准含水率下的抗弯强度为 132.51MPa。试件直径有 90mm 和 120mm 两种规格，跨距选择 3000mm 和 3600mm；规定 B 代表毛竹，后面数字分别代表毛竹杆直径、跨距、编号，如 B90-3600-1 表示第一根毛竹杆直径为 90mm、跨距为 3600mm；24 根毛竹杆分别分为 B90-3600 系列、B90-3000 系列、B120-3600 系列、B120-3000 系列 4 组，每组 6 根。试验加载装置示意见图 3.1-16，分配梁间距离 $l=1200$mm，即为毛竹梁纯弯段长度。

2. 试验方法

将拉线式位移计连接在毛竹杆跨中的正下方，用于测量毛竹杆在试验过程中的挠度信息，具体布置方式如图 3.1-17 所示。

采用自行组装的试验装置对试件进行加载，如图 3.1-18 所示，主要包括反力架、液压千斤顶、30t 力传感器以及混凝土刚性支座，通过调节液压千斤顶的油压控制试验加载速率。试验初期以 0.5kN 为加载级差，每级荷载加载完成后持荷 1min，试验后期挠度较

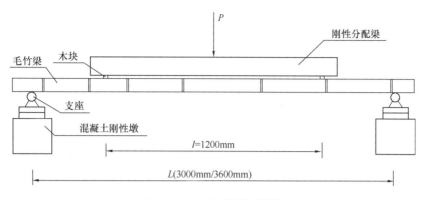

图 3.1-16　试验装置示意图

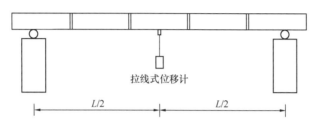

图 3.1-17　测点布置

图 3.1-18　毛竹杆受弯性能加载装置图

大时以位移控制加载，以 5mm 位移增量为加载级差，当试件破坏或荷载下降至极限荷载的 80％时停止试验，并保存相关试验数据。

3. 试验结果及分析

（1）破坏模式

试件在加载初期时的变形现象相似，都是挠度随着荷载的增加而增大，当荷载大于极限荷载时，试验进入卸载阶段，此时试件将发生强度破坏，根据试验现象，试件的破坏模式分为沿纵向劈裂、在试件中部爆裂、在支座处爆裂、在分配梁加载点处爆裂四种破坏模式。以下进行试验现象的详细描述。

试验现象：B90 系列的毛竹梁在加载初期产生挠曲变形，毛竹梁挠度变形类似余弦曲线，当荷载接近极限荷载时，荷载上升幅度变缓，梁挠度却持续增加，见图 3.1-19；当

(a) 试验加载初期   (b) 试验加载后期

图 3.1-19　试件加载图

荷载大于极限荷载时，毛竹杆将在分配梁的其中一个加载点处或梁跨中部产生爆裂。B120 系列试件与 B90 系列试件变形基本相同，但达到极限荷载时对应的跨中挠度比 B90 系列小。

破坏模式：到极限荷载后，试件 B90-3000-1 产生从加载点到试件中部贯通劈裂破坏，见图 3.1-20(a)；试件 B90-3000-2 从中部位置忽然爆裂且断口平整，见图 3.1-20(b)；试件 B90-3000-3 出现若干贯穿试件纵向裂缝，上部受压破裂的竹条向上拱出，产生比较明显的局部受压破坏，见图 3.1-20(c)；试件 B90-3000-5 也产生了类似试件 B90-3000-4 的破坏模式，加载点处局部爆裂导致纯弯段上下部都出现断口，见图 3.1-20(d)；试件 B90-3000-6 加载至极限荷载时，其中一加载点位置处产生爆裂，爆裂处断口不平整。B120 系列的破坏模式同 B90 系列基本相同，破坏模式见图 3.1-20。

(a) 破坏模式1

(b) 破坏模式2

图 3.1-20　试件破坏模式图（一）

(c) 破坏模式3

(d) 破坏模式4

图 3.1-20　试件破坏模式图（二）

综上，大部分毛竹梁在卸载阶段都会产生爆裂现象，这是因为毛竹的顺纹抗压强度明显低于抗拉强度，而毛竹杆在受弯时，截面上翼缘处于受压状态，下翼缘则为受拉状态，因此毛竹梁上部的压应力易达到抗压强度而破坏，毛竹梁上部压坏直接导致爆裂。

（2）荷载-位移曲线

根据试验数据得到各试件的荷载-位移曲线，见图 3.1-22。图 3.1-22（a）和图 3.1-22（b）分别代表跨距为 3000mm 和 3600mm 时不同直径毛竹梁对应的荷载-位移曲线；从图中可以看出，在跨距相同的情况下，毛竹直径越大，其荷载-位移曲线越陡，毛竹梁的极限荷载也越大，最大位移越小。图 3.1-22（c）和图 3.1-22（d）分别代表毛竹直径为 90mm 和 120mm 时不同跨距毛竹梁对应的荷载-位移曲线；从图中可以看出，在直径相同的情况下，毛竹梁跨距越大，其荷载-位移曲线越平缓，毛竹的极限荷载也越小，最大位移越大。出现上述现象的原因可根据简支梁受弯承载力-挠度公式进行解释，运用图乘法（图 3.1-21）计算出竹梁跨中挠度如下：

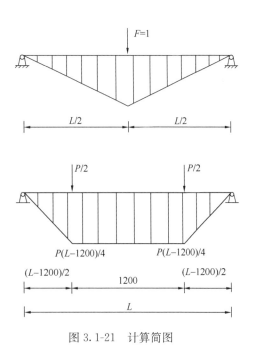

图 3.1-21　计算简图

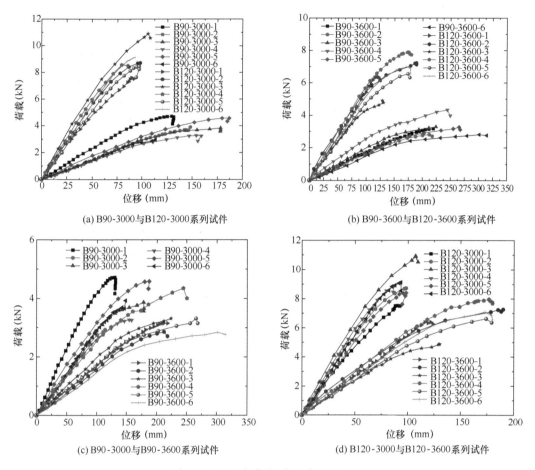

图 3.1-22　试件荷载-位移曲线对比图

跨中挠度：

$$u = \frac{900(L-1200)(2L-1200)+(L-1200)^3}{48EI}P \qquad (3.1\text{-}14)$$

令

$$K_1 = \frac{48EI}{900(L-1200)(2L-1200)+(L-1200)^3} \qquad (3.1\text{-}15)$$

所以

$$P = K_1 u \qquad (3.1\text{-}16)$$

式中，E 为竹梁的弹性模量，为常量；I 表示竹梁跨中截面惯性矩；L 表示竹梁跨距；D 表示竹梁外径；t 表示竹梁厚度；u 表示竹梁跨中挠度；P 表示竹梁跨中承载力。

发当跨距 L 相同时，毛竹直径越大，竹梁跨中截面惯性矩 I 则越大，计算出的 K_1 值也就随着 I 增大而增大，由于 $P=K_1 u$，相应的荷载-位移曲线斜率越大，曲线就会越陡；当直径 D 相同时，竹梁跨中截面惯性矩 I 相同，毛竹梁跨距越大，计算出的 K_1 值也就随着 L 增大而减小，由于 $P=K_1 u$，相应的荷载-位移曲线斜率越小，曲线就会越平缓。

（3）抗弯刚度分析

毛竹梁初始刚度 K 取荷载-位移曲线上挠度为 5mm 的点到挠度为 $L/200$ 对应点间直线的斜率，L 为竹梁跨距，计算公式如下：

$$K = \frac{P_{L/200} - P_{\Delta=5}}{L/200 - 5} \tag{3.1-17}$$

式中，$P_{L/200}$ 表示毛竹梁挠度为 $L/200$ 所受的力；$P_{\Delta=5}$ 表示毛竹梁挠度为 5mm 时所受的力。

根据式（3.1-17）计算出所有试件初始刚度值，见表 3.1-7；在相同跨距下，比较不同直径毛竹梁的初始刚度值，可以得到毛竹梁初始刚度随直径增大而增大；同时也可通过荷载-位移曲线图上挠度为 5mm 的点到挠度为 $L/200$ 对应点间直线的斜率对比得到该结论。在相同跨距下，随毛竹梁直径增大，荷载-位移曲线对应段直线斜率越陡，也即是毛竹梁的初始刚度随直径增大而增大。在相同直径下，比较不同跨距毛竹梁的初始刚度值，可以得到毛竹梁初始刚度随跨距增大而减小。同时通过荷载-位移曲线图可知，在相同直径下随着毛竹梁跨距增大，荷载-位移曲线对应段直线斜率越缓，也即是毛竹梁的初始刚度随跨距增大而减小。

根据各系列试件初始刚度平均值，由图 3.1-23 可知 B120-3000 系列初始刚度为 75.85N/mm，B90-3000 系列初始刚度为 20.8N/mm，两者比值在 3 左右；B120-3600 系列初始刚度为 40.59N/mm，B90-3000 系列初始刚度为 12.95N/mm，两者比值在 3 左右；所以在毛竹梁跨距相同条件下，直径为 120mm 毛竹梁的初始刚度是直径为 90mm 毛竹梁的初始刚度的 3 倍左右；同理，根据 B120-3000 系列和 B120-3600 系列初始刚度的比值在 1.5 左右，B90-3000 系列和 B90-3600 系列初始刚度的比值也在 1.5 左右；所以在毛竹梁直径相同条件下，

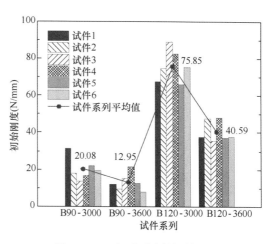

图 3.1-23　各系列试件初始刚度

跨距为 3000mm 毛竹梁初始刚度是跨距 3600mm 毛竹梁初始刚度的 1.5 倍左右。

（4）极限承载力分析

各试件极限承载力取值为竹梁受弯试验通过力传感器测得的最大荷载值，如表 3.1-7 所示；此处直径、跨距分别对极限承载力的影响，按各系列试件极限承载力均值进行考察，由于各系列试件有 6 根毛竹杆，所以各系列试件极限承载力均值取 6 根毛竹杆极限承载力的平均值，各系列试件极限承载力见图 3.1-24；在相同跨距下，直径 120mm 毛竹梁极限承载力是直径 90mm 毛竹梁的 2～2.5 倍；比较在相同直径下，跨距 3000mm 毛竹梁极限承载力是跨距 3600mm 毛竹梁的 1～1.5 倍。当毛竹杆的直径减少 25% 时，跨距为 3000mm 和 3600mm 的梁所对应的极限承载力分别降低 57.6% 和 50%；当梁的跨距减少 16.7% 时，直径为 90mm 和 120mm 所对应的极限承载力分别增大 14.4% 和 35.1%。可以看出，相较于梁的跨距，毛竹杆直径的变化对梁极限承载力的影响程度更大。

表 3.1-7

试件抗弯承载力和初始抗弯刚度

试件编号	大头直径 D_1 (mm)	小头直径 D_2 (mm)	大头壁厚 t_1 (mm)	小头壁厚 t_2 (mm)	截面面积 A (mm²)	挠度 u (mm)	$P_{\Delta=5}$ (N)	$P_{L/200}$ (N)	P_u (N)	$P_{L/200}/P_u$	K (N/mm)	破坏模式
B90-3000-1	90.3	76.8	9.2	6.2	1836	128.46	197	667	4490	14.9%	31.3	破坏模式 1
B90-3000-2	90.3	74.7	11.6	6.5	2089	112.59	126	388	2932	13.2%	17.5	破坏模式 2
B90-3000-3	81.9	69.7	8.6	6.4	1604	177.9	112	317	3813	8.3%	13.7	破坏模式 3
B90-3000-4	80.0	60.8	8.4	6.2	1447	151.3	103	351	3253	10.8%	16.5	破坏模式 4
B90-3000-5	86.4	68.6	10.2	6.4	1803	181.14	170	502	4583	11.0%	22.1	破坏模式 4
B90-3000-6	92.6	67.7	9.2	6.4	1777	153.81	141	401	3728	10.8%	19.3	破坏模式 4
平均值									3800	11.5%	20.1	
标准差									0.598	0.021	5.65	
B90-3600-1	89.9	69.9	8.3	6.0	1624	217.9	92	303	3167	9.6%	11.7	破坏模式 4
B90-3600-2	77.4	65.0	9.5	6.3	1575	218	76	249	2850	8.7%	9.6	破坏模式 1
B90-3600-3	89.8	75.1	10.5	6.8	2008	239	97	367	3311	11.1%	15.0	破坏模式 3
B90-3600-4	87.1	75.4	10.5	6.8	1977	251.3	90	575	4428	13.0%	21.4	破坏模式 4
B90-3600-5	86.8	71.6	10.1	7.0	1894	267	94	315	3299	9.5%	12.3	破坏模式 2
B90-3600-6	88.7	67.7	9.6	6.8	1805	314.4	81	219	2870	7.6%	7.7	破坏模式 2
平均值									3321	9.9%	13.0	
标准差									0.528	0.017	4.41	
B120-3000-1	116.5	103.2	11.2	9.1	3175	94.9	620	1630	7625	21.4%	67.3	破坏模式 4
B120-3000-2	118.0	102.7	11.0	7.8	2973	97.9	577	1700	8708	19.5%	74.9	破坏模式 1
B120-3000-3	121.0	102.5	12.6	9.3	3462	102	711	2045	10937	18.7%	88.9	破坏模式 2
B120-3000-4	117.7	104.6	11.0	8.7	3135	96.6	610	1850	8880	20.8%	82.7	破坏模式 4
B120-3000-5	122.2	105.9	12.0	8.8	3376	94.3	447	1438	8437	17.0%	66.1	破坏模式 2
B120-3000-6	116.5	106.3	11.3	8.3	3132	94	455	1583	9174	17.3%	75.2	破坏模式 1
平均值									8960	19.1%	75.9	
标准差									1.007	0.016	8.03	
B120-3600-1	116.6	97.0	12.8	7.1	3033	123.7	224	900	6367	14.1%	37.6	破坏模式 4
B120-3600-2	119.9	98.3	10.2	8.0	2858	185.3	413	1274	7209	17.7%	47.8	破坏模式 2
B120-3600-3	121.2	98.9	13.2	10.1	3591	130.8	258	894	4716	19.0%	35.3	破坏模式 4
B120-3600-4	119.3	96.9	11.5	8.3	3060	162.1	325	1189	7788	15.3%	48.0	破坏模式 4
B120-3600-5	113.7	99.8	11.2	9.2	3097	178.2	219	887	6637	13.4%	37.1	破坏模式 1
B120-3600-6	112.0	92.1	13.8	9.5	3305	179.3	265	944	7042	13.4%	37.7	破坏模式 1
平均值									6627	15.5%	40.6	
标准差									0.964	0.022	5.24	

（5）挠度分析

由试验得到各系列试件挠度，见图 3.1-25，可知 B90-3000 系列试件的极限挠度约为 B120-3000 系列试件的 2 倍，B90-3600 系列试件的极限挠度比 B120-3600 系列试件极限挠度大，但两者相差不大；而对于相同跨径不同跨距的毛竹梁，3600mm 跨距的毛竹梁挠度约是 3000mm 跨距毛竹梁挠度的 2 倍；综上可得，毛竹梁跨距对梁的挠度影响更大。

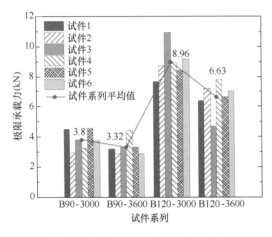

图 3.1-24　各系列试件极限承载力

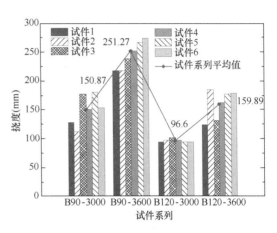

图 3.1-25　各系列试件挠度

4. 受压区高度的计算

由于竹条是实心截面，竹条标准件下边缘表面纤维被拉断前已发生很大的挠曲变形，当受压区屈服产生塑性变形直至达到极限承载力时下边缘表面纤维被拉断而发生脆性破坏；而原竹梁是中空截面，当荷载作用在竹梁上并不断增大时，竹梁的非线性挠曲变形明显，在接近极限承载力时挠曲急剧增大，且竹梁加载点局部区域存在集中荷载效应，上述两种效应叠加于此，最终使竹梁因中空截面局部承压能力不足而破坏，此时下边缘纤维未达到拉应变极限状态，同时毛竹材顺纹抗压强度小于顺纹抗拉强

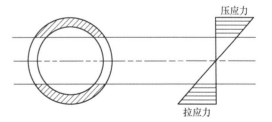

图 3.1-26　竹杆受弯截面应力分布

度，因此计算截面破坏弯矩时按受压区边缘应力达到最大来控制。按毛竹杆受弯后直到破坏承载力时截面仍满足力和力矩的平衡，见图 3.1-26，那么可取几个特殊的受压区高度计算出每一类毛竹梁截面弯矩理论值，对比理论值与试验值，若理论值和试验值较为接近，则可确定该受压区高度为毛竹梁破坏受压区高度。

根据截面力矩平衡推得计算公式：

$$\int_{R-h}^{R-t} 2(\sqrt{R^2-y^2}-\sqrt{(R-t)^2-y^2})y\sigma_z dy + \int_{R-t}^{R} 2(\sqrt{R^2-y^2})y\sigma_z dy = \frac{M}{2} \quad (3.1-18)$$

式中，R 为毛竹梁半径，取竹梁大头、小头半径的平均值；t 为毛竹梁壁厚，取竹梁大头、小头壁厚的平均值；h 表示受压区高度；σ_z 为毛竹梁顺纹抗压强度，根据毛竹受压材性试验取值为 50.9MPa；M 为截面破坏弯矩理论值。

根据式（3.1-18）可以计算出不同受压区高度下的理论弯矩值，由于中性轴只可能出现在竹梁横截面内，因此可把竹梁横截面划分为几个区间来试算受压区高度大致范围；假定中性轴区间界限在以下部位：竹梁截面厚度内边缘处、形心轴处以及形心轴到竹梁上、下厚度内边缘中空部分各一处；根据四处受压区高度试算出的理论弯矩值与试验弯矩值对比，来确定受压区高度大致范围，所以分别取受压区高度 $h=t$、$h=R/3$、$h=R$、$h=3R/2$ 进行试算。通过毛竹梁受弯试验得到梁的极限承载力，再通过公式计算毛竹梁纯弯段截面的弯矩，即为毛竹梁截面破坏弯矩试验值。毛竹杆受弯承载力计算简图见图 3.1-27，分配梁跨距为 1200mm，毛竹梁跨距为 L，极限承载力为 P_k，M_k 为截面破坏弯矩试验值，公式如下：

$$M_k = \frac{L-1200}{4}P_k \tag{3.1-19}$$

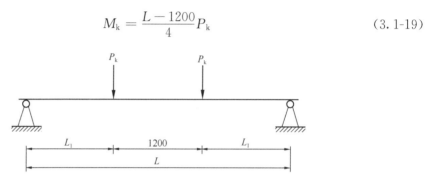

图 3.1-27　毛竹杆受弯承载力计算简图

确定破坏受压区高度 h 试算对比结果见表 3.1-8，表中的 R、t 均取该系列试件尺寸测试的平均值。通过比较可知当 h 取 $3R/2$ 时，试验值与理论值较为接近，特别对于直径为 120mm 的毛竹梁基本接近，则无需进一步缩小中性轴区间范围；而对于直径为 90mm 的毛竹梁导致理论值与试验值差距大，正如试验观察，这主要由于 90mm 毛竹梁受弯挠曲过大，几何非线性和物理非线性效应更为明显。

受压区高度试算表　　　　　　　　　　　表 3.1-8

试件名称	R (mm)	t (mm)	M_h (N·m)	$M_{h=R/3}$ (N·m)	$M_{h=R}$ (N·m)	$M_{h=3R/2}$ (N·m)	M_k (N·m)
B90-3000	39.0	8.0	791.6	1117.2	1424.1	1542.4	1710
B90-3600	39.4	8.2	978.8	1157.0	1478.2	1598.3	1992.6
B120-3000	55.7	10.1	1978.7	3014.3	3800.1	4095.4	4032.0
B120-3600	53.6	10.4	1924.3	2803.2	3555.2	3836.7	3976.2

通过上述试算结果对比，得出 4 种不同类型毛竹梁破坏受压区高度约为 $h=3R/2$，再分别计算每种类型的 6 根试件理论弯矩值，对比每一根试件当受压区高度 h 取 $3R/2$ 时按照公式计算出的理论弯矩值和试验弯矩值的差别，计算结果如表 3.1-9 所示，对比得知理论弯矩值与试验弯矩值较为接近，即可证明毛竹梁受弯破坏时，受压区高度为 $h=3R/2$ 是合理的。

毛竹杆受弯试验结果和理论弯矩值对比　　　　表 3.1-9

试件名称	R (mm)	t (mm)	σ (MPa)	$h=3R/2$ (mm)	M (N·m)	M_k (N·m)	M/M_k
B90-3000-1	41.78	7.71	9.49	62.67	1752.37		1.02
B90-3000-2	41.24	9.06	12.95	61.86	1909.85		1.12
B90-3000-3	37.90	7.48	10.78	56.85	1373.60	1710	0.80
B90-3000-4	35.22	7.30	11.76	52.83	1142.04		0.67
B90-3000-5	38.75	8.30	12.41	58.13	1556.52		0.91
B90-3000-6	40.07	7.82	10.57	60.11	1611.29		0.94
B90-3600-1	39.96	7.10	8.78	59.94	1490.53		0.75
B90-3600-2	35.61	7.93	13.22	53.41	1240.64		0.62
B90-3600-3	41.23	8.67	12.04	61.84	1849.71	1993	0.93
B90-3600-4	40.62	8.68	12.37	60.93	1789.79		0.90
B90-3600-5	39.60	8.54	12.55	59.40	1668.58		0.84
B90-3600-6	39.11	8.21	12.01	58.67	1577.70		0.79
B120-3000-1	54.93	10.14	9.49	82.40	3983.16		0.99
B120-3000-2	55.18	9.38	7.96	82.77	3794.79		0.94
B120-3000-3	55.87	10.94	10.63	83.81	4375.95	4032	1.09
B120-3000-4	55.57	9.86	8.75	83.35	4002.75		0.99
B120-3000-5	57.01	10.37	9.22	85.52	4405.54		1.09
B120-3000-6	55.71	9.82	8.63	83.57	4014.32		1.00
B120-3600-1	53.40	9.98	9.73	80.10	3692.01		0.93
B120-3600-2	54.57	9.10	7.61	81.85	3616.61		0.91
B120-3600-3	55.03	11.62	12.13	82.54	4412.06	3976	1.11
B120-3600-4	54.05	9.93	9.40	81.07	3779.73		0.95
B120-3600-5	53.39	10.21	10.18	80.09	3755.08		0.94
B120-3600-6	51.022	11.64	13.73	76.53	3711.57		0.93
平均值							0.92
标准差							0.13

5. 受拉区边缘应力的计算

毛竹以边缘压应力达到顺纹抗压强度为破坏控制条件。按弹性理论计算出的毛竹梁受压区高度为 $3R/2$，根据毛竹梁截面拉力和压力相等可以推出受拉区边缘应力，见图 3.1-28。

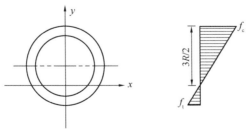

图 3.1-28　竹梁中性轴在 $3R/2$ 处截面应力分布

由 $f_c \cdot A_c = f_t \cdot A_t$：

$$F_c = \int_0^{\frac{3R}{2}} \frac{4\sigma_z y}{3R} \sqrt{R^2 - \left(y - \frac{R}{2}\right)^2} \mathrm{d}y - \int_0^{\frac{3R}{2}-t} \frac{4\sigma_z y}{3R} \sqrt{(R-t)^2 - \left(y - \frac{R}{2}\right)^2} \mathrm{d}y$$

(3.1-20)

$$F_t = \int_{-\frac{R}{2}}^{0} \frac{-4\sigma y}{R} \sqrt{R^2 - \left(y - \frac{R}{2}\right)^2} \mathrm{d}y - \int_{t-\frac{R}{2}}^{0} \frac{-4\sigma y}{R} \sqrt{(R-t)^2 - \left(y - \frac{R}{2}\right)^2} \mathrm{d}y$$

(3.1-21)

式中，A_t、A_c 分别表示截面拉、压区面积；σ_z 为毛竹梁顺纹抗压强度取 50.9MPa；R 为毛竹直径；t 为毛竹壁厚；F_c 为截面受压区合力；F_t 为截面受拉区合力；σ 为受拉区边缘应力。代入上述等式可求出 σ，计算结果如表 3.1-9 所示。

由上述可知毛竹梁破坏受压区高度在 $h = 3R/2$ 处，若毛竹梁满足平截面假定，当毛竹梁受压区边缘应力达到顺纹抗压强度 50.9MPa，此时受拉区边缘应力应为 17MPa；而按照 $F_c = F_t$ 计算出的边缘压应力小于 17MPa，计算出的受压边缘应力见图 3.1-29，所以按平截面假定计算出的毛竹梁破坏边缘拉应力与根据毛竹梁截面拉压力平衡计算出的破坏边缘拉应力不相等，建议毛竹梁受弯破坏弯矩按上边缘顺纹抗压强度达到最大来进行计算。

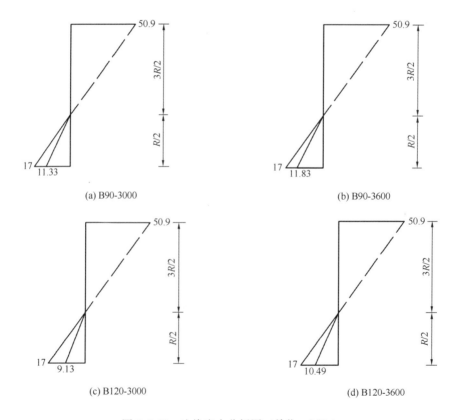

图 3.1-29　边缘应力分析图（单位：MPa）

3.1.5　受弯杆件长期蠕变性能

1. 试件设计

为研究原竹梁在不同应力水平下的蠕变变形，以图 3.1-30 的试验加载装置对表 3.1-10 的 16 根原竹梁进行为期 180d 的蠕变试验。

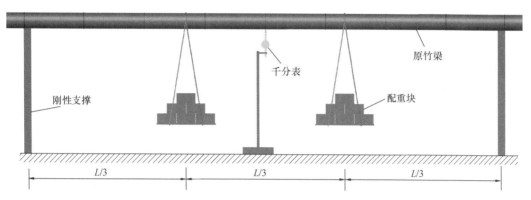

(a) 蠕变试验加载系统(单位:mm)

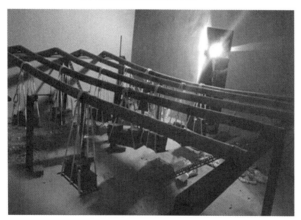

(b) 现场照片

图 3.1-30　蠕变试验

原竹尺寸和施加荷载　　　　　　　　　　　　　表 3.1-10

构件编号	长度 （mm）	粗侧直径 （mm）	粗侧壁厚 （mm）	细侧直径 （mm）	细侧壁厚 （mm）	初始挠度 （mm）	负重 F （kg）
B1-1	3999	89.98	8.70	68.99	6.55	59.83	35
B1-2	4055	88.50	9.98	68.64	6.15	80.43	40
B1-3	4008	90.94	10.14	69.28	6.64	106.87	45
B1-4	4035	88.69	9.62	65.87	7.19	101.04	50
B1-5	4021	88.25	8.74	74.01	6.38	131.68	55
B2-1	4011	92.71	9.70	70.08	6.38	35.71	35
B2-2	4011	86.49	8.39	67.71	6.30	39.54	40
B2-3	4005	86.11	9.09	66.61	6.33	69.14	45
B2-4	4015	91.76	8.56	58.45	5.33	108.90	50

构件编号	长度 （mm）	粗侧直径 （mm）	粗侧壁厚 （mm）	细侧直径 （mm）	细侧壁厚 （mm）	初始挠度 （mm）	负重 F （kg）
B2-5	4009	89.38	8.62	67.26	9.04	70.06	55
B3-1	4012	91.01	9.12	70.02	6.61	72.32	60
B3-2	4036	93.71	11.14	66.56	7.56	191.45	65
B3-3	4003	84.77	10.16	69.28	6.60	101.76	70
B3-4	4015	90.30	8.06	68.58	6.41	64.25	75
B3-5	3997	87.36	10.16	70.09	6.54	80.01	80
B3-6	4008	89.94	9.68	65.71	6.64	119.25	85

2. 蠕变模型

采用 Burgers 模型描述原竹梁的蠕变行为，分别用三单元模型和四单元模型的拟合形式拟合蠕变试验结果，如图 3.1-31 所示。拟合结果见表 3.1-11 和表 3.1-12。根据结果可知，三单元模型能较好描述第 1 和第 2 组原竹梁的蠕变试验数据，而四单元模型能较好描述第 3 组原竹梁的蠕变试验数据，即三单元模型更适用于低应力水平下的原竹梁，而四单元模型更适用于较高应力水平下的原竹梁。

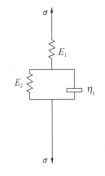

拟合形式：$\varepsilon = \varepsilon_0 + a[1-\exp(-bt)]$

(a) 三单元模型

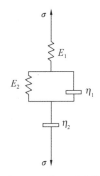

拟合形式：$\varepsilon = \varepsilon_0 + a[1-\exp(-bt)] + ct$

(b) 四单元模型

图 3.1-31　Burgers 模型示意图

第 1、2 组试件参数拟合结果　　　　　　　　　　　　表 3.1-11

试件	B1-1	B1-2	B1-3	B1-4	B1-5	B2-1	B2-2	B2-3	B2-4	B2-5
a（×10⁻⁴）	1.140	2.533	4.799	4.316	27.016	1.087	1.626	2.629	3.098	4.766
b（×10⁻⁴）	13.180	8.825	7.094	11.379	16.630	48.994	39.672	49.564	32.793	34.390
R^2	0.939	0.983	0.965	0.991	0.983	0.984	0.986	0.967	0.977	0.987
应力比	0.299	0.294	0.360	0.433	0.438	0.279	0.374	0.421	0.573	0.428

第 3 组试件参数拟合结果　　　　　　　　　　　　表 3.1-12

试件	B3-1	B3-2	B3-3	B3-4	B3-5	B3-6
a（×10⁻⁴）	1.846	5.737	4.468	1.273	1.419	1.487
b（×10⁻⁴）	1.676	10.217	0.689	1.444	1.516	0.556

续表

试件	B3-1	B3-2	B3-3	B3-4	B3-5	B3-6
c（$\times 10^{-7}$）	0.638	4.324	1.590	0.731	0.813	1.396
R^2	0.996	0.983	0.995	0.995	0.997	0.998
应力比	0.483	0.496	0.599	0.665	0.657	0.750

3.2　空间网壳结构单元体

3.2.1　构造特点

空间网壳结构单元体由竹管首尾相接组装成竹管三角形。研制了一种既能用于角部连接又可用于平行连接的节点——双管卡（图 3.2-1），双管卡由两个两侧各带一根螺栓的管夹通过中间一根螺栓销接而成，拧紧螺栓使管夹片固定竹管。每个管夹的上下两个夹片之间设置了 10mm 左右的间距 δ，用于微量调节以适应不同的竹管外径。双管卡具有如下特点：

（1）构造简单且通用化的双管卡可把成任意夹角的相邻竹管固定在同一平面内，三副双管卡连接三根竹管便可构成一个竹管三角形。

（2）双管卡平行连接了两根直径不同的竹管，因为 δ 方向的调节不会影响管夹中间螺

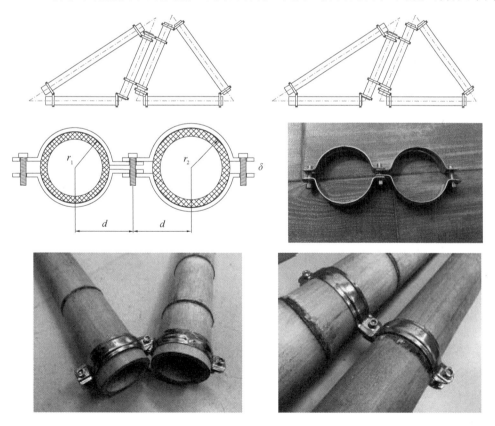

图 3.2-1　双管卡

栓到竹管圆心的距离 d，所以上下夹片间距的变化不会影响两根竹管的轴线距离。竹管三角形平行连接时，管径不同的竹管可选用不同直径型号的管夹，但只要各型号管夹的 d 相同，则相邻竹管的轴线位置将为定值，且与竹管的粗细无关，双管卡的这个构造特点非常有利于竹管结构安装精度的控制。

（3）试验结果表明，管夹的环向挤压作用对竹管各种强度均有不同程度的增强效果，且对裂缝的形成和发展有明显制约作用。

（4）对于三角形网格的任意复杂曲面，无需定制多向节点，用通用化的双管卡便可完成所有的连接使结构成形，包括单元制作时角部连接和现场施工时的平行连接。对于三角形网格的任意复杂曲面，在工程应用中可根据受力需要选择合适的节点或节点组合。

（5）既能对竹管进行端部连接又能平行连接的通用型双管卡新型连接件，不仅构造简单而且具有消除不规则竹管外径对结构安装精度不利影响的功能，这些特点已为试验所证实。

3.2.2　竹管四角锥抗压性能

原竹杆件保留端部由螺栓连接组成的四角锥单元如图 3.2-2 所示，加载装置采用量程为 300kN 的液压千斤顶，对四角锥单元上顶点进行竖向加载。四角锥单元上顶点与力传感器之间放置 10mm 厚的方形钢板以避免荷载较大且接触面积较小而造成力传感器的局部变形。

图 3.2-2　竹管四角锥单元加载及破坏模式

加载过程采用分级加载，每级荷载为 5kN，每次达到下一级荷载后停止加载 30s。四角锥单元的破坏模式为四角锥顶点附近多根竹管在较短时间内产生贯穿 1 个竹节的裂缝，继续加载荷载不再增加。其中，多数裂缝螺栓打孔处开始发展。

对四角锥单元加载可发现其承载力略高于相同高度单根竹管的极限承载力。破坏模式与原竹单根杆件的破坏模式不同，为顶点受压区域发生局部破坏，且破坏时可直接观测到四角锥单元整体变形。

3.2.3　竹管平行连接性能

如图 3.2-3 所示为将两个三角形单元进行堆叠后连接，通过摆放重物来观测其变形及承载力，每一个钢板重 0.2kN，最终施加荷载为 3.0kN，后考虑到因重物过高存在倾覆

图 3.2-3　三角形单元加载试验

可能，故而停止继续加载。在加载过程中三角形单元挠度较小，未发生开裂破坏。

图 3.2-4(b) 所示的双层结构为在图 3.2-4(a) 单元基础上在其上再添加一层相同尺寸的三角形单元，形成多管束双层结构。对单、双层结构进行加载（图 3.2-5），单层结构在底部没有与地面连接的情况下，一人单脚对其中部施力即可见明显变形；双层结构在同样没有与地面连接的情况下，在五人一起站立其上时，结构变形较小，表明双层网格结构刚度较单层有显著提高。

(a) 单层

(b) 双层

图 3.2-4　单层、双层单元体

(a) 单层

(b) 双层

图 3.2-5　单层、双层结构加载

3.3 正交斜放竹条覆面搁栅

3.3.1 构造特点

采用小截面锯材制作楼面搁栅骨架，按照正交斜放法将短竹条按 45°倾角用气钉固定在骨架两侧，形成上下弦杆为连续杆件的密排竹条腹杆桁架，如图 3.3-1 所示，为一种高冗余度的结构构件。

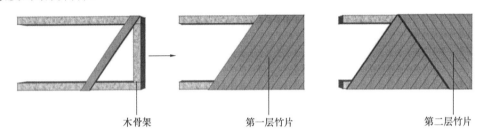

木骨架　　　　　　第一层竹片　　　　　　第二层竹片

图 3.3-1　正交斜放竹条覆面搁栅两层竹片布设示意图

楼面搁栅上下骨架承受弯矩产生的正应力，斜向钉接的竹条腹杆通过受压或受拉承受搁栅横截面上的剪力，如图 3.3-2 所示，木骨架与两侧钉接的双层双向斜向竹条构成箱形截面，提高了楼面搁栅抗扭及抵抗侧向失稳的能力。

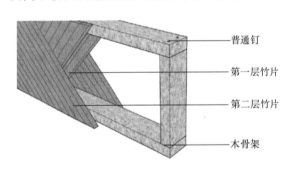
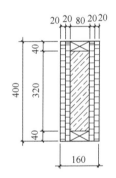

普通钉

第一层竹片

第二层竹片

木骨架

图 3.3-2　搁栅构造示意图

3.3.2 试件设计

开展了不同木骨架形式竹木复合搁栅抗弯试验，楼面搁栅骨架采用截面 40mm×80mm 的锯材制作，锯材采用云杉-松-冷杉（S-P-F）规格材，材质等级为Ⅱc。骨架长度 3.6m、高度 0.4m，骨架交汇处用 2 根长度 80mm、直径 3.4mm 的普通钉连接固定。为提高楼面搁栅的侧向稳定性，锯材的长边 80mm 水平放置。楼面搁栅骨架制作完成后，在骨架的每一侧按双楼面搁栅构造特点向 45°倾角安装固定两层竹条，如图 3.3-3 所示，竹条宽度 40mm、厚度约 20mm，竹条采用外径 130～200mm 的龙竹加工制作。

竹条抗拉能力较强，但处于抗压状态时易失稳。为对比不同骨架搁栅承载力和破坏模式，试验采用两种不同形式的骨架。第一种骨架为矩形，沿搁栅四周设置木骨架，如图 3.3-4所示，此法的优点为节约木材；缺点为贯通搁栅的竹条缺乏中部侧向支撑，在受压时易失稳。第二种骨架为横向再分式，在搁栅中性轴位置处设置一根与上下纵向骨架平

(a) 搁栅木骨架

(b) 竹条

图 3.3-3　骨架上安装好的竹条

行的横向骨架，如图 3.3-5 所示，优点是贯通搁栅全高的竹条在搁栅中性轴处受到木骨架的侧向约束，竹条抗压失稳能力得到提高，搁栅预期抗弯承载力较高；缺点为用材较多。

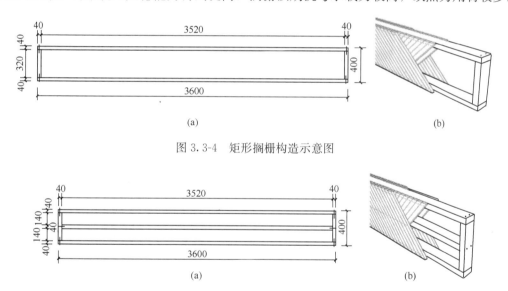

(a)

(b)

图 3.3-4　矩形搁栅构造示意图

(a)

(b)

图 3.3-5　横向再分式示意图

3.3.3　试验结果及分析

　　梁弯曲试验采用对称四点弯曲试验方法，采用油压泵荷载控制加载方案进行竖向加载（图 3.3-6）。与矩形搁栅相比，横向再分式搁栅在加载前期的结构性能优势并不突出。在加载后期，横向再分式搁栅较矩形搁栅具有更大的承载力上升空间，表明搁栅 1/2 高度处增设的水平骨架对竹条中部进行了有效约束，受压竹条未产生明显的失稳拱起，仍处于良好工作状态，保证了大变形情况下搁栅承载能力的持续提升。在加载后期，搁栅刚度退化逐渐加剧，其主要原因在于随着荷载的不断增加，有更多的竹条由于端部劈裂或气钉拔钉而丧失承载能力，导致搁栅整体刚度下降。虽然搁栅产生较大变形，但是仍然维持较大的承载力。

图 3.3-6　搁栅加载

3.3.4　挠度的计算

根据建筑结构静力计算单跨简支梁挠度计算公式，并且结合试件搁栅在试验中的受力方式和变形特点，引入变形系数 β，根据《木结构设计规范》[1] GB 50005—2017 计算受弯构件时，规格材料所采用的变形系数 β 为 1.03。将刚度代入式（3.3-1）可计算出正常使用状态下木骨架双向正交竹条敷面预制搁栅跨中最大挠度。计算公式如下：

$$y_{\mathrm{w}} = \frac{\beta(3-4a^2)PaL^2}{48EI} \quad (3.3\text{-}1)$$

式中，a 为集中力作用点至近端支座距离；L 为木骨架双向正交竹条敷面预制搁栅净跨；β 为变形系数，取值 1.03。

基于试验结果与分析，提出以下试验结论及设计建议：

（1）搁栅的木骨架与双向正交斜放覆面竹条能够协同受力，具有良好的结构性能，结构冗余度高，满足轻型木结构和低层冷弯薄壁型钢结构对搁栅结构性能的要求。

（2）正交斜放竹条覆面桁架搁栅用于轻型木结构、冷弯薄壁型钢结构时，挠度指标远低于相关规范和标准的挠度限值，强度富余多，有足够的安全度，可以按照工程设计法进行设计，易于技术推广应用。

（3）正交斜放竹条覆面桁架搁栅具有优良的变形能力，建议放宽挠度限值以充分发挥其结构性能，梁高可以根据跨度、楼面荷载情况在跨度的 1/14～1/8 之间选择。

3.4　原竹-磷石膏组合构件

3.4.1　构造特点

研发了一种集承重、防火、防腐、防虫蛀、节能和装饰于一体的磷石膏包裹原竹骨架墙体、楼板构件。原竹-磷石膏组合楼板由原竹竹管、磷石膏和 OSB 板等组成。磷石膏将原竹竹管进行包裹，可以起到对原竹的防护作用，亦能有效提高原竹骨架的刚度。OSB 板和原竹竹管通过燕尾钉进行连接，OSB 板亦能起到模板和装饰的作用。

原竹-磷石膏组合构件的制作过程如下（图 3.4-1）：（1）防腐和校直处理。（2）将竹

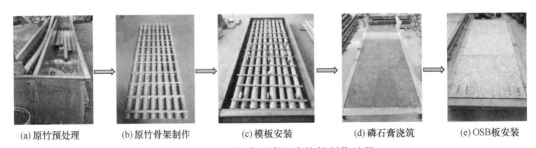

(a) 原竹预处理　　(b) 原竹骨架制作　　(c) 模板安装　　(d) 磷石膏浇筑　　(e) OSB 板安装

图 3.4-1　原竹-磷石膏组合构件制作过程

杆切割成所需长度。定位后用丝杆将竹杆连接成原竹骨架，并通过气钉在两侧布置间距为 250mm、宽度为 20~30mm 的竹条。接着在原竹上布置应变片。（3）根据楼板长度切割成 3 块相同尺寸的 OSB 板，将 OSB 板用燕尾钉与原竹连接后安装边模。（4）浇筑磷石膏，养护 28d。（5）安装另一侧的 OSB 板。

3.4.2 原竹-磷石膏组合墙体的轴压性能

1. 试件设计

本书试验的竹子取材自浙江省，品种为毛竹，竹龄为 4 年左右，含水率为 10%～13%，大端直径为 95mm 左右，小端直径为 75mm 左右。根据试验结果，竹子顺纹抗压强度 f_{cb} 为 68.69MPa，弹性模量 E_{cb} 为 10.01GPa。磷石膏产自河南省，主要化学成分为 $CaSO_4 \cdot 2H_2O$。采用减水剂、缓凝剂、消泡剂、聚丙烯纤维等对磷石膏进行改性。开展磷石膏棱柱体抗压试验得到磷石膏抗压强度 f_{cp} 为 2.82MPa，弹性模量 E_{cp} 为 2.24GPa。

共开展了 8 个原竹-磷石膏组合墙体试验。组合墙体的尺寸为 2800mm×1200mm×200mm，竹管侧向保护层厚度为 110mm 与竹杆半径的差值，端部保护层厚度为 20mm，OSB 板厚度为 12mm。由于市场上 OSB 板的长度有限，因此组合墙体上覆盖的 OSB 板由 3 个等尺寸的部分组成。

试件信息如表 3.4-1 所示，表中墙体厚度不包含 OSB 板的厚度。试验考察了墙体厚度、燕尾钉排数、原竹数目等影响因素以及组合效应。试件 BPCW3 为纯磷石膏试件，内部预留了 8 根竹杆的空间并采用泡沫进行填充。试件 BPCW1、BPCW2、BPCW4、BPCW5、BPCW6 采用了 8 根竹杆，试件 BPCW7 采用了 7 根竹杆，试件 BPCW8 采用了 9 根竹杆。含竹率为所有竹杆两端面积之和的平均值与竹子和磷石膏组合截面面积的比值，详见式（3.4-1）、式（3.4-2）。将两块 OSB 板界限处的两排燕尾钉记为一排。试件的 OSB 板两端截去了约 1mm 的长度。OSB 板主要起防护和装饰作用。

$$A = BT - \frac{n\pi\left[(D_b - 2t_b)^2 + (D_t - 2t_t)^2\right]}{8} \tag{3.4-1}$$

$$\lambda = \frac{n\pi\left[D_b^2 - (D_b - 2t_b)^2 + D_t^2 - (D_t - 2t_t)^2\right]}{8A} \tag{3.4-2}$$

式中，A 为墙体受压计算面积（mm²）；λ 为含竹率；B 为磷石膏宽度（mm）；T 为磷石膏厚度（mm）；n 为竹杆数量；D_b 和 D_t 分别为竹杆大端和小端的平均外径（mm）；t_b 和 t_t 分别为竹杆大端和小端的平均壁厚（mm）。

试件信息　　　　　　　　　　　　　　　　表 3.4-1

试件编号	n	n'	OSB 板	磷石膏	B (mm)	D (mm)	t (mm)	λ（%）
BPCW1	8	12	有	有	176	85.53	8.72	4.35
BPCW2	8	12	无	有	200	90.76	8.63	4.01
BPCW3	0	0	无	有	176			
BPCW4	8	12	有	无	176	89.95	8.85	
BPCW5	8	9	有	有	176	90.70	8.38	4.48
BPCW6	8	15	有	有	176	90.03	9.67	5.07
BPCW7	7	12	有	有	176	89.44	9.16	4.18
BPCW8	9	12	有	有	176	83.76	8.40	4.63

注：n' 为燕尾钉排数；D 为竹管的平均外径（mm）；t 为竹管的平均壁厚（mm）。

2. 试验方法

为探究组合墙体的力学性能，在竹杆、磷石膏和 OSB 板表面布置应变片。竹杆两端和中部分别布置 3 个应变片，磷石膏和 OSB 板对应位置也粘贴应变片。以控制试件 BPCW1 为例，应变片的布置如图 3.4-2（b）所示。应变片 B1～9 为竹管上的应变片，P1～10 为磷石膏表面的应变片，O1～10 为 OSB 板表面的应变片。P10 为磷石膏正面中部的横向应变片，OSB 板同理。P11 为磷石膏侧面中部的竖向应变片。位移计共布置了 5 个，如图 3.4-2（c）所示。D1 用于测量底梁的轴向位移，D2 用于测量中部轴向位移，D3 用于测量中部平面外位移，D4 和 D5 用于测量顶部轴向位移。墙体底部固接。试验采用分级加载方式，每级荷载为 20kN，轴力 P 逐级增大。采用位移计 D4 和 D5 的平均值与 D1 的差值表示墙体的轴向位移 Δ。

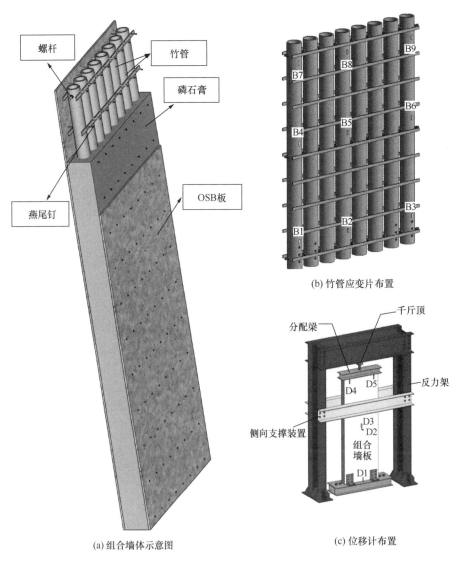

(a) 组合墙体示意图

(b) 竹管应变片布置

(c) 位移计布置

图 3.4-2　组合墙体及加载装置

3. 试验结果及分析

（1）破坏模式

组合墙体的破坏模式大体相似，以控制试件 BPCW1 为例进行阐述。加载初期，墙体西侧下端出现一条细小裂缝，东侧中上端出现一条竖直裂缝。随着荷载值的增大，两侧裂缝不断发展并产生新裂缝，新旧裂缝逐渐贯通。当荷载值达到 0.8 倍极限荷载（576kN）时，墙体西侧磷石膏顶部出现两条斜裂缝，裂缝不断向下发展扩张 ［图 3.4-3（a）］。当荷载值达到极限荷载（720kN）时，顶部石膏受压向外鼓曲变形，最终大块磷石膏剥落，整个墙体破坏。破坏后拨开磷石膏可以发现，竹管顶部受压鼓曲并发生劈裂破坏 ［图 3.4-3（b）］。

(a) 裂缝贯通　　　　　　　　　　　　　　　(b) 竹管端部破坏

图 3.4-3　BPCW1 试验现象

纯磷石膏试件 BPCW3 的破坏过程为：加载初期，墙体完好，无明显破坏迹象。当荷载值达到 0.7 倍极限荷载（210kN）时，墙体底端多处产生竖向裂缝，部分边角处被压碎并脱落。当荷载值达到 0.9 倍极限荷载（270kN）时，墙体 2/3 高度处轻微向外鼓曲。当荷载值达到极限荷载（300kN）时，墙体上部出现短暂的"咔嚓"声，随后墙体上 2/3 位置突然开裂并断成两截，断面大量石膏剥离脱落（图 3.4-4）。

原竹骨架试件 BPCW4 的破坏过程与上述两类试件有所差异。加载初期，在荷载值为 0.1 倍极限荷载（52kN）时，试件顶端发出脆响，东侧原竹顶端发生劈裂。加载中期，骨架中部多根竹管顶部劈裂，劈裂裂缝竖直向下发展并发出脆响。荷载值为 0.3 倍极限荷载（156kN）时，骨架 2/3 高度处的右侧竹管向外轻微弯曲，随着荷载值的增大，弯曲幅度加大 ［图 3.4-5（a）］。试件一面受拉，相邻欧松板间的结构胶失效并产生间隙。试件另一面受压，上侧欧松板在结构胶接缝处凹陷。荷载达到极限荷载（520kN）时，骨架东侧第一根的竹管劈裂裂缝突然发展贯穿至整个竹管，墙体压弯破坏 ［图 3.4-5（b）］。

综上所述，纯磷石膏墙体、纯原竹墙体和组合墙体的破坏模式不同。纯磷石膏墙体的破坏模式为明显的脆性破坏。纯原竹墙体在破坏前有较为明显的变形，竹杆发生平面外失稳。组合墙体无明显失稳现象，材料强度得到了较好发挥。

(a) 断面俯视图 　　　　　　　　　　(b) 整体破坏图

图 3.4-4　BPCW3 试验现象

(a) 骨架前倾 　　　　　　　　　　(b) 裂缝贯穿竹管

图 3.4-5　BPCW4 试验现象

（2）荷载-应变曲线

图 3.4-6～图 3.4-13 为各试件的荷载-应变曲线，纵坐标为轴力 P，横坐标为微应变。由图 3.4-6～图 3.4-13 可知，在加载的全过程中，原竹全部为受压状态，说明竹杆未发生明显的屈曲现象，磷石膏对竹杆产生了良好的约束作用。磷石膏上的竖向应变片在全过程中均受压，横向应变片均受拉，表明磷石膏在发生竖向压缩的同时水平向截面在扩大。

分别对比试件中原竹和磷石膏的峰值应变可知，整体而言，顶部原竹和磷石膏的应变最大，中部次之，底部最小。OSB 板的应变变化较为复杂，与原竹和磷石膏的协同作用较弱。将所有试件的原竹、磷石膏和 OSB 板的竖向应变片在极限荷载下的值分别求平均值，得到原竹的平均应变为 -2019.07×10^{-6}，磷石膏的平均应变为 -2401.07×10^{-6}，OSB 板的绝对平均应变为 230.40×10^{-6}。

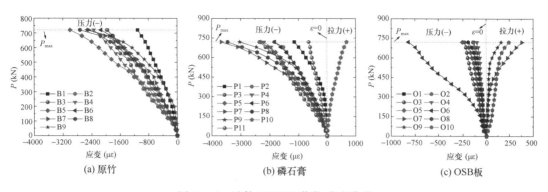

图 3.4-6 试件 BPCW1 荷载-应变曲线

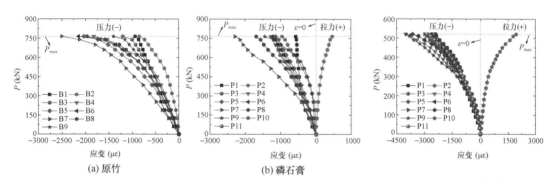

图 3.4-7 试件 BPCW2 荷载-应变曲线　　　图 3.4-8 试件 BPCW3

荷载-应变曲线

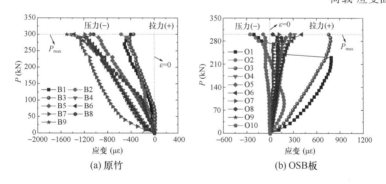

图 3.4-9 试件 BPCW4 荷载-应变曲线

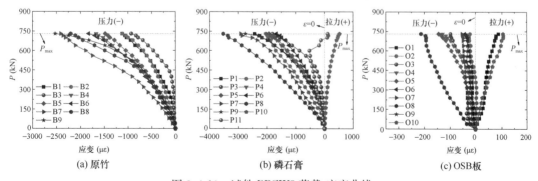

图 3.4-10 试件 BPCW5 荷载-应变曲线

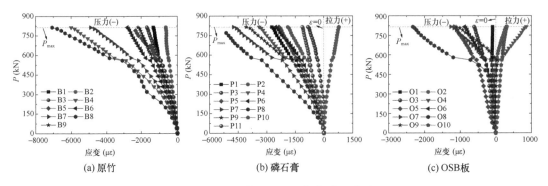

图 3.4-11　试件 BPCW6 荷载-应变曲线

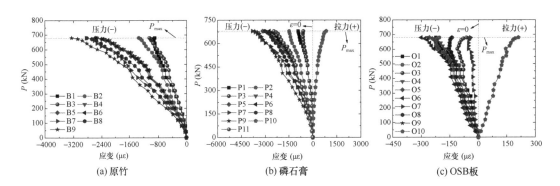

图 3.4-12　试件 BPCW7 荷载-应变曲线

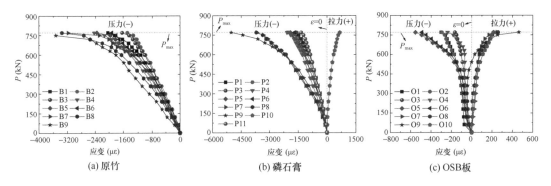

图 3.4-13　试件 BPCW8 荷载-应变曲线

　　根据表 3.4-2，对比各试件中各类材料在极限荷载下的平均应变可知，试件 BPCW6 中原竹的应变最高，与试件 BPCW6 承载力最高的结果一致。这是由于试件 BPCW6 的含竹率最高。试件 BPCW4 中原竹的应变最低，试件 BPCW6 的原竹应变比试件 BPCW4 高出 225.75%，表明纯原竹试件的抗压性能未能得到充分发挥，磷石膏的作用能够增强原竹的抗压性能。试件 BPCW3 中磷石膏的应变最高。试件 BPCW3 为空心磷石膏墙体，所有压力都由磷石膏承担，因此该试件磷石膏的应变最高。

　　综上所述，纯原竹墙体中原竹的抗压性能未能得到充分发挥。组合墙体中原竹和磷石膏具有良好的协同受力效应。OSB 板在承载上发挥的作用可忽略。

试件力学性能统计　　　　　　　　　　　　　　　　　　　　表 3.4-2

试件编号	P_{max} (kN)	Δ_0 (mm)	μ	N_c (kN)	N_c/P_{max}	K ($\times10^3$ N/mm)	K_c ($\times10^3$ N/mm)	K_c/K	ε_{ob} ($\times10^{-6}$)	ε_{op} ($\times10^{-6}$)	ε_{oO} ($\times10^{-6}$)
BPCW1	720	6.75	1.44	702.32	0.98	137.25	192.00	1.40	−2248.20	−2422.95	148.98
BPCW2	765	6.93	1.46	779.63	1.02	166.60	216.49	1.30	−1651.56	−1306.38	—
BPCW3	300	10.72	1.39			307.69			—	−3174.66	—
BPCW4	520	7.05	3.67			90.25			−986.88	—	165.05
BPCW5	730	7.14	1.52	708.21	0.97	187.17	192.52	1.03	−1699.09	−2343.58	72.82
BPCW6	815	8.72	1.51	738.72	0.91	202.02	195.81	0.97	−3214.77	−2820.41	702.28
BPCW7	645	8.5	1.86	693.28	1.07	220.99	190.99	0.86	−1894.61	−2146.50	173.96
BPCW8	770	6.3	1.40	716.31	0.93	189.87	193.48	1.02	−2019.07	−2401.07	230.40

注：P_{max} 为试验极限荷载；Δ_0 为峰值位移；K 为实际初始刚度；μ 为延性系数；N_c 为理论计算的承载力；K_c 为理论初始刚度；ε_{ob} 为竹子的平均峰值应变；ε_{op} 为磷石膏的平均峰值应变；ε_{oO} 为 OSB 板的平均绝对峰值应变。

（3）荷载-位移曲线

图 3.4-14 为各试件的荷载-位移曲线，纵坐标为轴力 P，横坐标为轴向位移 Δ。根据

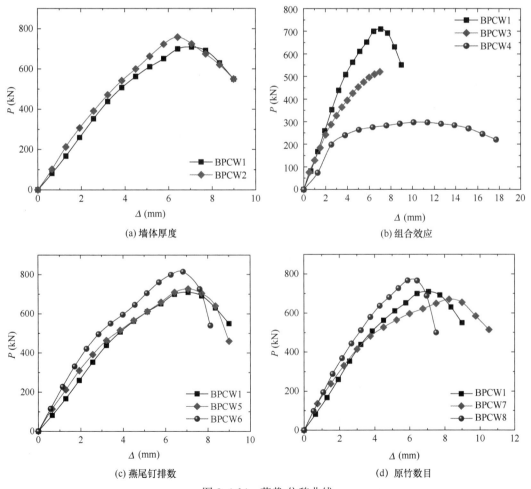

图 3.4-14　荷载-位移曲线

荷载-位移曲线，计算得到表 3.4-2 所示的力学性能统计结果。由图 3.4-14 和表 3.4-2 可知，控制试件 BPCW1 的极限荷载为 720kN，试件 BPCW2 的极限荷载为 765kN，表明组合墙体承载力随着墙体厚度增加而增大。试件 BPCW3 和 BPCW4 的极限承载力分别为 300kN 和 520kN，控制试件 BPCW1 的极限荷载比它们分别高 140% 和 38.46%，可见组合墙体的承载力均显著高于纯磷石膏和原竹的墙体。原竹弥补了磷石膏延性差的缺点，磷石膏又增强了原竹的承载力并对原竹形成了防护作用。随着燕尾钉数量的增加，墙体的极限荷载先减小后增大，即燕尾钉对墙体的承载力无显著影响。结合表 3.4-1 结果可知，在燕尾钉组的 3 个试件中，试件 BPCW6 的含竹率最高，BPCW6 次之，BPCW1 最小，即试件的承载力与含竹率具有相关性。随着原竹数目的增加，墙体的承载力逐渐增大，试件 BPCW1 的极限荷载比试件 BPCW7 增加了 11.63%，试件 BPCW8 的极限荷载比试件 BPCW1 增加了 6.94%。随着原竹数目的增大，墙体的峰值位移逐渐降低，延性逐渐降低。纯原竹试件 BPCW3 的峰值位移和延性系数最高，磷石膏的作用使得原竹变形较小，有利于工程应用。

（4）有限元分析

① 有限元建模

采用 ABAQUS 软件进行有限元分析，图 3.4-15 为建模的结果。原竹、磷石膏和 OSB 板均采用 C3D8R 八节点实体单元，燕尾钉采用 B31 梁单元。采用表面-表面接触的方法模拟欧松板与磷石膏的粘结界面。界面的法线方向定义为硬接触，允许界面在拉伸过程中分离，在压缩过程中不渗透。采用库仑摩擦模型模拟了界面沿法向的切向行为，摩擦系数为 0.3。采用绑定约束的方法模拟原竹与磷石膏的接触关系，燕尾钉内置于整个模型。竹子顺纹抗压采用弹塑性模型，强度为 34MPa，弹性模量为 10.31GPa，泊松比为 0.3。采用 CDP 混凝土塑性损伤模型模拟磷石膏的变形过程和受力状态，磷石膏

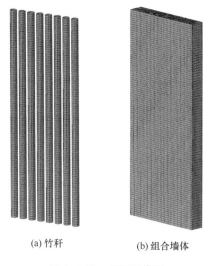

(a) 竹秆　　　　　(b) 组合墙体

图 3.4-15　有限元模型

的极限抗压强度为 2.82MPa，弹性模量为 2.51MPa，泊松比为 0.3，相对应的极限抗压强度应变为 0.00303。视燕尾钉为理想弹塑性材料，强度参考 Q235 钢材，屈服强度为 235MPa，弹性模量 210GPa，泊松比 0.33。视欧松板为各向同性的理想弹塑性材料，屈服强度为 9.83MPa，弹性模量 3500MPa，泊松比 0.3。采用位移控制进行加载。

② 试验结果与有限元结果对比

图 3.4-16 为有限元分析的结果，图 3.4-17 为组合墙体试验结果与有限元分析的结果对比。由图 3.4-17 可知，墙体试验和有限元分析得到的荷载-位移曲线较为接近。由此可见，有限元方法能够较准确地模拟原竹-磷石膏组合墙体的轴压性能。

③ 参数分析

建立磷石膏厚度分别为 140～280mm 的 8 个有限元模型，依次记为 FET140～280。竹秆直径取 90mm，壁厚取 5mm。竹管数量为 8 根。对上述模型进行有限元分析，得到如图 3.4-18（a）所示的荷载-位移曲线。由荷载-位移曲线可知，在竹管尺寸不变的情况

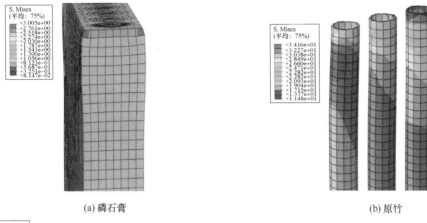

(a) 磷石膏　　　　　　　　　　　　　　　(b) 原竹

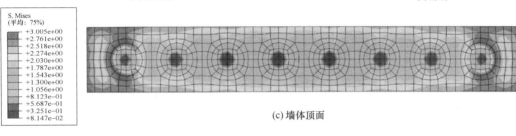

(c) 墙体顶面

图 3.4-16　有限元分析结果

下，随着墙体厚度的增大，墙体的轴压承载力和初始刚度逐渐提升。

墙体厚度取 200mm，竹管数量为 8 根。分别对竹管壁厚为 5～15mm 的组合墙体进行有限元分析，依次记为 FEt5～15。得到如图 3.4-18（b）所示的荷载-位移曲线。由图 3.4-18（b）可知，随着竹管壁厚增大，组合墙体的承载力和初始刚度逐步增大。组合墙体承载力的增幅随着竹管壁厚的增大而逐渐减小。

为研究不同磷石膏材料性能下组合墙体的轴压性能，基于厚度为 200mm、竹管数

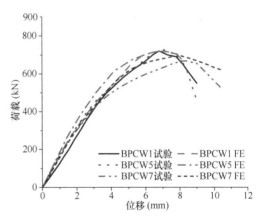

图 3.4-17　有限元与试验的荷载-位移曲线对比

量为 8 根的组合墙体模型，开展了磷石膏强度分别为 3.6MPa、4MPa、4.4MPa 和 4.8MPa 的模型的有限元分析。上述模型依次记为 FES3.6～4.8。有限元分析的结果如图 3.4-18（c）所示。由荷载-位移曲线可知，随着磷石膏强度的增大，组合墙体的承载力和初始刚度均逐渐增大，但承载力的增幅逐渐减小。

（5）承载力的计算

采用叠加法计算组合墙体的承载力，计算公式如下：

$$N_{\mathrm{c}} = \eta\psi\big[f_{\mathrm{cbQ}}A\lambda + f_{\mathrm{cp}}A(1-\lambda)\big] \tag{3.4-3}$$

$$\psi = \Big[1 + 0.002\Big(\frac{l_0}{b} - 8\Big)^2\Big]^{-1} \tag{3.4-4}$$

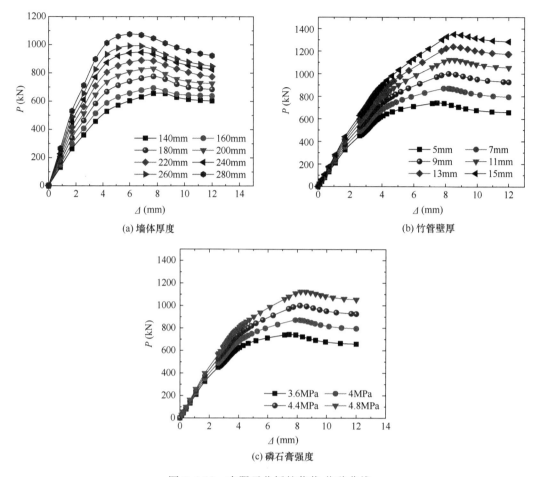

(a) 墙体厚度   (b) 竹管壁厚

(c) 磷石膏强度

图 3.4-18 有限元分析的荷载-位移曲线

$$b = \sqrt{12}i \qquad (3.4-5)$$

式中，N_c 为组合墙体的承载力（N）；η 为组合墙体的强度折减系数，取 0.9[41]；ψ 为墙体的稳定系数，i 为截面最小回转半径，l_0 为计算长度，经计算组合墙体的 ψ 取 0.9；f_{cbQ} 为竹杆构件的材料强度（MPa）；f_{cp} 为磷石膏材料的强度（MPa）。

由表 3.4-2 可知，通过理论计算得到的组合墙体承载力与试验结果较为接近，表明本书提出的理论计算方法具有较高的准确性。将公式计算得到的组合墙体承载力理论值与模拟得到的承载力进行对比，得到如图 3.4-19（a）所示的对比结果。图中 N_{FE} 为模拟得到的承载力。由图 3.4-19（a）可知，组合墙体的承载力理论值与数值模拟值较为接近，理论计算方法具有较高的准确性。

（6）刚度的计算

组合墙体的刚度可通过下式进行计算：

$$K_c = \frac{E_{cb}A\lambda + E_{cp}A(1-\lambda)}{h} \qquad (3.4-6)$$

式中，K_c 为组合墙体轴压刚度（N/mm）；h 为墙体的有效高度（mm）；E_{cb} 为原竹顺纹抗压弹性模量（MPa）；E_{cp} 为磷石膏抗压弹性模量（MPa）。

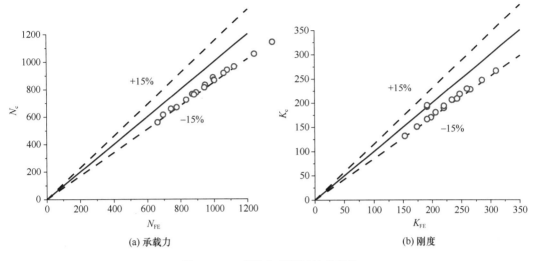

(a) 承载力　　　　　　　　　　(b) 刚度

图 3.4-19　理论和有限元结果对比

通过式（3.4-6）计算得到的组合墙体初始刚度和理论计算刚度的对比如图 3.4-19（b）所示，图中 K_{FE} 为模拟得到的刚度。由图 3.4-19（b）可知，组合墙体的刚度理论值和数值模拟值较为接近，可见理论计算方法具有一定的准确性。

3.4.3　原竹-磷石膏组合墙体的抗震性能

1. 试件设计

本次试验设计了 3 个 1∶1 足尺原竹-磷石膏组合墙体试件，各试件由 2 块长 2800mm、宽 1200mm、厚 200mm 的组合墙板拼装而成，两块墙板之间采用 10mm 厚钢板与墙板预留丝杆连接起来。各试件编号及具体参数见表 3.4-3。

组合墙体试件参数表　　　　表 3.4-3

试件编号	水平与竖向接缝方式	燕尾钉排数	墙体厚度（mm）	轴压比	研究因素
BPW1	螺栓连接	12	200	0.1	
BPW2	螺栓连接	12	200	0.2	轴压比
BPW3	螺栓连接	12	200	0.3	

注：试件 BPW1～BPW3 的宽度均为 2400mm；高度均为 2800mm，试件墙体底部地梁之间的水平接缝均采用规格
　　为 8.8 级 M16 的高强螺栓进行连接，连接件为厚度 10mm 的钢板。

2. 试验方法

本书对试件加载过程中的位移进行监测采集主要是为了获得以下数据及信息并进行分析：（1）组合墙体试件往复荷载下的变形情况；（2）组合墙体试件的刚度退化规律、组合墙体试件延性和变形能力；（3）双榀组合墙体与底梁之间的滑移情况。位移计布置见图 3.4-20。

本试验为拟静力试验，试件安装好之后，需要通过水平仪将试件进行对中和垂直度调整，用水平滑动导轨限制墙体的倾斜，之后将墙体顶部进行找平处理使加载梁能够和墙体之间充分贴合，避免局部受力，试验中应注意竖向荷载的荷载示数，要使竖向荷载保持稳

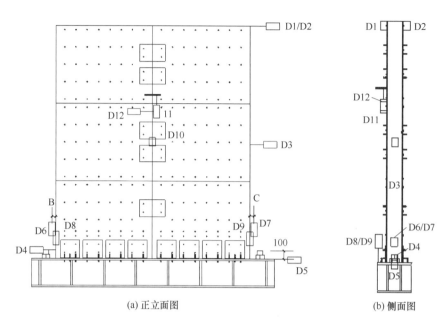

(a) 正立面图   (b) 侧面图

图 3.4-20　位移计布置图

注：D1、D2—分别测试试件顶部两侧随作动器变化的位移；
　　D3—测试试件中部相对于地面的位移；
　　D4、D5—分别测试试件与加载底座间的相对滑动位移值；
　　D6、D7—分别测试试件垂直方向相对底座间的位移值；
　　D8、D9—分别测试垂直方向底座相对地面的位移值；
　　D10—测试试验中墙体发生的侧移值；
　　D11—测试试件两侧墙体竖向相对位移；
　　D12—测试试件竖向拼缝的变形位移。

定（图 3.4-21）。选择荷载与位移加载双控制的方法。根据《建筑抗震试验规程》[44]
JGJ/T 101—2015的规定：在墙体试件屈服前，采用荷载控制加载，每级荷载循环一次；
屈服后，改以试件屈服时最大位移值的倍数为极差对试验加载进行控制，屈服后每级荷载
宜循环三次，直至破坏。水平荷载 P 推为"＋"，拉为"－"。

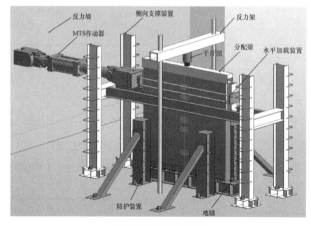

(a) 试验加载装置效果图

(b) 试验加载装置现场图

图 3.4-21　试验加载装置

详细加载过程如下：对试件 BPW-1 将竖向荷载缓慢分为两级施加于试件，第一级施加荷载的 1/2，持荷 3min 并查看应变采集、位移采集以及荷载采集是否正常工作；第二级将全部竖向荷载施加于试件，持荷 5min 之后进入水平荷载加载阶段。首先是力控制加载阶段，对试件 BPW-1、BPW-2、BPW-3 分别以 4kN、5kN 为级差进行水平位移控制，直至试件达到屈服按屈服荷载循环 3 次，以后以 $0.5\Delta_y$ 为级差进行位移控制，当荷载降至极限荷载的 85％时，加载结束。

3. 试验结果及分析

（1）破坏模式

通过分析各组合墙体试件的破坏现象和裂缝发展得出，三榀墙体的破坏模式均为剪切破坏，首先是磷石膏达到屈服，出现裂缝并充分发展；磷石膏破坏后，原竹管逐渐屈服，侧向位移较大时原竹管鼓曲将边缘磷石膏保护层胀裂，持续发展后，组合墙体破坏。以试件 BPW1 展示破坏形态，见图 3.4-22。

(a) 东侧墙体底部横向裂缝

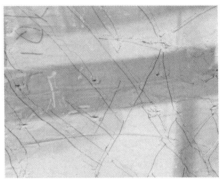

(b) 磷石膏X形裂缝

(c) 墙体东侧整体裂缝图

(d) 破坏阶段墙体南侧裂缝图

图 3.4-22　试件 BPW1 破坏形态

（2）滞回曲线分析

比较不同轴压比下的墙板滞回曲线，如图 3.4-23 所示。各原竹-磷石膏组合墙体试件在低周往复荷载的加载过程中表现出的滞回性能有一定相似性。各组合墙体试件在加载初期均处于弹性阶段，荷载与位移呈线性增长。随着往复荷载持续增大，滞回曲线逐步由直线变为梭形滞回环；进入屈服阶段后，随着位移加载，各组合墙体的刚度逐渐退化，墙体的残余变形逐渐变大，滞回曲线的斜率变小，曲线呈现弓形；峰值荷载之后，墙体的刚度削减严重，曲线顶点位移不断下降，墙体残余变形增大，最终曲线呈现为具有"捏缩"现象的梭形。

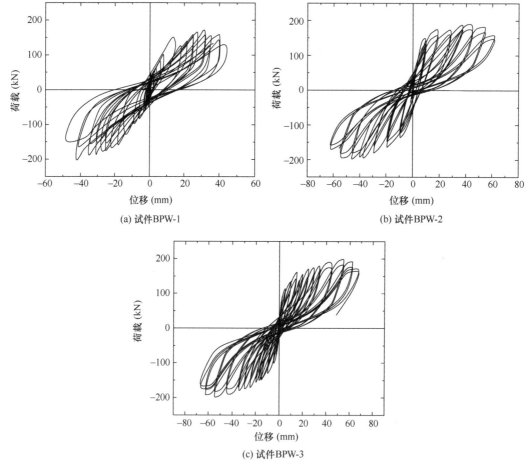

(a) 试件BPW-1

(b) 试件BPW-2

(c) 试件BPW-3

图 3.4-23　滞回曲线

比较组合墙体 BPW-1 与 BPW-2，其滞回环在试件屈服前十分相似，在试件屈服后，试件 BPW-1 的曲线变化更平缓，滞回曲线也更为圆润，说明轴压比的增大会削弱组合墙板的耗能性能；而 BPW-1 与 BPW-3 相比，在屈服前，BPW-1 的曲线斜率与滞回环面积均小于 BPW-3，说明 BPW-1 的前期墙体刚度大于 BPW-2，且耗能能力弱于BPW-3，在试件屈服后，BPW-1 侧向位移远远大于 BPW-3，故在屈服后，0.1 轴压比下试件的延性优于 0.3 轴压比之下的试件。综上，屈服后各试件的耗能能力大小关系为BPW-1＞BPW-2＞BPW-3。

BPW-1 的"捏缩"现象比 BPW-2 与 BPW-3 要更明显，其原因在于 BPW-1 试件的底部螺栓与钢板间隙过大，钢板与墙体间的间隙过大，在往复荷载作用下，不断闭合与分离加剧了 BPW-1 的"捏缩"现象，而 BPW-3 则是由于其竖向荷载较大，约束了磷石膏的开裂，致使磷石膏裂缝截面摩擦增大，其耗能增大，所以其滞回环相对更圆润，且较大的竖向荷载加强了墙体底部的嵌固，致使其构件受滑移影响较少，滞回曲线"捏缩"现象不明显。

（3）骨架曲线分析

图 3.4-24 为三个试件的骨架曲线对比图，试件的骨架曲线均为"S"形，三个组合墙体试件均经历了弹性、塑性和破坏阶段。在开裂点之前的力控制加载阶段，各墙体均处于弹性阶段，墙体的初始加载刚度基本相同。当水平荷载达到开裂荷载后，骨架曲线的斜率开始缓缓减小，墙体塑性变形逐步增大，试件进入屈服阶段，宏观表现为组合墙板的水平荷载增长速度变缓，骨架曲线斜率减小。在峰值荷载之后，各组合墙体的承载力逐步下降，残余变形进一步增大，但

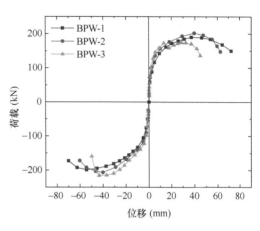

图 3.4-24　BPW-1～BPW-3 的骨架曲线对比图

仍具有一定的承载力，未发生荷载突降现象，表现出较好的延性。

对比三个不同轴压比下各组合墙体试件的骨架曲线，随着轴压比的增大，组合墙体的峰值荷载逐步增大，屈服位移与极限位移逐步减小。在峰值荷载后，轴压比越大的试件，其刚度退化越严重，试件的承载力退化越剧烈，骨架曲线的斜率减小越快。综上，轴压比对原竹-磷石膏组合墙体的承载力与结构延性有影响，轴压比越大，其承载力小幅增长，但结构的塑性变形能力下降较大。

（4）特征值分析

从试验所得的滞回曲线与骨架曲线没有明显的屈服荷载与屈服位移，所以需要引用几种常见的求屈服位移与屈服荷载的方法。分别选择等能量法、等效弹塑性能量法、作图法、Park 法、最远点法[44-46]确定并比较组合墙板的屈服点。

5 种方法确定的本次试验主要试验结果如表 3.4-4～表 3.4-8 所示。3 个试件的各特征点均有所不同，延性系数差距也较大；作图法比较简单，但是缺乏明显物理含义，且受到墙体初始刚度变化影响较大，对于试件 BPW-1 与 BPW-2 适用不错，但对于 BPW-3 刚度有突变的试件就不准确，而等能量法对于具有二次刚度的构件得不到合理结果，木结构适用的等效弹塑性能量法对于本试验研究的组合墙体构件又不能完美匹配，最远点法与 Park 法也有同样的局限性，结合试件结构与试验现象，本试验经研究，选择将 5 种方法确定的特征点值进行平均取值，其特征值能够很好契合试验现象，更为合理，其结果如表 3.4-9所示。

组合墙体的开裂荷载随着轴压比的增大而逐步降低，BPW-2 的开裂荷载比 BPW-1 降低 15%，BPW-3 的开裂荷载比 BPW-1 降低 43%，而峰值位移与极限位移也呈现出相同的规律，这表明随着轴压比的增加，原竹-磷石膏组合墙体的塑性变形能力逐步变差，延

性逐步降低。相比 BPW-1，BPW-2 的峰值荷载提升了 3%；BPW-3 与 BPW-2 相比，峰值荷载提升 7%，说明随着轴压比的增大，可以提升原竹-磷石膏组合墙体的抗剪承载力。

3 个试件的极限层间位移角均大于《建筑抗震设计规范》[48]GB 50011—2010 所规定的弹塑性层间位移角 1/120，3 个原竹-磷石膏组合墙体的延性系数均大于 3，说明原竹-磷石膏组合墙体具有良好的变形能力。3 个试件的层间位移角、延性系数与轴压比的关系如图 3.4-25 与图 3.4-26 所示，试件的层间位移角与轴压比呈负相关，延性系数在轴压比为 0.2 时最大，说明为了保证构件延性，应控制组合墙板的轴压比不宜过大。

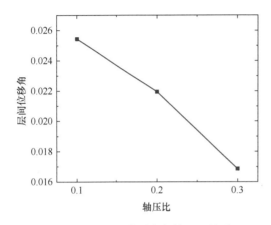

图 3.4-25　层间位移角与轴压比关系　　　　图 3.4-26　延性系数与轴压比关系

按等能量法确定的各试件特征点　　　　　　　　　　表 3.4-4

试件编号	加载方向	开裂点		屈服点		峰值点		极限点		层间位移角	位移延性
		P_{cr} (kN)	Δ_{cr} (mm)	P_y (kN)	Δ_y (mm)	P_m (kN)	Δ_m (mm)	P_u (kN)	Δ_u (mm)		
BPW-1	推	95.50	2.50	166.35	18.55	189.88	54.31	175.00	72.43	1/39	3.53
	拉	−95.30	−3.54	−161.27	−21.16	−199.00	−54.31	−178.83	−70.00		
	平均	95.40	3.02	163.81	19.86	194.44	54.31	176.92	71.22		
BPW-2	推	71.80	1.21	162.85	12.87	197.40	39.85	149.76	62.72	1/46	3.78
	拉	−90.10	−2.45	−169.04	−21.30	−206.74	−40.25	−172.64	−60.23		
	平均	80.95	1.83	165.95	17.09	201.72	40.05	161.20	61.47		
BPW-3	推	52.00	0.62	140.69	18.39	173.60	32.28	148.59	44.66	1/59	2.15
	拉	−56.00	0.95	−183.19	−25.59	−215.90	−42.88	−159.54	−49.78		
	平均	54.00	0.79	161.94	21.99	194.75	37.58	154.07	47.22		

按等效弹塑性能量法确定的各试件特征点　　　　　　表 3.4-5

试件编号	加载方向	开裂点		屈服点		峰值点		极限点		层间位移角	位移延性
		P_{cr} (kN)	Δ_{cr} (mm)	P_y (kN)	Δ_y (mm)	P_m (kN)	Δ_m (mm)	P_u (kN)	Δ_u (mm)		
BPW-1	推	95.50	2.50	175.65	4.22	189.88	54.31	175.00	72.43	1/39	13.89
	拉	−95.30	−3.54	−175.13	−6.23	−199.00	−54.31	−178.83	−70.00		
	平均	95.40	3.02	175.39	5.23	194.44	54.31	176.92	71.22		

续表

试件编号	加载方向	开裂点		屈服点		峰值点		极限点		层间位移角	位移延性
		P_{cr} (kN)	Δ_{cr} (mm)	P_y (kN)	Δ_y (mm)	P_m (kN)	Δ_m (mm)	P_u (kN)	Δ_u (mm)		
BPW-2	推	71.80	1.21	202.37	4.04	197.40	39.85	149.76	62.72		
	拉	−90.10	−2.45	−151.51	−4.08	−206.74	−40.25	−172.64	−60.23	1/46	14.97
	平均	80.95	1.83	176.94	4.06	201.72	40.05	161.20	61.47		
BPW-3	推	52.00	0.62	141.11	9.94	173.60	32.28	148.59	44.66		
	拉	−56.00	0.95	−159.63	−13.09	−215.90	−42.88	−159.54	−49.78	1/59	4.07
	平均	95.50	2.50	175.65	4.22	189.88	54.31	175.00	72.43		

按作图法确定的各试件特征点　　表 3.4-6

试件编号	加载方向	开裂点		屈服点		峰值点		极限点		层间位移角	位移延性
		P_{cr} (kN)	Δ_{cr} (mm)	P_y (kN)	Δ_y (mm)	P_m (kN)	Δ_m (mm)	P_u (kN)	Δ_u (mm)		
BPW-1	推	95.50	2.50	126.48	7.06	189.88	54.31	175.00	72.43		
	拉	−95.30	−3.54	−134.23	−10.29	−199.00	−54.31	−178.83	−70.00	1/39	8.34
	平均	95.40	3.02	130.36	8.68	194.44	54.31	176.92	71.22		
BPW-2	推	71.80	1.21	139.29	6.09	197.40	39.85	149.76	62.72		
	拉	−90.10	−2.45	−132.51	−8.38	−206.74	−40.25	−172.64	−60.23	1/46	8.61
	平均	80.95	1.83	135.90	7.24	201.72	40.05	161.20	61.47		
BPW-3	推	52.00	0.62	94.49	7.14	173.60	32.28	148.59	44.66		
	拉	−56.00	0.95	−103.01	−8.26	−215.90	−42.88	−159.54	−49.78	1/59	6.01
	平均	54.00	0.79	98.75	7.70	194.75	37.58	154.07	47.22		

按 Park 法确定的各试件特征点　　表 3.4-7

试件编号	加载方向	开裂点		屈服点		峰值点		极限点		层间位移角	位移延性
		P_{cr} (kN)	Δ_{cr} (mm)	P_y (kN)	Δ_y (mm)	P_m (kN)	Δ_m (mm)	P_u (kN)	Δ_u (mm)		
BPW-1	推	95.50	2.50	163.79	15.30	189.88	54.31	175.00	72.43		
	拉	−95.30	−3.54	−157.46	−19.79	−199.00	−54.31	−178.83	−70.00	1/39	4.05
	平均	95.40	3.02	160.63	17.55	194.44	54.31	176.92	71.22		
BPW-2	推	71.80	1.21	155.99	10.17	197.40	39.85	149.76	62.72		
	拉	−90.10	−2.45	−172.69	−23.52	−206.74	−40.25	−172.64	−60.23	1/46	4.26
	平均	80.95	1.83	164.34	16.85	201.72	40.05	161.20	61.47		
BPW-3	推	52.00	0.62	143.81	17.41	173.60	32.28	148.59	44.66		
	拉	−56.00	0.95	−184.92	−26.64	−215.90	−42.88	−159.54	−49.78	1/59	2.18
	平均	54.00	0.79	164.37	22.03	194.75	37.58	154.07	47.22		

按最远点法确定的各试件特征点　　　　表 3.4-8

试件编号	加载方向	开裂点		屈服点		峰值点		极限点		层间位移角	位移延性
		P_{cr} (kN)	Δ_{cr} (mm)	P_y (kN)	Δ_y (mm)	P_m (kN)	Δ_m (mm)	P_u (kN)	Δ_u (mm)		
BPW-1	推	95.50	2.50	162.55	14.41	189.88	54.31	175.00	72.43	1/39	5.92
	拉	−95.30	−3.54	−132.90	−9.91	−199.00	−54.31	−178.83	−70.00		
	平均	95.40	3.02	147.73	12.16	194.44	54.31	176.92	71.22		
BPW-2	推	71.80	1.21	134.86	5.03	197.40	39.85	149.76	62.72	1/46	12.02
	拉	−90.10	−2.45	−117.88	−5.08	−206.74	−40.25	−172.64	−60.23		
	平均	80.95	1.83	126.37	5.06	201.72	40.05	161.20	61.47		
BPW-3	推	52.00	0.62	154.47	14.04	173.60	32.28	148.59	44.66	1/59	2.9
	拉	−56.00	0.95	−163.81	−18.19	−215.90	−42.88	−159.54	−49.78		
	平均	54.00	0.79	159.14	16.12	194.75	37.58	154.07	47.22		

按均值法确定的各试件特征点　　　　表 3.4-9

试件编号	加载方向	开裂点		屈服点		峰值点		极限点		层间位移角	位移延性
		P_{cr} (kN)	Δ_{cr} (mm)	P_y (kN)	Δ_y (mm)	P_m (kN)	Δ_m (mm)	P_u (kN)	Δ_u (mm)		
BPW-1	推	95.50	2.50	158.96	11.91	189.88	54.31	175.00	72.43	1/39	7.15
	拉	−95.30	−3.54	−152.20	−13.48	−199.00	−54.31	−178.83	−70.00		
	平均	95.40	3.02	155.58	12.69	194.44	54.31	176.92	71.22		
BPW-2	推	71.80	1.21	159.07	7.64	197.40	39.85	149.76	62.72	1/46	8.73
	拉	−90.10	−2.45	−148.73	−12.47	−206.74	−40.25	−172.64	−60.23		
	平均	80.95	1.83	153.90	10.06	201.72	40.05	161.20	61.47		
BPW-3	推	52.00	0.62	134.91	13.38	215.90	42.88	148.59	44.66	1/59	3.46
	拉	−56.00	0.95	−158.91	−18.35	−215.90	−42.88	−159.54	−49.78		
	平均	54.00	0.79	146.91	15.87	215.90	37.58	154.07	47.22		

（5）刚度退化分析

采用每级循环下的峰值荷载对应的峰值刚度对组合墙体的刚度进行评价，根据《建筑抗震试验规程》[44] JGJ/T 101—2015 的规定，峰值刚度 K_i 由下式来确定：

$$K_i = \frac{|+P_i| + |-P_i|}{|+\Delta_i| + |-\Delta_i|} \tag{3.4-7}$$

式中： K_i ——第 i 级荷载对应的刚度值；

$+P_i$ 、 $-P_i$ ——分别为第 i 级循环荷载下的正负向的峰值荷载；

$+\Delta_i$ 、 $-\Delta_i$ ——分别为第 i 级循环荷载下的正负向的峰值位移。

将组合墙体试件弹性阶段的刚度作为其初始刚度，其他阶段均采用式（3.4-7）进行计算。各试件的刚度退化曲线以及对比曲线，如图 3.4-27 所示。根据各试件的刚度退化曲线图可知三个试件具有很相似的刚度退化规律，在开裂荷载之前，每个试件的刚度都很大，基本一致且刚度衰减较快。随着水平荷载的增大，试件开始出现裂缝，且随着裂缝越来越多，刚度退化逐步变缓；屈服荷载后，刚度退化速度变得更缓慢，随着塑性变形的不断变大，最后试件的刚度基本保持一致，峰值荷载后，BPW-1～BPW-3 三个试件刚度基本保持不变。

三个试件在不同轴压比下，刚度的退化规律虽然一致，但是具体退化过程稍显不同。在开裂荷载前，其刚度退化大小基本一致，开裂荷载到屈服荷载这一段，轴压比越大刚度退化越大，试件屈服之后，各试件的刚度均退化到一定阶段后就基本保持一致；试件破坏后，原竹-磷石膏组合墙体仍然具有一定的刚度，这表明在地震作用下，该墙体为防止连续性倒塌提供了一个保障，具有良好的抗震性能。

（6）能量耗散分析

试件的耗能是其抗侧刚度与延性的综合表现，延性好，刚度退化少，其滞回曲线围成的面积大则试件的耗能能力强；若延性较差，试件塑性变形较小，则滞回环不够圆润，滞回环面积小，自然耗能能力较差。图 3.4-28 为 BPW-1～BPW-3 三个试件的总耗能值。

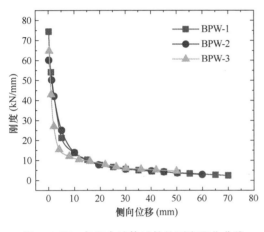

图 3.4-27　各组合墙体试件的刚度退化曲线

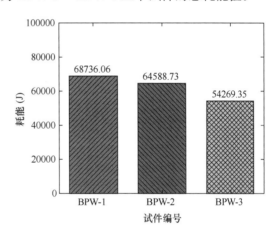

图 3.4-28　各试件的总耗能值对比图

由图 3.4-28 可知三个试件的总耗能值随着轴压比的降低逐步减小，这是由于竖向荷载的增加，使磷石膏更易产生裂缝并加速发展，原竹管更早进入屈服阶段；峰值荷载后，试件承载力下降很快，组合墙体的塑性变形能力大幅降低，所以耗能能力下降较多。

试件在地震作用的耗能能力还可以用等效耗能系数（图 3.4-29）和等效黏滞阻尼系数两个指标来进行描述，滞回曲线越饱满圆润，试件的顶点位移越大，其对应的等效耗能系数和等效黏滞阻尼系数越大，说明试件的耗能能力越好。等效耗能系数 E 和等效黏滞阻尼系数 ξ_{eq} 分别采用式（3.4-8）与式（3.4-9）进行计算：

$$E_d = \frac{S_{ABC} + S_{CDA}}{S_{OBE} + S_{ODF}} \quad (3.4-8)$$

$$\xi_{eq} = E_d / (2\pi) \quad (3.4-9)$$

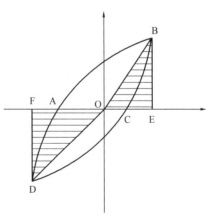

图 3.4-29　等效耗能系数图

式中，S_{ABC} 与 S_{ADC} 分别代表滞回曲线正负向滞回环的面积；S_{OBE} 与 S_{ODF} 则代表滞回曲线峰值点与坐标轴围成的三角形面积。

各试件的等效耗能系数与等效黏滞阻尼系数曲线如图 3.4-30 与图 3.4-31 所示。三个试件的等效耗能系数以及等效黏滞阻尼系数在整个低周往复荷载加载过程中有着相似的变化趋势，随着试件顶点侧向位移的增加，其等效耗能系数与等效黏滞阻尼系数随之增大。在试件屈服前，曲线斜率较小，等效耗能系数与等效黏滞阻尼系数增长速率较慢，在试件屈服后，其增长速率增加。在试件的破坏阶段，试件仍然具有一定的延性和刚度，试件的等效耗能系数以及等效黏滞阻尼系数在极限点处达到峰值。

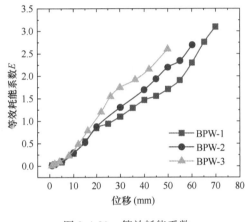

图 3.4-30　等效耗能系数

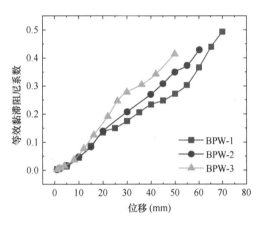

图 3.4-31　等效黏滞阻尼系数

轴压比对试件的耗能能力有一定影响，轴压比越大，原竹-磷石膏组合墙体试件的耗能能力越差，这是由于试件所承受的竖向荷载越大，底部磷石膏越容易局部压碎脱落，降低墙体的刚度，试件更快进入屈服阶段，屈服后原竹快速受力屈服，承载力达到峰值后，急速下降，塑性变形能力不如竖向荷载较小的试件。

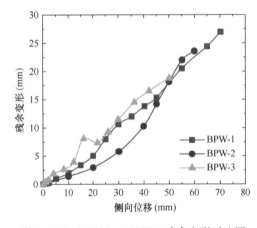

图 3.4-32　BPW-1～BPW-3 残余变形对比图

（7）残余变形分析

在循环往复荷载下，试件的残余变形越小，试件的损伤程度越轻，试件的地震后修复或使用的成本就越低。图 3.4-32 为本试验三个试件在每级循环荷载下，水平荷载卸载为零时的顶点侧向位移值。轴压比不同的 BPW-1～BPW-3 三个试件在循环荷载初期，残余变形很小，试件的侧向变形可以恢复，随着加载位移的增大，墙体顶部的残余变形也随之增大。在屈服荷载前，试件的残余变形增长较缓，这是由于屈服之前，试件的裂缝较少，原竹管均有较好的抗弯性能，墙体变形能够被其矫正；在屈服荷载后，残余变形增长较屈服前快，且一直呈现变大趋势，直到试件达到侧向位移极限点时达到最大值。

（8）竖向接缝相对变形

本书用于抗震性能试验的三个试件均为一字形节点的双榀组合墙体，在水平低周往复荷载下，两榀墙体会产生相对滑移，所以本书在两榀墙体的竖向拼缝处设置了位移传感器，用于监测其相对的横向位移和竖向位移，通过分析两榀墙体的相对位移，来评价这种一字形节点下全螺栓连接的竖向拼缝可靠性；三个试件竖向拼缝处两榀墙体的相对位移见图 3.4-33 与图 3.4-34。

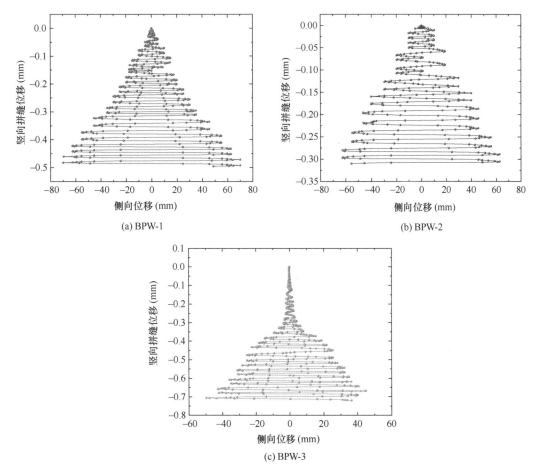

图 3.4-33　BPW-1～BPW-3 左右两榀墙体横向相对位移

三个试件的两榀墙体竖向拼缝均有相对变形产生，由两榀墙体间检测横向相对位移的位移计获得的各试件数据可知，各试件两榀墙体的竖向拼缝横向间距均随着侧向位移的增加而不断减小，即随着的水平往复荷载的增大，两榀墙体之间的缝隙不断减小，两榀墙体之间的缝隙趋于闭合。但各试件的拼缝宽度变化均没有超过 1mm。

各试件的竖向拼缝极限宽度 BPW-2＞BPW-1＞BPW-3，即在加载过程中，BPW-3 的拼缝宽度变化最大，其次为 BPW-1。推测 BPW-3 拼缝宽度变化最大的原因在于其竖向荷载大，在水平荷载共同作用下，两榀墙体拼缝处最外侧的竹管在墙体发生较大转角时，向外弯曲致使试件中部的拼缝宽度变小；而 BPW-1 则是由于其塑性变形比其他两个试件都要大，在持续低周往复荷载下，两榀墙体不断闭合所以宽度变化较 BPW-2 大。

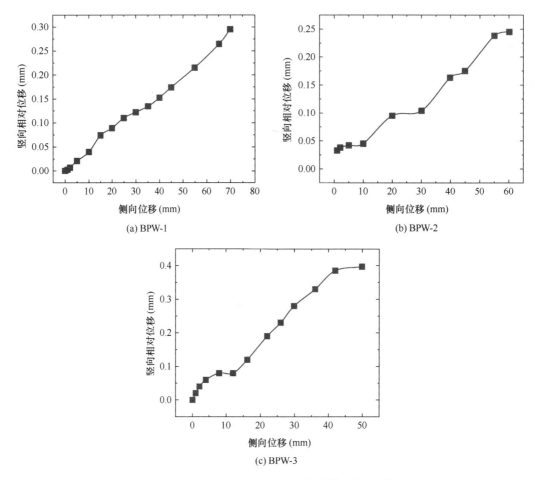

(a) BPW-1   (b) BPW-2

(c) BPW-3

图 3.4-34 BPW-1～BPW-3 左右两榀墙体竖向相对位移

从图 3.4-34 可知各试件的竖向拼缝处，其两榀墙体均发生了竖向相对位移，由位移传感器检测到的各试件两榀墙体竖向相对位移可以得出，试件在水平低周往复荷载下，其两榀墙体的竖向相对位移随着荷载和侧向位移的不断增加而逐步增大。因为在墙体角位移变大时，两榀墙体因为拼缝的存在，两墙体间的剪力传递由连接件和墙体间的摩擦力承担，一侧墙体拼缝受拉，另一侧墙体受压，所以两墙体在拼缝处会出现一边被拉起和另一侧压落的现象，这就产生了竖向相对位移。但从 3 个组合墙体试件的极限竖向位移来看，相对于两墙体的转角位移可以忽略不计，这表明本书所设计的墙体拼接节点具有良好的可靠性，墙板连接件可以进行有效的传力。

3.4.4 单层原竹骨架-磷石膏楼板的抗弯性能

1. 试件设计

试验共设计了 9 块原竹-磷石膏组合楼板，1 块原竹骨架楼板和 1 块素磷石膏板，楼板的跨度 L 共设计 3.2m、3.8m、4.4m 三种，相应计算跨度 l_0 分别为 3m、3.6m 和 4.2m。板宽 $B=1.2$m，板厚 $T=0.2$m。楼板两面的 OSB 板各由三块等尺寸的 OSB 板单元组成。原竹骨架两端的磷石膏保护层厚度为 20mm。考虑磷石膏厚度、燕尾钉数目、原竹数目、组合效应和跨度等因素，各试件的详细参数如表 3.4-10 所示。

楼板试件参数表　　　　　　　表 3.4-10

试件名称	计算跨度 l_0 （m）	原竹数目 （根）	OSB 板厚度 （mm）	燕尾钉列数	是否浇筑磷 石膏	考察因素
BPCS1	3	8	12	10	是	控制试件
BPCS2	3	8	9	10	是	磷石膏厚度
BPCS3	3	8	15	10	是	
BPCS4	3	8	12	7	是	燕尾钉数目
BPCS5	3	8	12	13	是	
BPCS6	3	7	12	10	是	原竹数目
BPCS7	3	9	12	10	是	
BPCS8	3	8	12	10	否	组合效应
BPCS9	3	0	0	0	是	
BPCS10	3.6	8	12	10	是	跨度
BPCS11	4.2	8	12	10	是	

注：两块 OSB 板交界处的燕尾钉记为 1 列。

2. 试验方法

位移计布置如图 3.4-35 所示，其中 D1～D7 采用直线位移计测量，D8～D11 采用百分表人工读数。应变片布置如图 3.4-36 所示，其中 1～24 号应变片布置在原竹跨中及三等分点处。

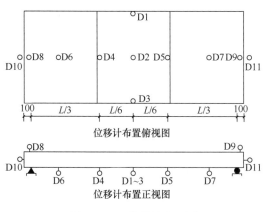

图 3.4-35　位移计布置图

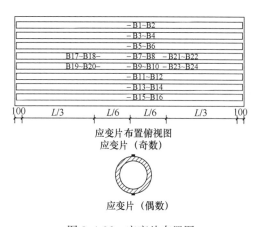

图 3.4-36　应变片布置图

本试验在中南林业科技大学土木工程实验室进行。组合楼板的均布荷载按等效集中荷载加载，采用液压千斤顶通过分配梁进行加载，千斤顶与传感器用螺栓紧固于反力架上。试验加载装置如图 3.4-37 所示。组合楼板抗弯试验采用三分点加载法，通过千斤顶及分配梁对组合楼板施加等效均布荷载，荷载、应变和挠度采用 DH3818 Y 静态应变采集仪自动采集，支座处的位移采用数显百分表人工读数。每级加载为 5kN，当变形较大时采用位移控制，每级荷载持续 5min。

3. 试验结果及分析

（1）破坏模式

对于原竹-磷石膏组合楼板，裂缝首先出现于加载位置的受拉区磷石膏处 ［图 3.4-38（a）］，接着跨中受拉区磷石膏和支座楼板宽度方向截面出现裂缝 ［图 3.4-38（b）］。随着荷载的

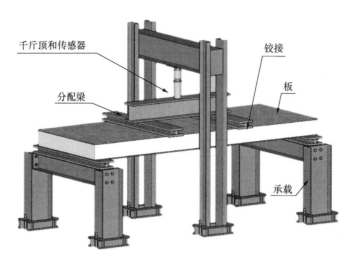

图 3.4-37　组合楼板加载示意图

增加，裂缝逐渐沿着楼板长度和宽度方向截面扩展，燕尾钉出现滑移。随着楼板挠度的不断增大，裂缝宽度逐渐加大，受压区磷石膏发生脱落，磷石膏发生上下两层分离［图3.4-38（c）、图3.4-38（d）］。极限状态时，加载位置处的受压区磷石膏被压碎，组合楼板丧失承载力。整个过程中，原竹未达到受拉或受压极限状态。原竹骨架楼板（BPCS8）在加载前期未发生明显破坏，试件经历了较长的弹性阶段。随着荷载增加，燕尾钉与OSB板之间逐渐发生滑移［图3.4-38（e）］，并伴有多次闷响。楼板变形逐渐增大，最后楼板因竹管被压溃而失效［图3.4-38（f）］。

(a) 楼板加载位置处裂缝

(b) 楼板跨中和支座处裂缝

(c) 楼板极限状态长度方向裂缝

(d) 楼板极限状态宽度方向裂缝

(e) 燕尾钉与OSB板之间滑移

(f) 竹管被压溃

图 3.4-38　试件 BPCS5 破坏形态

综上所述，原竹-磷石膏组合楼板首先于受拉区发生磷石膏开裂，因受压区磷石膏压碎而破坏，原竹骨架因被压溃而破坏，即所有楼板都是由于被压坏而丧失承载力。

（2）荷载-应变曲线

试件的荷载-应变曲线如图 3.4-39 所示。由图 3.4-39 可知，原竹受拉应变基本呈线性

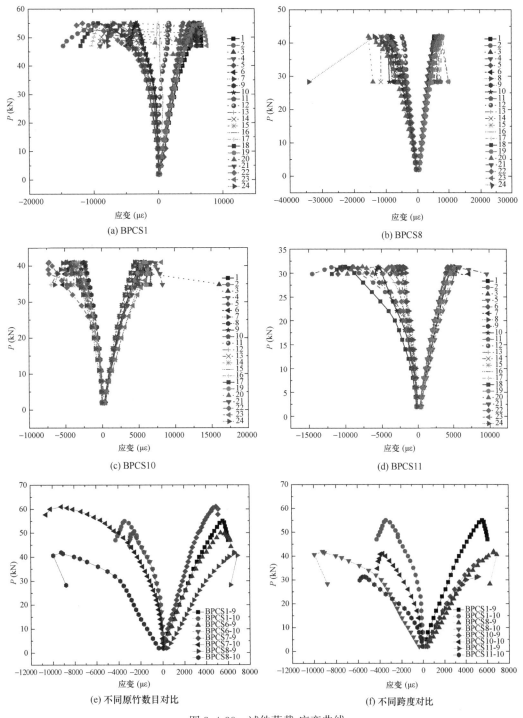

图 3.4-39　试件荷载-应变曲线

增长，而原竹受压应变具有明显的非线性特征。相同荷载下，原竹受压应变大于受拉应变。原竹上侧均受压，下侧均受拉。由图 3.4-39 （a）和图 3.4-39 （b）可知，试件 BPCS8 的应变明显大于试件 BPCS1 的应变，表明磷石膏的作用增强了楼板刚度。对比不同原竹数目试件的荷载-应变曲线可知，试件 BPCS6 应变最大，试件 BPCS1 次之，试件 BPCS7 最小，即相同荷载下原竹数目越多的试件应变越小。对比不同跨度试件的荷载-应变曲线可知，试件 BPCS1 应变最大，试件 BPCS10 次之，试件 BPCS11 最小，即原竹应变随着跨度增大而增大。

（3）荷载-位移曲线

试件的荷载-位移曲线如图 3.4-40 所示，对比磷石膏厚度、燕尾钉数目、原竹数目、跨度等因素对组合楼板抗弯性能的影响。在加载初期，试件的位移随着荷载增大呈线性增大趋势。随着荷载增加，楼板的抗弯刚度逐渐降低，荷载-位移曲线由线性转变为非线性。这是由于磷石膏开裂并逐渐严重，组合楼板发生刚度退化，增加相同荷载相应的位移增长加大。跨度的改变导致了荷载-位移曲线较大的差异性，由此可见，跨度对组合楼板的抗弯性能影响最大。原竹-磷石膏组合楼板的抗弯承载力明显高于原竹骨架。试件 BPCS1 的极限承载力为 15.28kN/m²，试件 BPCS8 的极限承载力为 11.64kN/m²，原竹-磷石膏组

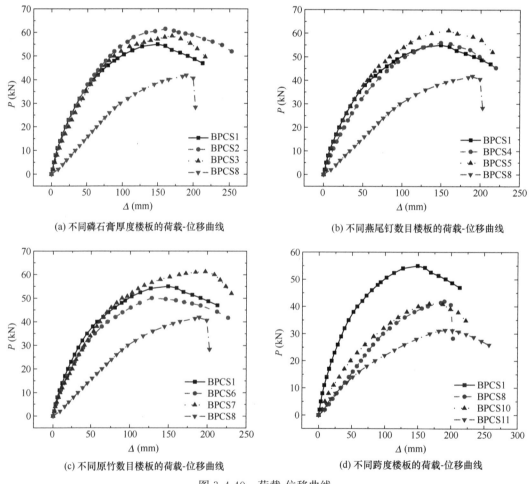

(a) 不同磷石膏厚度楼板的荷载-位移曲线

(b) 不同燕尾钉数目楼板的荷载-位移曲线

(c) 不同原竹数目楼板的荷载-位移曲线

(d) 不同跨度楼板的荷载-位移曲线

图 3.4-40　荷载-位移曲线

合楼板的极限承载力比原竹骨架增加约 31.26％。

图 3.4-41 为试件的位移分布图，即位移计 D8、D9、D6、D4、D2、D5 和 D7 的读数值。由图 3.4-41 可知，随着加载的进行，试件的位移逐步增大，位移在跨中达到最大，往支座方向逐渐减小。结合图 3.4-41 可知，试件峰值位移的范围在 128.35～197.42mm 之间，不同磷石膏厚度和燕尾钉数目试件的峰值位移无明显规律。随着跨度增大，组合楼板的峰值位移逐渐增大。试件 BPCS1 的峰值位移为 149.22mm，试件 BPCS8 的峰值位移为 159.6mm，原竹-磷石膏组合楼板的峰值位移比原竹骨架降低约 7％。由此可见，磷石膏的作用增加了组合楼板的刚度和强度，原竹-磷石膏组合楼板兼具了不同材料的优势。

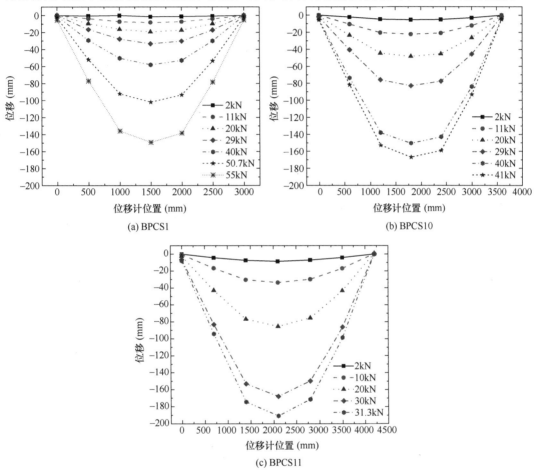

(a) BPCS1

(b) BPCS10

(c) BPCS11

图 3.4-41　位移分布图（以跨度组为例）

（4）极限承载力分析

试件抗弯性能试验结果如表 3.4-11 和图 3.4-42 所示，组合楼板的极限荷载随着磷石膏厚度的增加先减小后增大，随着燕尾钉数目的增加先减小后增大，即磷石膏厚度和燕尾钉数目对组合楼板的极限荷载无明显影响。组合楼板极限承载力与原竹数目、跨度具有明显的规律性。随着原竹数目的增加和跨度的减小，组合楼板极限承载力逐渐增大。随着原竹数目的增加，组合楼板的极限承载力较试件 BPCS6 分别提升 10％和 22.61％，可以近似认为组合楼板的极限承载力与原竹数目具有线性相关性。随着跨度的增加，组合楼板的

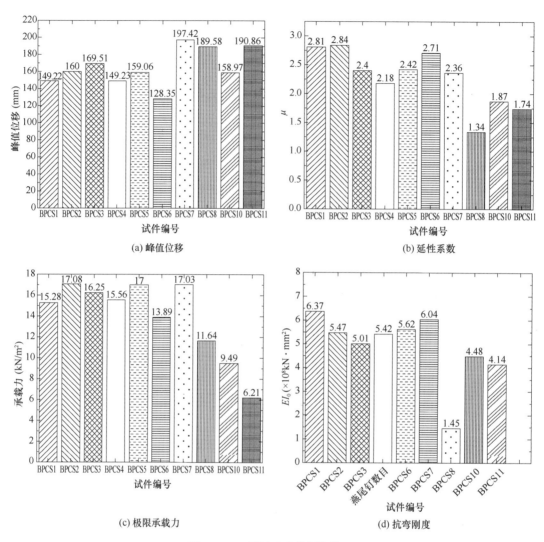

图 3.4-42　楼板试验数据柱状图

极限承载力较试件 BPCS1 分别降低 37.89% 和 59.36%，也可以近似认为组合楼板的极限承载力与跨度呈线性相关关系。

试件抗弯性能试验结果　　　　　　　　　　　　　　　表 3.4-11

试件编号	挠度＝$l_0/250$		极限状态			延性系数 μ
	面荷载 （kN/m²）	跨中挠度 （mm）	面荷载 （kN/m²）	跨中挠度 （mm）	极限荷载 （kN）	
BPCS1	3.89	12	15.28	149.22	55	2.81
BPCS2	3.34	12	17.08	160	61.5	2.84
BPCS3	3.33	12	16.25	169.51	58.5	2.40
BPCS4	2.56	12	15.56	149.09	56	2.18
BPCS5	3.34	12	17.00	161.73	61.2	2.42

试件编号	挠度＝$l_0/250$		极限状态			延性系数 μ
	面荷载 （kN/m²）	跨中挠度 （mm）	面荷载 （kN/m²）	跨中挠度 （mm）	极限荷载 （kN）	
BPCS6	3.39	12	13.89	128.31	50	2.71
BPCS7	2.94	12	17.03	197.42	61.3	2.36
BPCS8	0.92	12	11.64	190.6	41.9	1.34
BPCS10	1.86	14.4	9.49	166.89	41	1.87
BPCS11	0.78	16.8	6.21	181.15	31.3	1.74

（5）抗弯刚度分析

楼板在弹性段的刚度可通过荷载和跨中位移的增长来计算，如式（3.4-10）所示：

$$EI_0 = \frac{\Delta Pl(3L^2 - 4l^2)}{48\Delta w} \tag{3.4-10}$$

式中，EI_0 为楼板的初始刚度（kN·mm²）；ΔP 为荷载-位移曲线中直线段的荷载之差（kN），由于第一级荷载下磷石膏受拉区已开裂，因此计算时不考虑受拉区磷石膏的作用；Δw 为相应跨中位移的差值（mm）；L 为支座间的距离（mm）；l 为支承点到最近加载点之间的距离（mm）。

通过式（3.4-10）计算得到的楼板初始刚度见图 3.4-42。由结果可知，随着跨度的增加，楼板的初始刚度逐渐降低。楼板的初始刚度与磷石膏厚度、原竹数目无明显相关性。试件 BPCS1 与 BPCS8 相比，初始刚度提升了 3.39 倍。

4. 有限元分析

（1）参数设计

保持原竹直径和 OSB 板厚度不变，通过改变磷石膏填充层厚度 a 来改变组合楼板厚度。为研究板厚对组合楼板抗弯性能的影响，本节设计了板厚分别为 220mm、200mm、180mm 和 160mm 的 4 块组合楼板有限元试件，对应的磷石膏填充层厚度为 196mm、176mm、156mm 和 136mm，试件具体设计参数如表 3.4-12 所示，结构示意图如图 3.4-43所示。

不同板厚的组合楼板试件设计参数　　　　　　　　　　　　表 3.4-12

试件 编号	几何尺寸 （mm）	OSB 板厚 （mm）	燕尾钉间距 （mm）	原竹间距 （mm）	板厚 （mm）	磷石膏厚度 a （mm）
BPh-220	3000×1200×220	12	322	140	220	196
BPh-200	3000×1200×200	12	322	140	200	176
BPh-180	3000×1200×180	12	322	140	180	156
BPh-160	3000×1200×160	12	322	140	160	136

为探究剪跨比对组合楼板抗弯性能的影响，本节设计了剪跨比 λ＝6、7、8、9 的 4 块组合楼板有限元试件，对应的剪跨分别为 756mm、882mm、1008mm 和 1134mm，各试件的几何尺寸均为 3000mm×1200mm×200mm，具体设计参数如表 3.4-13 所示，结构示意图如图 3.4-44 所示。

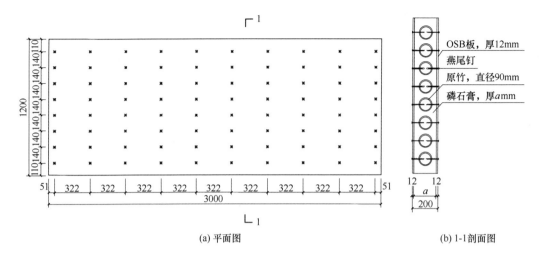

(a) 平面图　　　　　　　　　　　(b) 1-1剖面图

图 3.4-43　不同板厚组合楼板试件结构示意图

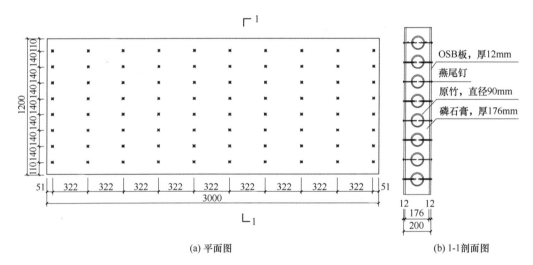

(a) 平面图　　　　　　　　　　　(b) 1-1剖面图

图 3.4-44　不同剪跨比组合楼板试件结构示意图

不同剪跨比的组合楼板试件设计参数　　　　　　　表 3.4-13

试件编号	几何尺寸（mm）	OSB 板厚度（mm）	燕尾钉间距（mm）	原竹间距（mm）	剪跨比	剪跨（mm）
BPλ-6	3000×1200×200	12	322	140	6	756
BPλ-7	3000×1200×200	12	322	140	7	882
BPλ-8	3000×1200×200	12	322	140	8	1008
BPλ-9	3000×1200×200	12	322	140	9	1134

　　定义原竹骨架偏心距 e 为原竹骨架中轴线与组合楼板厚度方向中线的距离，如图 3.4-45 所示，图中虚线为原竹骨架中轴线。当骨架中轴线高于楼板厚度方向的中线时，取 $e>0$；当原竹骨架中轴线低于楼板厚度方向的中线时，取 $e<0$；当二者重合时，取 $e=0$。

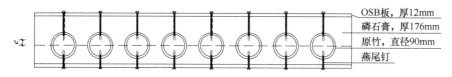

图 3.4-45　原竹骨架偏心距示意图

原竹骨架上下移动会使组合楼板的截面惯性矩发生改变，从而影响组合楼板的抗弯刚度及承载力。为探究原竹骨架在厚度方向的布置位置对组合楼板抗弯性能的影响，本节设计了原竹骨架偏心距 e 分别为 20mm、10mm、0mm、−10mm 和−20mm 的 5 块组合楼板有限元试件，各组合楼板试件的具体设计参数如表 3.4-14 所示，结构示意图如图 3.4-46 所示，加载时采用三分点位移加载。

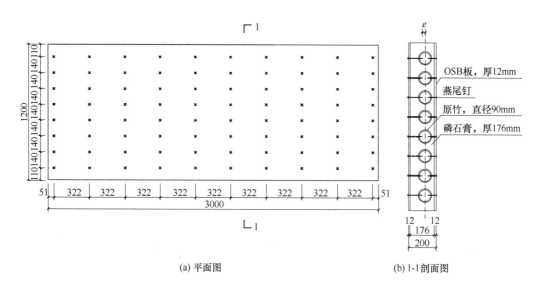

(a) 平面图　　　　　　　　　　(b) 1-1 剖面图

图 3.4-46　不同原竹骨架偏心距组合楼板试件结构示意图

不同原竹骨架偏心距组合楼板试件设计参数　　　　　　　表 3.4-14

试件编号	几何尺寸（mm）	OSB 板厚度（mm）	燕尾钉间距（mm）	原竹间距（mm）	原竹骨架偏心距 e（mm）
BPe-U20	3000×1200×200	12	322	140	20
BPe-U10	3000×1200×200	12	322	140	10
BPe-0	3000×1200×200	12	322	140	0
BPe-D10	3000×1200×200	12	322	140	−10
BPe-D20	3000×1200×200	12	322	140	−20

（2）模型的建立

采用 ABAQUS 有限元分析软件对单层原竹骨架-磷石膏组合楼板进行建模分析。由于在组合楼板试件浇筑时直接将 OSB 板作为浇筑模板，增大了 OSB 板与磷石膏之间的摩擦力；而且在组合楼板抗弯试验过程中，OSB 板与磷石膏之间未发生明显相对滑移；同时，为提高模型的计算速度，改善模型的收敛性，OSB 板与磷石膏之间选用 Tie 绑定约束。

试验加载前期，原竹与磷石膏之间未发生明显滑移，组合楼板整体性较好。试验加载后期，原竹下侧磷石膏产生滑移、剥落，下部磷石膏退出工作，其应力大大降低；但原竹上侧磷石膏与原竹之间滑移较小，始终保持较好的协同作用。单从受力角度来看，若采用 Tie 来模拟原竹与磷石膏之间的接触关系，不仅可以有效模拟试验前期组合楼板的整体性，而且当下侧磷石膏开裂后，上部磷石膏与原竹之间依旧能保持较好的协同作用，而下侧磷石膏的应力则会逐渐接近 0，使之表现为"退出工作"。因此，在有限元模型中采用 Tie 将原竹与磷石膏进行绑定。

燕尾钉与 OSB 板、磷石膏、原竹之间的相互作用采用 Embedded region 将燕尾钉内置于原竹、磷石膏和 OSB 板之中。组合楼板两端为简支约束，为有效模拟组合楼板的边界条件，约束组合楼板一端三个方向的平动自由度（$U_1=0$，$U_2=0$，$U_3=0$）以及另一端 x 方向和 y 方向的平动自由度（$U_1=0$，$U_2=0$）。

采用位移加载的方式对原竹-磷石膏组合楼板施加荷载，首先在组合楼板几何中心上方设置参考点，并将其与组合楼板沿跨度方向的两个三分点耦合，然后向参考点施加竖向位移模拟组合楼板的四点抗弯试验。图 3.4-47 为有限元相互作用，图 3.4-48 为有限元边界条件，图 3.4-49 为有限元网格划分。

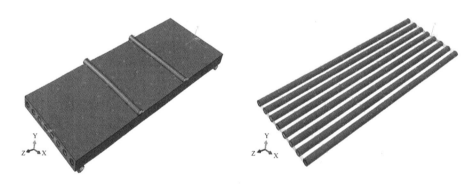

图 3.4-47　有限元相互作用

图 3.4-48　有限元边界条件

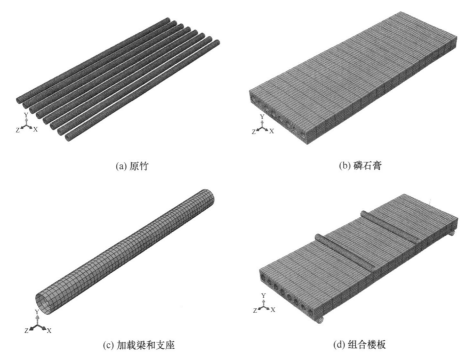

(a) 原竹

(b) 磷石膏

(c) 加载梁和支座

(d) 组合楼板

图 3.4-49　有限元网格划分

（3）有限元模型验证

以试件 BPCS1 为例，其有限元应力云图和塑性应变云图如图 3.4-50 所示。组合楼板达到极限荷载时，磷石膏的塑性损伤主要集中在两个加载点处，加载点处和原竹下部磷石膏的应力接近 0，有限元裂缝发展与应力分布和试验现象基本吻合。

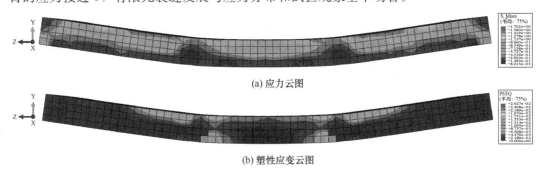

(a) 应力云图

(b) 塑性应变云图

图 3.4-50　试件 BPCS1 有限元应力云图和塑性应变云图

组合楼板试件 BPCS1～BPCS5 的试验结果与有限元结果的荷载-挠度曲线对比如图 3.4-51 和表 3.4-15 所示。可以看出，5 块组合楼板试件试验得到的荷载-挠度曲线与有限元得到的荷载-挠度曲线吻合较好。由表 3.4-15 可知，有限元模型分析得到的各阶段承载力与试验结果误差在 0.50%～14.83% 之间。这表明有限元分析结果与试验结果吻合较好，本书采用 ABAQUS 建立的原竹-磷石膏组合楼板有限元模型能较好地反映组合楼板的抗弯性能。因此，可以采用该有限元模型来分析其他参数对原竹-磷石膏组合楼板抗弯性能的影响。

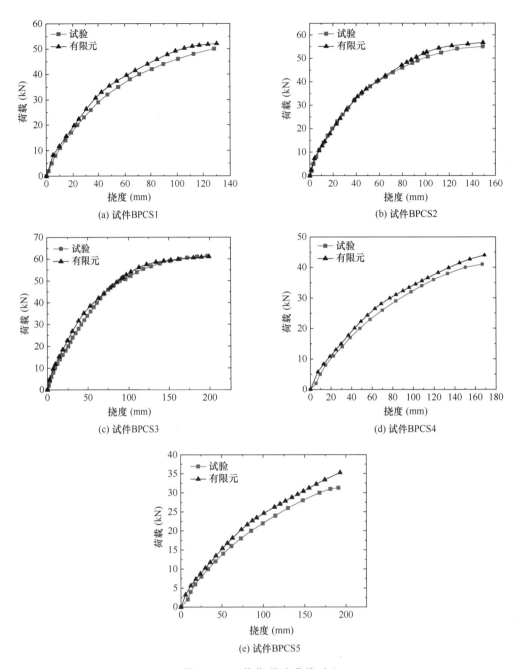

图 3.4-51　荷载-挠度曲线对比

不同挠度下的试验荷载值与有限元荷载值对比　　　　表 3.4-15

试件编号	挠度（mm）	试验荷载值（kN）	有限元荷载值（kN）	误差（%）
BPCS1	19.39	20	19.33	3.35
	52.31	38	38.19	0.50
	80.02	46	47.18	2.57
	113.28	52.4	54.60	4.20
	149.22	55	56.75	3.18

续表

试件编号	挠度（mm）	试验荷载值（kN）	有限元荷载值（kN）	误差（%）
BPCS2	18.70	17	18.14	6.71
	39.98	29	31.76	9.52
	71.08	40	42.34	5.85
	100.78	46	49.48	7.57
	128.35	50	52.00	4.00
BPCS3	18.54	16	18.37	14.81
	49.27	34	37.06	9.00
	89.24	50	50.46	0.92
	139.14	57.9	58.81	1.57
	197.42	61.3	60.97	0.54
BPCS4	22.32	11	12.09	9.91
	58.11	23	25.15	9.35
	97.90	32	33.78	5.56
	133.14	38	39.77	4.66
	166.91	41	43.81	6.85
BPCS5	33.57	10	11.08	10.80
	61.33	16	17.82	11.38
	99.50	22	24.49	11.32
	147.72	28	30.34	8.36
	190.86	31.3	35.09	12.11

（4）参数分析

图 3.4-52 为原竹屈服时不同板厚组合楼板试件的位移云图，图 3.4-53 为不同板厚组合楼板的荷载-挠度曲线，表 3.4-16 为有限元分析得到的组合楼板材料破坏时的荷载值和挠度值。由图 3.4-52 和表 3.4-16 可知，四种板厚的组合楼板发生开裂时的挠度相差较

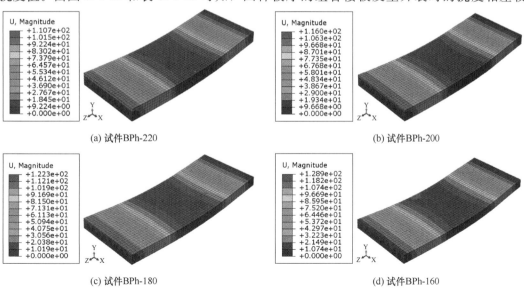

(a) 试件BPh-220　　　　　　　　　　　　(b) 试件BPh-200

(c) 试件BPh-180　　　　　　　　　　　　(d) 试件BPh-160

图 3.4-52　原竹屈服时不同板厚组合楼板试件的位移云图

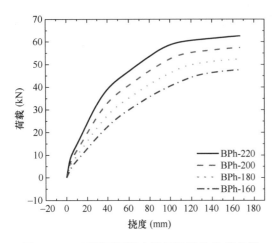

图 3.4-53　不同板厚组合楼板的荷载-挠度曲线

小，板厚为 220mm、200mm、180mm 的组合楼板的开裂荷载分别比板厚为 160mm 的开裂荷载提高了 117.32%、48.50% 和 34.41%。磷石膏压碎时，组合楼板的挠度随板厚的增加而减小，承载力随板厚的增加而提高；板厚为 220mm、200mm、180mm 的组合楼板在磷石膏压碎时的承载力分别比板厚为 160mm 的压碎承载力提高了 49.53%、29.90% 和 14.40%。原竹屈服时，板厚越大，对应的挠度越小，原竹屈服荷载越大；板厚为 220mm、200mm、180mm 的组合楼板在原竹屈服时的承载力分别比板厚为 160mm 的屈服承载力提高了 32.33%、20.72% 和 10.28%。由此可见，随着板厚的增加，组合楼板的开裂荷载、磷石膏压碎时的荷载和原竹屈服时的荷载均逐渐增大，组合楼板的承载力与板厚成正相关。

不同板厚组合楼板材料破坏时的荷载和挠度　　　　　　　　表 3.4-16

试件编号	磷石膏开裂时		磷石膏压碎时		原竹屈服时	
	荷载（kN）	挠度（mm）	荷载（kN）	挠度（mm）	荷载（kN）	挠度（mm）
BPh-220	9.41	4.22	39.46	40.69	59.47	106.09
BPh-200	6.43	3.15	34.28	42.51	54.25	110.23
BPh-180	5.82	4.23	30.19	46.06	49.56	117.73
BPh-160	4.33	4.23	26.39	49.53	44.94	124.39

参考《混凝土结构设计规范》[49]GB 50010—2010 按照式（3.4-11）对原竹-磷石膏组合楼板的剪跨比进行计算。

$$\lambda = \frac{a}{h_0} \tag{3.4-11}$$

式中，a 为剪跨，即集中荷载作用点至支座截面的距离，如图 3.4-54 所示；h_0 为截面有效高度，取压区 OSB 板上边缘至拉区原竹合力点的距离，如图 3.4-55 所示，通过计算，取 $h_0=126$mm。

图 3.4-54　剪跨 a 示意图

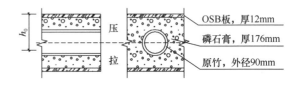

图 3.4-55　截面有效高度 h_0 示意图

图 3.4-56 为原竹屈服时不同剪跨比组合楼板试件的位移云图，图 3.4-57 为不同剪跨比组合楼板的荷载-挠度曲线，表 3.4-17 为有限元分析得到的组合楼板材料破坏时的荷载值和挠度值。从图 3.4-57 和表 3.4-17 可知，剪跨比 $\lambda=6$、7、8 的组合楼板的开裂荷载分别比 $\lambda=9$ 的提高了 170.97％、131.72％和 100.54％；当磷石膏压碎时，剪跨比 $\lambda=6$、7、8 的组合楼板的承载力分别比 $\lambda=9$ 的提高了 33.92％、15.77％和 6.05％；当原竹屈服时，剪跨比 $\lambda=6$、7、8 的组合楼板的承载力分别比 $\lambda=9$ 的提高了 36.47％、17.85％和 6.83％。由此可见，随着剪跨比的增大，组合楼板的开裂荷载、磷石膏压碎时的荷载和原竹屈服时的荷载均逐渐降低；组合楼板的承载力随剪跨比的增大而降低。

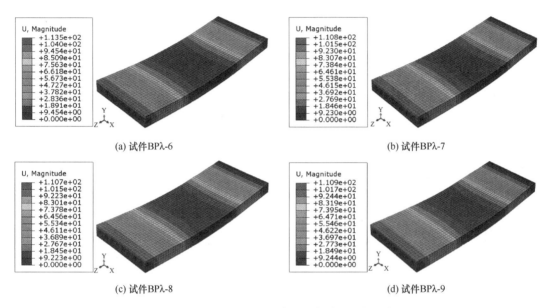

(a) 试件BPλ-6　　　　　　　　　　(b) 试件BPλ-7

(c) 试件BPλ-8　　　　　　　　　　(d) 试件BPλ-9

图 3.4-56　原竹屈服时不同剪跨比组合楼板试件的位移云图

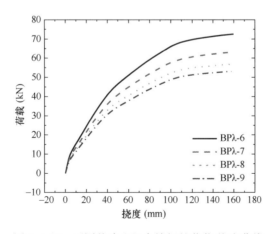

图 3.4-57　不同剪跨比组合楼板的荷载-挠度曲线

不同剪跨比组合楼板材料破坏时的荷载和挠度 表 3.4-17

试件编号	磷石膏开裂时		磷石膏压碎时		原竹屈服时	
	荷载 （kN）	挠度 （mm）	荷载 （kN）	挠度 （mm）	荷载 （kN）	挠度 （mm）
BPλ-6	10.08	4.79	41.18	40.57	68.18	108.97
BPλ-7	8.62	4.55	35.60	39.34	58.88	106.34
BPλ-8	7.46	4.21	32.61	39.51	53.37	106.15
BPλ-9	3.72	3.98	30.75	40.21	49.96	106.30

图 3.4-58 为原竹屈服时不同原竹骨架偏心距组合楼板试件的位移云图，图 3.4-59 为不同原竹骨架偏心距组合楼板的荷载-挠度曲线，表 3.4-18 为有限元分析得到的组合楼板材料破坏时的荷载值和挠度值。由图 3.4-59 和表 3.4-18 可知，磷石膏开裂前，5 块组合楼板试件的荷载-挠度曲线基本重合，且 5 块组合楼板有限元试件的开裂荷载和开裂时的挠度基本相同，表明改变原竹骨架位置对组合楼板开裂前的影响很小。磷石膏开裂后，偏心距 e 越大，荷载-挠度曲线的斜率越小，抗弯刚度也越小。磷石膏压碎时，组合楼板的挠度随偏心距 e 的增加而增加，承载力随偏心距 e 的增加而降低。原竹屈服时，偏心距 e 越大，对应的挠度越大，原竹屈服荷载越小。

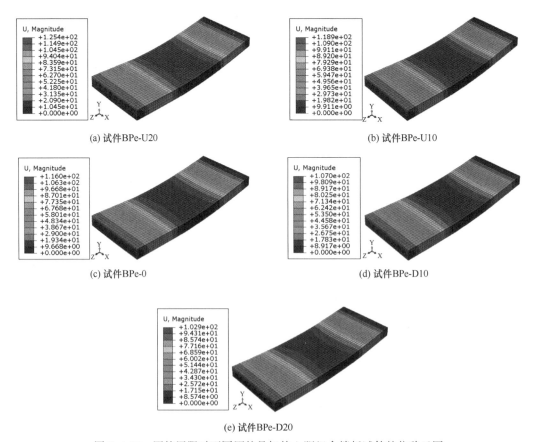

(a) 试件BPe-U20   (b) 试件BPe-U10

(c) 试件BPe-0   (d) 试件BPe-D10

(e) 试件BPe-D20

图 3.4-58 原竹屈服时不同原竹骨架偏心距组合楼板试件的位移云图

磷石膏开裂后，组合楼板主要依靠原竹下部承拉，磷石膏上部和原竹上部共同承压。当偏心距 e 从 0 降低为 -20mm 时，原竹骨架向下移动，致使原竹受拉面积和磷石膏受压面积增大，进而提高原竹的承拉能力和磷石膏的承压能力。当偏心距 e 从 0 增大为 20mm 时，原竹骨架上移，一方面减小了原竹受拉面积，增大了原竹受压面积，从而使原竹下部的承拉能力降低，原竹上部的承压能力增强；另一方面减小了压区磷石膏的面积，降低磷石膏的承压能力，导致压区磷石膏提前破坏。

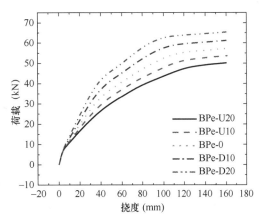

图 3.4-59　不同原竹骨架偏心距组合楼板的荷载-挠度曲线

因此，改变原竹骨架位置对组合楼板开裂前的抗弯性能影响很小；磷石膏开裂后，组合楼板的挠度随偏心距 e 的增大而增大，承载力随偏心距 e 的增大而降低。

不同原竹骨架偏心距组合楼板材料破坏时的荷载和挠度　　　　表 3.4-18

试件编号	磷石膏开裂时		磷石膏压碎时		原竹屈服时	
	荷载（kN）	挠度（mm）	荷载（kN）	挠度（mm）	荷载（kN）	挠度（mm）
BPe-U20	6.78	3.60	30.20	49.37	47.49	121.27
BPe-U10	6.18	3.20	31.32	44.02	50.62	114.60
BPe-0	6.43	3.15	34.28	42.51	54.25	110.23
BPe-D10	6.80	3.61	37.07	39.93	57.88	102.37
BPe-D20	6.93	3.62	40.93	38.66	62.20	98.24

根据原竹中轴线以上的磷石膏厚度相同的原则，将试件 BPh-220、BPh-180、BPh-160、BPe-D10、BPe-U10 和 BPe-U20 分为三组，三组试件的上部磷石膏厚度分别为 98mm、78mm 和 68mm，具体设计参数如表 3.4-19 所示。

各组试件结构设计参数　　　　表 3.4-19

组别	编号	OSB 板厚（mm）	燕尾钉间距（mm）	原竹间距（mm）	上部磷石膏厚度（mm）	下部磷石膏厚度（mm）
第一组	BPh-220	12	322	140	98	98
	BPe-D10	12	322	140	98	78
第二组	BPe-U10	12	322	140	78	98
	BPh-180	12	322	140	78	78
第三组	BPe-U20	12	322	140	68	108
	BPh-160	12	322	140	68	68

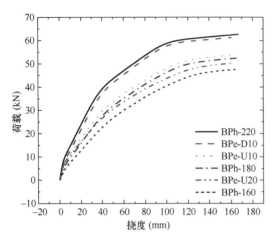

图 3.4-60 三组试件的荷载-挠度曲线对比图

图 3.4-60 为三组试件的荷载-挠度曲线，表 3.4-20 为三组试件特征点对应的荷载值与挠度值。由图 3.4-60 和表 3.4-20 可知：对于第一组试件，下部磷石膏厚度从 78mm 增大至 98mm 时，磷石膏开裂时、压碎时和原竹屈服时的承载力分别提高了 38.38％、6.45％ 和 2.75％；对于第二组试件，下部磷石膏厚度从 78mm 增大至 98mm 时，磷石膏开裂时、压碎时和原竹屈服时的承载力分别提高了 6.19％、3.74％ 和 2.14％；对于第三组试件，下部磷石膏厚度从 68mm 增大至 108mm 时，磷石膏开裂时、压碎时和原竹屈服时的承载力分别提高了 56.58％、14.44％ 和 5.67％。由此可见，改变下部磷石膏厚度对组合楼板承载力的影响较小。

鉴于改变下部磷石膏厚度对组合楼板的承载力影响较小，为降低组合楼板自重，同时保证组合楼板承载力不出现较大削减，将组合楼板下侧的磷石膏和 OSB 板去除，得到如图 3.4-61 所示的组合楼板，该组合楼板的具体设计参数如表 3.4-21 所示。

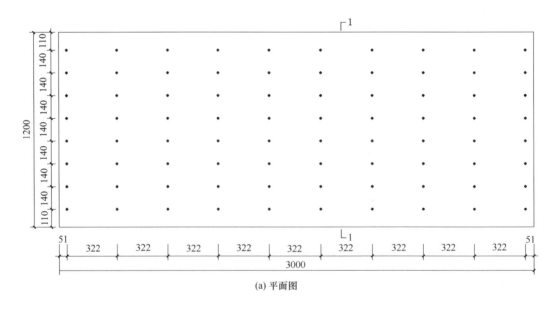

(a) 平面图

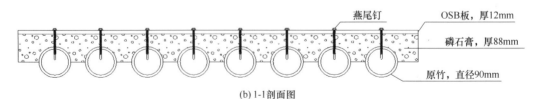

(b) 1-1剖面图

图 3.4-61 试件 BP-1 的结构示意图

三组试件的特征点参数　　　　　　　　　　　表 3.4-20

试件编号	磷石膏开裂时		磷石膏压碎时		原竹屈服时	
	荷载（kN）	挠度（mm）	荷载（kN）	挠度（mm）	荷载（kN）	挠度（mm）
BPh-220	9.41	4.22	39.46	40.69	59.47	106.09
BPe-D10	6.80	3.61	37.07	39.93	57.88	102.37
BPe-U10	6.18	3.20	31.32	44.02	50.62	114.60
BPh-180	5.82	4.23	30.19	46.06	49.56	117.73
BPe-U20	6.78	3.60	30.20	49.37	47.49	121.27
BPh-160	4.33	4.23	26.39	49.53	44.94	124.39

试件 BP-1 的结构设计参数　　　　　　　　　　表 3.4-21

试件编号	OSB 板厚（mm）	燕尾钉间距（mm）	原竹间距（mm）	上部磷石膏厚度（mm）
BP-1	12	322	140	88

图 3.4-62 为试件 BP-1 的有限元分析模型，
图 3.4-63 为原竹屈服时 BP-1 的位移云图，图 3.4-64
为有限元得到的试件 BPCS1 与 BP-1 的荷载-挠度曲
线对比图，表 3.4-22 为试件 BPCS1 与 BP-1 特征点
的荷载值与挠度值。由图 3.4-64 可知，由于去除了
下部磷石膏和下部 OSB 板，BP-1 的荷载-挠度曲线与
BPCS1 相比缺少磷石膏开裂时的拐点；并且磷石膏
开裂后，BPCS1 的荷载-挠度曲线的斜率与 BP-1 的

图 3.4-62　BP-1 有限元模型

基本相同。这表明下部磷石膏开裂后，下部磷石膏退出工作，组合楼板的下部拉应力主要
由原竹承担。由表 3.4-22 可知，磷石膏压碎时和原竹屈服时，BP-1 的承载力分别比
BPCS1 降低了 1.81% 和 4.85%，表明下部磷石膏对组合楼板的承载力影响较小，可以在
保证组合楼板承载力不出现较大削弱的条件下，通过去除楼板下侧的磷石膏和 OSB 板来
降低组合楼板自重。

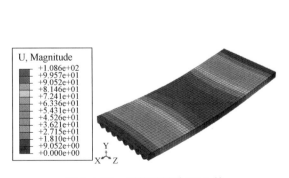

图 3.4-63　原竹屈服时 BP-1 的
位移云图

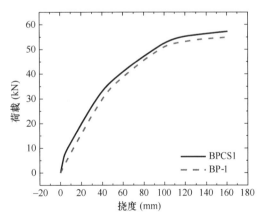

图 3.4-64　试件 BPCS1 与 BP-1 的
荷载-挠度曲线对比

BPCS1 与 BP-1 特征点的参数值　　　　　　　　　表 3.4-22

试件编号	磷石膏开裂时		磷石膏压碎时		原竹屈服时	
	荷载 (kN)	挠度 (mm)	荷载 (kN)	挠度 (mm)	荷载 (kN)	挠度 (mm)
BPCS1	6.43	3.15	34.28	42.51	54.25	110.23
BP-1	—	—	33.66	46.95	51.62	103.29

5. 抗弯刚度的计算

根据材料性能试验结果和截面受力情况，本书建立了抗弯刚度和承载力计算公式。基本假定如下：

（1）截面应变符合平截面假定。

（2）计算截面由原竹竹管和磷石膏组成，竹管和磷石膏之间不考虑滑移。

（3）只考虑原竹顺纹方向的力学性能，不考虑原竹的各向异性和泊松比的影响。

（4）组合楼板破坏时，磷石膏达到受压极限应变，不考虑 OSB 板的影响。

将原竹-磷石膏组合（BPC）楼板的截面等效为工字形截面，等效之后的截面抗弯刚度按工字形截面刚度进行计算。按照截面形心位置、面积和对形心轴惯性矩不变的规定，将竹管的圆孔简化为 $b_n \times h_2$ 的矩形孔，如式（3.4-12）所示。如图 3.4-65（a）所示，将工字形截面划分为 8 个区域。

$$\begin{cases} \dfrac{n\pi d^2}{4} = b_n h_2 \\[2mm] \dfrac{n\pi d^4}{64} = \dfrac{b_n h_2^3}{12} \\[2mm] \dfrac{n\pi\left[d^2 - (d-t_0)^2\right]}{64} = b_n h_2 - (b_n - 2t)(h_2 - 2t) \end{cases} \tag{3.4-12}$$

式中，n 为竹管数目；d 为竹管直径（mm）；b_n 为等效矩形孔长度（mm）；h_2 为等效矩形孔高度（mm）；t_0 为竹管壁厚（mm）；t 为等效矩形竹厚度（mm）。

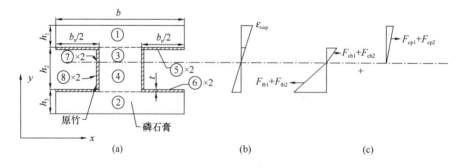

图 3.4-65　截面等效计算模型（情况Ⅰ）

截面受压区高度 $h_1 < x < h_1 + h_2$，竹管处于部分受拉和部分受压状态。组合楼板的抗弯刚度计算公式如下：

$$EI = E_{cp}I_{cp} + E_{cb}I_{cb} + E_{tb}I_{tb} \tag{3.4-13}$$

$$EI_{cp} = \left[bh_1 - \frac{bh_1^3}{6} + \frac{(b - b_n)(x - h_1)^3}{3} \right] E_{cp} \tag{3.4-14}$$

$$EI_{cb} = \left[\frac{b_n t^3}{12} + b_n t \left(x - h_1 - \frac{t}{2} \right)^2 + \frac{2t(x - h_1 - t)^3}{3} \right] E_{cb} \tag{3.4-15}$$

$$EI_{tb} = \left[\frac{b_n t^3}{12} + b_n t \left(h - x - h_3 - \frac{t}{2} \right)^2 + \frac{2t(h - x - h_3 - t)^3}{3} \right] E_{tb} \tag{3.4-16}$$

式中，EI 为截面抗弯刚度（kN·mm²）；EI_{cp}、EI_{cb}、EI_{tb} 分别为磷石膏受压区、竹管受压区和竹管受拉区刚度（kN·mm²）；h_1、h_3 分别为工字形截面上、下翼缘高度（mm）；t 为矩形孔等效厚度（mm）；b 为截面宽度（mm）。

在计算受弯刚度之前，需要先明确受压区高度 x 的值。受压区高度 x 可根据下式进行计算：

$$A = A_1 \left(h - \frac{h_1}{2} \right) E_{cp} + A_3 \left(h - \frac{x + h_1}{2} \right) E_{cp} \tag{3.4-17}$$

$$B = 2A_5 \left(h_2 + h_3 - \frac{t}{2} \right) E_{cb} + 2A_7 \left(h - \frac{x + t + h_1}{2} \right) E_{cb} \tag{3.4-18}$$

$$C = 2A_6 \left(h_3 + \frac{t}{2} \right) E_{tb} + 2A_8 \left(h_3 + \frac{x + t - h_1}{2} \right) E_{tb} \tag{3.4-19}$$

$$A + B + C = (A_1 E_{cp} + A_3 E_{cp} + 2A_5 E_{cb} + 2A_7 E_{cb} + 2A_6 E_{tb} + 2A_8 E_{tb})(h - x) \tag{3.4-20}$$

式中，A_1、A_3、$A_5 \sim A_8$ 为工字形截面各区域面积（mm²）；E_{cp}、E_{cb}、E_{tb} 分别为磷石膏受压、原竹受压和原竹受拉弹性模量（MPa）；h 为工字梁总高度（mm）。

6. 极限承载力的计算

在极限状态时，工字形截面的极限承载力理论计算主要分为两种情况。一种是中和轴位于腹板中（图 3.4-65），另一种是中和轴位于上部翼缘中（图 3.4-66），以下是关于上述两种情况的探讨。

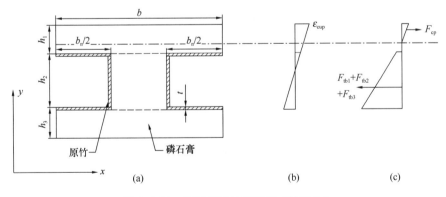

图 3.4-66　截面等效计算模型（情况Ⅱ）

（1）情况Ⅰ：中和轴位于腹板中

假设截面最底部的坐标为 0，坐标轴向上为正方向，任意一处的坐标为 y，中和轴到底部的距离为 y_c。由平截面假定，在受压区任意一处的应变 ε 可通过式（3.4-21）进行计算，受拉区的应变可通过式（3.4-22）进行计算。

$$\frac{\varepsilon_{cup}}{h_1 + h_2 + h_3 - y_c} = \frac{\varepsilon}{y - y_c} \tag{3.4-21}$$

$$\frac{\varepsilon_{cup}}{h_1 + h_2 + h_3 - y_c} = \frac{\varepsilon}{y_c - y} \tag{3.4-22}$$

分别定义纵向受压区竹管的合力为 F_{cb1}，横向受压区竹管的合力为 F_{cb2}，腹板受压区磷石膏的合力为 F_{cp1}，翼缘受压区磷石膏的合力为 F_{cp2}，纵向受拉区竹管的合力为 F_{tb1}，横向受拉区竹管的合力为 F_{tb2}。上述合力的计算公式如下：

$$F_{cb1} = 2\int_{y_c}^{h_2+h_3} E_{cb} \frac{\varepsilon_{cup}(y - y_c)t}{h_1 + h_2 + h_3 - y_c} dy \tag{3.4-23}$$

$$F_{cb2} = \int_{h_2+h_3-t}^{h_2+h_3} E_{cb} \frac{\varepsilon_{cup}(y - y_c)(b_n - 2t)}{h_1 + h_2 + h_3 - y_c} dy \tag{3.4-24}$$

$$F_{cp1} = \int_{y_c}^{h_2+h_3} E_{cp} \frac{\varepsilon_{cup}(y - y_c)(b - b_n)}{h_1 + h_2 + h_3 - y_c} dy \tag{3.4-25}$$

$$F_{cp2} = \int_{h_2+h_3}^{h_1+h_2+h_3} E_{cp} \frac{\varepsilon_{cup}(y - y_c)b}{h_1 + h_2 + h_3 - y_c} dy \tag{3.4-26}$$

$$F_{tb1} = 2\int_{y_c}^{h_3} E_{tb} \frac{\varepsilon_{cup}(y_c - y)t}{h_1 + h_2 + h_3 - y_c} dy \tag{3.4-27}$$

$$F_{tb2} = \int_{h_3+t}^{h_3} E_{tb} \frac{\varepsilon_{cup}(y_c - y)(b_n - 2t)}{h_1 + h_2 + h_3 - y_c} dy \tag{3.4-28}$$

根据受力平衡可得：

$$F_{cb1} + F_{cb2} + F_{cp1} + F_{cp2} = F_{tb1} + F_{tb2} \tag{3.4-29}$$

由此可以通过式（3.4-8）计算截面的极限弯矩 M_{cu}：

$$M_{cu} = \frac{2}{3}\big[(F_{cb1} + F_{cb2})(h_2 + h_3 - y_c) + (F_{pb1} + F_{cp2})(h_1 + h_2 + h_3 - y_c)$$
$$+ (F_{tb1} + F_{tb2})(y_c - h_3)\big]$$

$$\tag{3.4-30}$$

（2）情况Ⅱ：中和轴位于翼缘中

当中和轴位于翼缘中时，受压区磷石膏的合力 F_{cp}、靠近上翼缘的横向受拉区竹管合力 F_{tb1}、纵向的受拉区竹管合力 F_{tb2} 和靠近下翼缘的横向受拉区竹管合力 F_{tb3} 的计算公式如下：

$$F_{cp} = \int_{y_c}^{h_1+h_2+h_3} E_{cp} \frac{\varepsilon_{cup}(y - y_c)b}{h_1 + h_2 + h_3 - y_c} dy \tag{3.4-31}$$

$$F_{tb1} = \int_{h_2+h_3}^{h_2+h_3-t} E_{tb} \frac{\varepsilon_{cup}(y_c - y)(b_n - 2t)}{h_1 + h_2 + h_3 - y_c} dy \tag{3.4-32}$$

$$F_{tb2} = 2\int_{h_3}^{h_2+h_3} E_{tb} \frac{\varepsilon_{cup}(y_c - y)t}{h_1 + h_2 + h_3 - y_c} dy \tag{3.4-33}$$

$$F_{tb3} = \int_{h_3+t}^{h_3} E_{tb} \frac{\varepsilon_{cup}(y_c - y)(b_n - 2t)}{h_1 + h_2 + h_3 - y_c} dy \tag{3.4-34}$$

由受力平衡可得：

$$F_{cp} = F_{tb1} + F_{tb2} + F_{tb3} \tag{3.4-35}$$

进一步可计算截面的极限弯矩 M_{cu}：

$$M_{cu} = \frac{2}{3}F_{cp}(h_1 + h_2 + h_3 - y_c) + (F_{tb1} + F_{tb2} + F_{tb3})$$

$$\left[y_c - h_2 - h_3 + \frac{h_2(3y_c - h_2 - 3h_3)}{3(2y_c - h_2 - 2h_3)}\right] \tag{3.4-36}$$

3.4.5　双层原竹骨架-磷石膏楼板的抗弯性能

1. 试件设计

为了增强双层原竹骨架的整体工作性能，使原竹骨架受力更加均匀，在磷石膏破坏退出工作后双层原竹骨架还可继续承载，双层原竹骨架竖向连接参考桁架结构，在原竹竖向单元两侧钉上竖向竹条和斜向竹条，同时每隔一定距离使用丝杆穿过每竖排两根原竹并使用法兰螺母固定，组成基本单元。参考平面桁架中关于斜腹杆与弦杆夹角在 $45°\sim60°$ 的规范要求，竖向竹条与斜向竹条的受力关系与布置方式为斜向竹条外倾受拉、竖向竹条受压、斜向竹条与原竹之间夹角为 $45°$。原竹竖向基本单元结构示意图如图 3.4-67 所示。

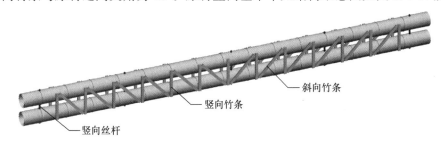

图 3.4-67　原竹竖向基本单元结构示意图

为了增强双层原竹骨架的刚度，避免双层原竹骨架承载时发生面外破坏，双层原竹骨架横向连接使用横向卡箍和横向长竹条将基本单元连接到一起，横向卡箍布置在两层原竹的端部，横向竹条间距与竖向竹条间距相同，在原竹骨架上下侧对称布置。使用燕尾钉将横向竹条与原竹骨架绑在一起，为了避免荷载作用下原竹与磷石膏之间滑移错动，燕尾钉端部留出 30mm 左右，作为原竹骨架与磷石膏连接的抗剪键。除此之外，横向竹条在对应原竹骨架结构间隙处做犬牙状切削处理，增强原竹骨架与磷石膏之间的抗剪连接，双层原竹骨架结构示意图如图 3.4-68 所示。

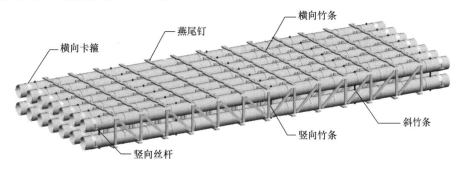

图 3.4-68　双层原竹骨架结构示意图

双层原竹骨架-磷石膏楼板试件设计参数如表 3.4-23 所示，试验研究参数为楼板跨度、原竹横向布置间距。表 3.4-23 中未列出的相同楼板设计参数有：楼板宽度 1.2m，楼板厚度300mm，保护层厚度 45mm，原竹骨架竖向布置间距 120mm，燕尾钉布置间距 440mm，竖向丝杆布置间距 760mm。试验方法同单层原竹骨架-磷石膏组合楼板抗弯试验方法。

103

楼板试件抗弯试验参数表 表 3.4-23

试件名称	楼板长度 （m）	跨度 （m）	原竹横向布置 间距（mm）	竹条间距 （mm）	研究参数
L1	3.2	3	163	220	原竹横向 布置间距
L2	3.2	3	196	220	
L3	3.2	3	140	220	
L4	3.8	3.6	163	220	楼板跨度
L5	4.4	4.2	163	220	

2. 试验结果及分析

（1）破坏模式

试验开始后楼板下表面跨中位置首先开裂，随着荷载增加，跨中裂缝横向发展逐步形成横向贯通裂缝，板底产生多道横向裂缝，横向裂缝继续发展贯通至侧面磷石膏产生竖向裂缝；当荷载值达到屈服荷载时，跨中挠度出现大幅增加而荷载值不发生显著改变，加载方式由力控制改为位移控制，试件进入屈服阶段；塑性平台段加载后期，楼板内部原竹持续发生劈裂声响，端部观察到原竹与磷石膏产生滑移，荷载-位移曲线的塑性平台段较长，延性极佳；荷载下降阶段，板顶跨中磷石膏发生挤压破坏，楼板上侧磷石膏逐步退出工作，转为由原竹骨架和中部磷石膏承载；当荷载值下降到 75% 极限荷载左右时，试件出现第二个塑性平台段，荷载大小不发生显著改变而跨中挠度持续增加，试件持续发出原竹断裂声响，楼板产生较大变形，上下侧磷石膏破坏严重，试验结束。试验现象如图 3.4-69 所示。

(a) 试验装置图

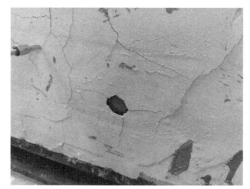

(b) 原竹磷石膏产生滑移

(c) 板顶跨中磷石膏挤压破坏

(d) 最终破坏形态

图 3.4-69 试验现象

（2）应变分析

图 3.4-70 为各试件跨中位置和左右 1/3 跨位置原竹骨架上下边缘应变随荷载变化的曲线图，由于个别受拉区原竹应变片在楼板下侧磷石膏拉坏发生损坏提前退出工作，应变曲线不具有参考性，因此未在图中绘出。从图中可看出，原竹骨架的应变分布为上侧原竹受压，下侧原竹受拉。下侧原竹受拉应变曲线有明显曲率变化点，下侧原竹骨架受力状态

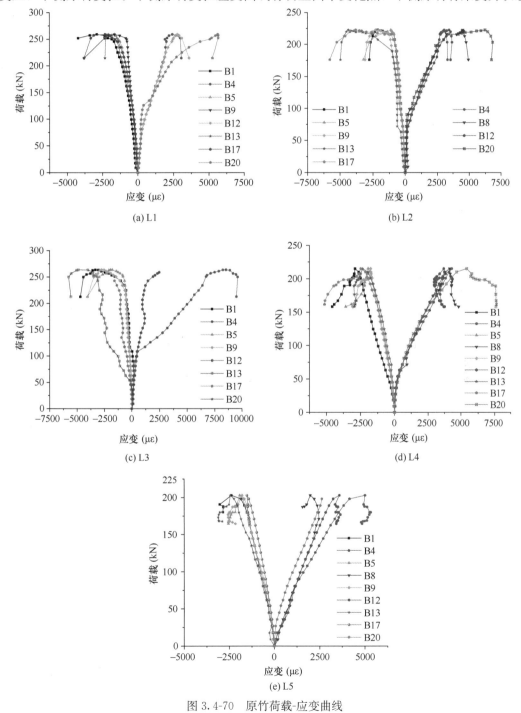

(a) L1　　　　　　　　　　　　　　　(b) L2

(c) L3　　　　　　　　　　　　　　　(d) L4

(e) L5

图 3.4-70　原竹荷载-应变曲线

转变为弹塑性状态。楼板下侧原竹受拉应变明显高于上侧原竹受压应变，说明楼板由上侧磷石膏主要承担压力，下侧原竹骨架主要承担拉力。部分受拉区原竹在楼板承载力下降过程中应变回缩，说明部分受拉区原竹在楼板达到承载能力极限状态时仍处于弹塑性状态。在加载后期楼板受力处于塑性阶段时，上侧原竹骨架受压应变显著增大，说明上侧磷石膏被压碎逐步退出工作，中性轴下移，上侧原竹骨架成为承压主体部分。

（3）挠度分析

图 3.4-71 为各参数下楼板荷载-挠度曲线对比图。图 3.4-71（a）为楼板跨度均为 3m，原竹横向布置间距为 163mm、140mm 和 196mm 的楼板 L1、L2、L3 的荷载-挠度曲线对比图。从图 3.4-71（a）中可看出，在楼板跨度一定而原竹横向布置间距不同时，楼板抗弯刚度、延性、承载力随着横向布置间距减小而提高。试件 L1 的原竹横向布置间距163mm 小于试件 L2 的原竹布置间距 196mm，但延性弱于试件 L2，考虑原因是试件 L1在拆模时因操作不当造成的初始缺陷影响。相比于试件 L2，试件 L1 的原竹横向布置间距由 196mm 缩减为 163mm，承载力显著提高。相比于试件 L1，试件 L3 的原竹横向布置间距由 163mm 缩减为 140mm，但承载力未发生显著提高，延性大幅增强，考虑原因为原竹占比增大导致延性增强，楼板上侧磷石膏占比减小，导致承载力未发生显著提高，因此在考虑承载能力极限状态进行双层原竹骨架-磷石膏楼板设计时，建议选用原竹布置间距为 163mm。

图 3.4-71（b）为原竹布置间距均为 163mm，楼板跨度为 3m、3.6m、4.2m 的楼板L1、L4、L5 的荷载-挠度曲线对比图。从图 3.4-71（b）中可看出，在原竹布置间距一定而楼板跨度不同时，楼板抗弯刚度、延性、承载力随着楼板跨度增大而降低。试件 L4 和L5 的承载力相比于试件 L1 虽然明显降低，但是远高于规范要求住宅建筑的楼面活荷载取值（2.0kN/m²），有充足的安全储备，因此双层原竹骨架-磷石膏楼板满足跨度为 3.6m和 4.2m 的住宅建筑要求，可在设计时选用。

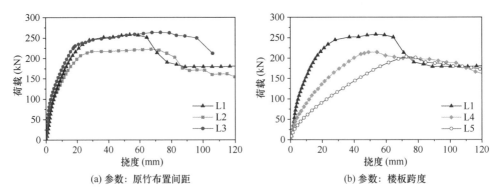

(a) 参数：原竹布置间距   (b) 参数：楼板跨度

图 3.4-71   各参数下楼板荷载-挠度曲线对比

（4）受力机理分析

图 3.4-72 为各试件跨中位置双层原竹骨架上下边缘的应变变化图，从图中可以看出试件受力过程中中性轴位置从形心轴上侧先上移后下移至形心轴附近，结合试件 L1～L5 的试验现象和破坏过程，双层原竹骨架-磷石膏楼板的受力过程可分为以下 4 个阶段，各阶段受力机理如下：①弹性阶段：楼板产生可恢复的变形，因楼板上侧磷石膏抗压能力远高于下侧

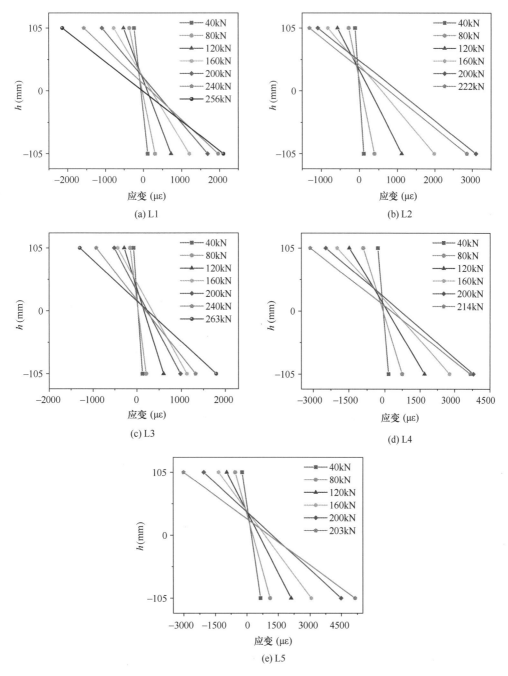

(a) L1

(b) L2

(c) L3

(d) L4

(e) L5

图 3.4-72　原竹骨架上下边缘应变变化

磷石膏抗拉能力，中性轴在形心轴上侧，原竹与磷石膏未发出响声和破坏。②弹塑性阶段：楼板下侧磷石膏受拉开裂出现多条横向裂缝，楼板由弹性阶段转为弹塑性阶段。楼板下侧磷石膏逐步退出工作，中性轴持续上移，底部裂缝逐渐延伸至楼板侧面。楼板由下侧原竹骨架与下侧磷石膏共同受拉逐步转变为中下侧原竹骨架和中部磷石膏共同受拉。③塑性阶段：楼板侧面磷石膏裂缝充分发展，楼板上侧磷石膏发生受压破坏并逐步退出工作，中性轴逐渐下移直至形心轴附近，楼板主要承压部分由上侧磷石膏逐步转变为上侧原竹骨架和中部磷石膏，楼板主要承拉部分逐步转变为下侧原竹骨架，楼板受力主体转变为原竹骨架和中部磷石膏，楼板承载力变化较小而挠度大幅提高。④原竹骨架屈服阶段：经观察，楼板承载力下降至75％极限承载力左右时，楼板进入原竹屈服阶段，承载力变化较小而挠度大幅提高，伴随原竹骨架受弯破坏的劈裂声响，裂缝不断扩展变宽，端部可观察到原竹骨架与磷石膏发生剥离。随着原竹一根根破坏并退出工作，楼板荷载-位移曲线呈现阶梯状下降趋势。楼板在最终破坏前有较大的塑性变形，因此破坏形式为延性破坏。

3. 有限元分析

（1）试验现象验证

开裂阶段，楼板下表面对应加载点位置和跨中位置首先产生横向裂缝并贯通延伸至楼板侧面形成竖向裂缝，楼板由弹性阶段转为弹塑性阶段。伴随楼板下表面横向贯通裂缝逐渐增多，楼板下侧磷石膏逐步退出工作，楼板所受拉力转由原竹骨架承担，楼板中和轴上移。有限元模拟与试验开裂阶段裂缝对比如图 3.4-73 所示。

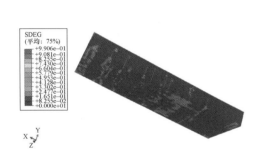 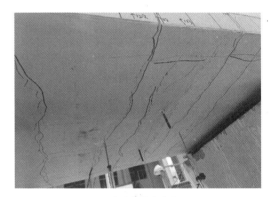

(a) 磷石膏裂缝云图　　　　　　　　　　　(b) 磷石膏裂缝试验图

图 3.4-73　有限元模拟与试验开裂阶段裂缝对比图

屈服阶段，随着楼板上侧磷石膏开始被压溃，楼板所受压力由原竹骨架与磷石膏共同承担，中性轴由形心轴上侧逐渐向下移动，楼板进入屈服阶段，原竹骨架达到屈服应力，产生较大变形，屈服阶段原竹骨架应力云图如图 3.4-74 所示，由原竹骨架上下侧应力对比可以看出，中性轴位置仍在形心轴上侧。

破坏阶段，原竹骨架下侧加载点位置附近发生不规则不均匀受拉破坏，下侧原竹逐根

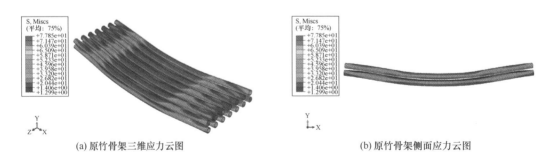

(a) 原竹骨架三维应力云图　　　　　　　　　　　(b) 原竹骨架侧面应力云图

图 3.4-74　屈服阶段原竹骨架应力云图

退出工作，楼板所受拉力转由上侧原竹承担，上侧原竹同样发生不规则不均匀断裂破坏并逐步退出工作，原竹骨架逐步丧失承载力，楼板发生破坏。破坏阶段楼板应力及位移云图，如图 3.4-75 所示。

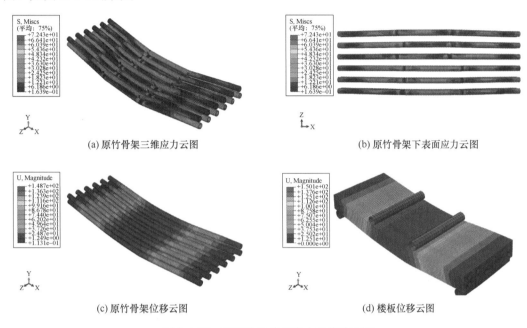

(a) 原竹骨架三维应力云图　　　　　　　　(b) 原竹骨架下表面应力云图

(c) 原竹骨架位移云图　　　　　　　　　　(d) 楼板位移云图

图 3.4-75　破坏阶段楼板应力及位移云图

（2）荷载-挠度曲线验证

图 3.4-76 为各双层原竹骨架-磷石膏楼板抗弯力学性能试验与楼板有限元模型的荷载-跨中挠度曲线对比。由图 3.4-76 和表 3.4-24 可看出使用 ABAQUS 软件建立的双层原竹骨架-磷石膏楼板有限元模型与实际双层原竹骨架-磷石膏楼板抗弯力学性能试验的荷载-跨中挠度曲线具有较高的吻合度，楼板受力过程各阶段有限元荷载值与试验荷载值误差在 13.11% 以内。试件 L2、L3、L4 对应的有限元模型在塑性阶段的荷载值略高于试验值，试件 L5 对应的有限元模型刚度略高于试验值，分析是由于试件存在初始缺陷，原竹骨架各竹管材料强度与有限元设计强度存在差异引起。

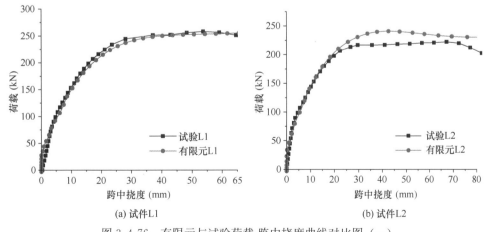

(a) 试件 L1　　　　　　　　　　　　　　(b) 试件 L2

图 3.4-76　有限元与试验荷载-跨中挠度曲线对比图（一）

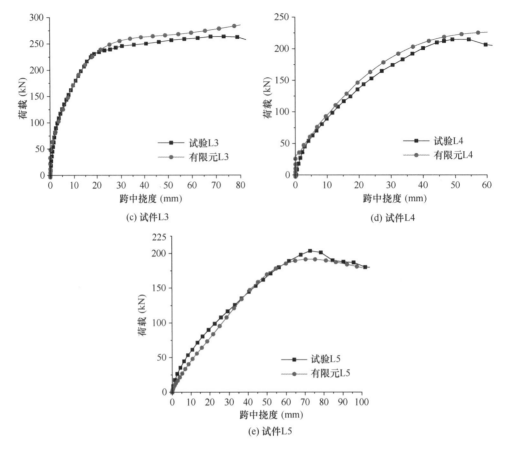

图 3.4-76 有限元与试验荷载-跨中挠度曲线对比图（二）

试验荷载值与有限元荷载值随跨中挠度变化对比 表 3.4-24

试件编号	跨中挠度（mm）	试验荷载值（kN）	有限元荷载值（kN）	误差（%）
L1	9.8	153.2	148.4	3.13
	19.0	216.0	209.1	3.19
	29.6	247.5	240.3	2.91
	37.1	251.5	248.4	1.23
	48.3	256.0	252.4	1.41
	59.0	256.5	254.2	0.90
L2	10.2	144.3	145.9	1.11
	19.9	197.8	202.9	2.58
	29.6	216.8	230.6	6.37
	51.5	219.0	238.7	9.00
	62.0	221.0	234.1	5.93
	72.3	220.0	231.1	5.05

试件编号	跨中挠度（mm）	试验荷载值（kN）	有限元荷载值（kN）	误差（%）
L3	10.1	173.8	174.6	0.46
	21.1	234.4	236.3	0.81
	30.4	245.7	256.1	4.23
	40.9	250.0	263.1	5.24
	51.5	256.6	266.7	3.94
	62.5	260.5	272.3	4.53
	73.2	263.4	279.5	6.11
L4	10.0	89.0	95.2	6.97
	20.2	137.6	148.3	7.78
	30.5	174.3	185.7	6.54
	40.0	200.7	208.9	4.09
	49.1	214.6	220.4	2.70
L5	20.5	92.3	80.2	13.11
	30.5	119.8	114.0	4.84
	50.6	168.0	170.0	1.19
	70.2	200.8	191.3	4.73
	90.4	187.7	185.2	1.33

注：误差计算方法为试验和有限元荷载值差值绝对值与试验荷载值的比值。

（3）有限元参数分析

为系统全面地研究影响双层原竹骨架-磷石膏楼板的抗弯力学性能影响因素，使用经过验证的双层原竹骨架-磷石膏楼板有限元模型进行变参数分析，研究原竹竖向间距、原竹横向间距、保护层厚度、原竹骨架竖向偏心距、剪跨比、磷石膏强度对双层原竹骨架-磷石膏楼板抗弯力学性能的影响。

改变原竹骨架上下侧竹管中心竖向间距可以改变楼板拉压应力分布情况，为研究原竹竖向间距对双层原竹骨架-磷石膏楼板抗弯力学性能的影响，设计 5 个原竹骨架上下侧竹管中心竖向间距分别为 100mm、110mm、120mm、130mm、140mm 的楼板模型，各模型具体设计参数见表 3.4-25。

不同原竹中心竖向间距楼板模型设计参数　　　表 3.4-25

模型编号	楼板尺寸（mm）	原竹外径（mm）	原竹壁厚（mm）	原竹中心横向间距（mm）	保护层厚度（mm）	原竹中心竖向间距（mm）
VS100	3200×1200×300	90	10	163	55	100
VS110	3200×1200×300	90	10	163	50	110
VS120	3200×1200×300	90	10	163	45	120
VS130	3200×1200×300	90	10	163	40	130
VS140	3200×1200×300	90	10	163	35	140

各有限元楼板模型模拟荷载-跨中挠度曲线如图 3.4-77 所示。由图 3.4-77 可以看出，在楼板进入屈服阶段后，原竹骨架竹管中心竖向间距较大楼板模型 VS120、VS130、VS140 承载力在塑性阶段缓慢提升，而原竹骨架竹管中心竖向间距较小楼板模型 VS100、VS110 承载力在塑性阶段缓慢下降。分析原因，提高原竹骨架竹管中心竖向间距可以减少楼板上侧磷石膏厚度与占比，增加上侧原竹骨架承受压力占比，在楼板进入屈服阶段后，楼板受磷石膏压碎而退出工作影响减少，原竹骨架发挥更大作用，因此原竹骨架竹管中心竖向间距较大楼板模型承载力在塑性阶段略有提升，楼板延性也因此得到增强。

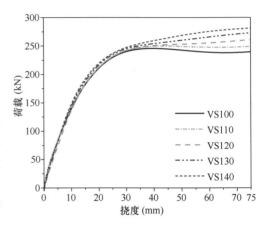

图 3.4-77　不同原竹中心竖向间距
楼板模型荷载-跨中挠度曲线

模型受力过程中跨中挠度达到 $l_0/250$、楼板屈服点、原竹屈服点的面荷载及挠度模拟结果如表 3.4-26 所示。在进行双层原竹骨架-磷石膏楼板设计时，可在保证磷石膏保护层厚度的前提下适当增大原竹骨架竹管中心竖向间距，提高原竹骨架受力占比，降低楼板承载力受磷石膏压碎退出工作的影响，提高楼板延性。

不同原竹中心竖向间距楼板模型特征参数　　　　　　　　　　表 3.4-26

模型编号	挠度达到 $l_0/250$		楼板屈服点		原竹屈服点	
	面荷载 （kN/m²）	挠度 （mm）	面荷载 （kN/m²）	挠度 （mm）	面荷载 （kN/m²）	挠度 （mm）
VS100	44.0	12	66.7	30.0	64.3	46.6
VS110	44.6	12	67.7	31.1	69.4	43.4
VS120	43.7	12	68.4	33.1	70.0	42.9
VS130	45.6	12	68.4	30.8	71.0	42.4
VS140	46.5	12	70.0	33.3	72.4	41.1

原竹中心横向间距（楼板含竹率、原竹根数）影响原竹骨架与磷石膏的组合效应，设计 5 个原竹竹管中心横向间距分别为 140mm、163mm、196mm、245mm、327mm 的楼板模型，各模型具体设计参数如表 3.4-27 所示。

不同原竹中心横向间距楼板模型设计参数　　　　　　　　　　表 3.4-27

模型编号	楼板尺寸 （mm）	原竹外径 （mm）	原竹壁厚 （mm）	原竹中心 竖向间距 （mm）	保护层厚度 （mm）	原竹中心 横向间距 （mm）
LS140	3200×1200×300	90	10	120	45	140
LS163	3200×1200×300	90	10	120	45	163
LS196	3200×1200×300	90	10	120	45	196
LS245	3200×1200×300	90	10	120	45	245
LS327	3200×1200×300	90	10	120	45	327

各有限元楼板模型模拟荷载-跨中挠度曲线如图 3.4-78 所示。由图 3.4-78 可以看出，楼板尺寸不变时，减小原竹骨架竹管中心横向间距可以明显提高双楼板抗弯刚度。分析原因，减小原竹骨架竹管中心横向间距可以增大楼板下侧原竹体积占比，在楼板下侧磷石膏受拉开裂退出工作后，原竹根数较多楼板可以承担更大拉力，增强楼板抗弯刚度。减小原竹骨架竹管中心横向间距，可以明显提高楼板抗弯承载力。

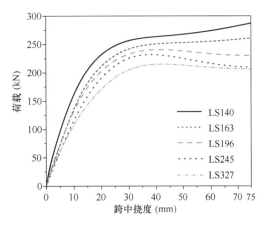

图 3.4-78　不同原竹中心横向间距
楼板模型荷载-跨中挠度曲线

模型受力过程中跨中挠度达到 $l_0/250$、楼板屈服点、原竹屈服点的面荷载及挠度模拟结果如表 3.4-28 所示。在进行双层原竹骨架-磷石膏楼板设计时，为提高楼板抗弯承载力与抗弯刚度，增强楼板延性，匹配原竹骨架强度与磷石膏强度，可减小原竹骨架竹管中心横向间距，建议双层原竹骨架-磷石膏楼板设计时原竹骨架竹管中心横向间距不低于 200mm。

不同原竹中心横向间距楼板模型特征参数　　　　　　　　　　表 3.4-28

模型编号	挠度达到 $l_0/250$		楼板屈服点		原竹屈服点	
	面荷载（kN/m²）	挠度（mm）	面荷载（kN/m²）	挠度（mm）	面荷载（kN/m²）	挠度（mm）
LS140	50.6	12	70.9	28.8	73.4	41.8
LS163	43.7	12	68.4	33.1	70.0	42.9
LS196	42.0	12	65.2	31.0	66.6	45.9
LS245	37.5	12	63.4	31.6	64.0	33.8
LS327	34.4	12	58.3	32.8	56.9	29.7

为研究磷石膏保护层厚度对双层原竹骨架-磷石膏楼板抗弯力学性能的影响，探究最佳的设计保护层厚度，设计 5 个磷石膏保护层厚度分别为 35mm、40mm、45mm、50mm、55mm 的楼板模型，各模型具体设计参数见表 3.4-29。

不同磷石膏保护层厚度楼板模型设计参数　　　　　　　　　　表 3.4-29

模型编号	楼板尺寸（mm）	原竹外径（mm）	原竹壁厚（mm）	原竹中心竖向间距（mm）	原竹中心横向间距（mm）	保护层厚度（mm）
PL35	3200×1200×280	90	10	120	163	35
PL40	3200×1200×290	90	10	120	163	40
PL45	3200×1200×300	90	10	120	163	45
PL50	3200×1200×310	90	10	120	163	50
PL55	3200×1200×320	90	10	120	163	55

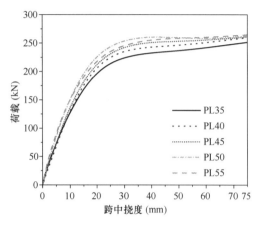

图 3.4-79　不同磷石膏保护层厚度
楼板模型荷载-跨中挠度曲线

各有限元楼板模型模拟荷载-跨中挠度曲线如图 3.4-79 所示。由图 3.4-79 可以看出，楼板抗弯刚度随磷石膏保护层厚度增加呈现先增大后减小的非线性趋势；楼板屈服荷载随磷石膏保护层厚度增加呈现先增大后减小的非线性趋势。磷石膏保护层厚度较小楼板模型承载力在塑性阶段缓慢提升，分析原因为较小的磷石膏保护层厚度减少楼板上侧磷石膏承受压力占比，增加上侧原竹骨架承受压力占比，在楼板进入屈服阶段后，楼板受磷石膏压碎而退出工作影响减少，原竹骨架发挥更大作用，因此磷石膏保护层厚度较小楼板模型承载力在塑性阶段略有提升。改变磷石膏保护层未显著影响楼板极限抗弯承载力，说明双层原竹骨架-磷石膏楼板抗弯承载力受磷石膏保护层厚度影响较小。

模型受力过程中跨中挠度达到 $l_0/250$、楼板屈服点、原竹屈服点的面荷载及挠度模拟结果如表 3.4-30 所示。在进行双层原竹骨架-磷石膏楼板设计时，为保证原竹与磷石膏之间的粘结抗滑移能力，增强楼板原竹骨架与磷石膏的共同工作性能，提高楼板耐久性与耐火性，建议设计双层原竹骨架-磷石膏楼板时磷石膏保护层厚度为 45~50mm。

不同磷石膏保护层厚度楼板模型特征参数　　　　表 3.4-30

模型编号	挠度达到 $l_0/250$		楼板屈服点		原竹屈服点	
	面荷载 (kN/m²)	挠度 (mm)	面荷载 (kN/m²)	挠度 (mm)	面荷载 (kN/m²)	挠度 (mm)
PL35	40.6	12	63.3	33.3	65.1	44.1
PL40	41.9	12	65.9	31.6	67.9	44.2
PL45	43.7	12	68.4	33.1	70.0	42.9
PL50	47.7	12	70.8	31.0	72.3	39.9
PL55	46.8	12	68.4	30.5	70.6	38.3

为研究原竹骨架竖向偏心距 e 对双层原竹骨架-磷石膏楼板抗弯力学性能的影响，最大程度提升原竹与磷石膏共同工作能力，设计 5 个原竹骨架竖向偏心距 e 分别为 −20mm、−10mm、0mm、10mm、20mm 的楼板模型，各模型具体设计参数见表 3.4-31。

不同原竹骨架竖向偏心距楼板模型设计参数　　　　表 3.4-31

模型编号	楼板尺寸 (mm)	原竹外径 (mm)	原竹壁厚 (mm)	原竹中心竖向间距 (mm)	原竹中心横向间距 (mm)	原竹骨架竖向偏心距 e (mm)
EDU20	3200×1200×300	90	10	120	163	+20
EDU10	3200×1200×300	90	10	120	163	+10
ED0	3200×1200×300	90	10	120	163	0
EDD10	3200×1200×300	90	10	120	163	−10
EDD20	3200×1200×300	90	10	120	163	−20

各有限元楼板模型模拟荷载-跨中挠度曲线如图 3.4-80 所示。由图 3.4-80 可以看出，原竹骨架竖向偏心距 $e<0$ 可以明显提高双层原竹骨架-磷石膏楼板抗弯刚度，原竹骨架竖向偏心距 $e>0$ 的楼板模型抗弯刚度降低。改变原竹骨架竖向偏心距对楼板极限抗弯承载力影响不明显，原竹骨架下移在提高楼板抗弯刚度的同时降低楼板延性，导致改变原竹骨架竖向偏心距对楼板极限抗弯承载力影响不明显。

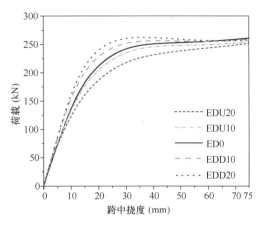

图 3.4-80　不同原竹骨架竖向偏心距
楼板模型荷载-跨中挠度曲线

模型受力过程中跨中挠度达到 $l_0/250$、楼板屈服点、原竹屈服点的面荷载及挠度模拟结果如表 3.4-32 所示。在进行双层原竹骨架-磷石膏楼板设计时，综合考虑楼板抗弯刚度、抗弯承载力与延性，建议原竹骨架适当向下偏心处理。为提高楼板抗弯刚度，减小楼板变形，提高楼板屈服状态抗弯承载力的同时保证磷石膏保护层厚度，控制楼板厚度，双层原竹骨架-磷石膏楼板设计时原竹骨架可做 $e=-10\text{mm}$ 的竖向偏心处理。

不同原竹骨架竖向偏心距楼板模型特征参数　　　　表 3.4-32

模型编号	挠度达到 $l_0/250$		楼板屈服点		原竹屈服点	
	面荷载 （kN/m²）	挠度 （mm）	面荷载 （kN/m²）	挠度 （mm）	面荷载 （kN/m²）	挠度 （mm）
EDU20	38.9	12	62.5	34.2	65.6	45.8
EDU10	42.3	12	66.7	33.2	68.6	42.8
ED0	43.7	12	68.4	33.1	70.0	42.9
EDD10	48.7	12	70.0	30.2	71.1	47.7
EDD20	51.1	12	71.7	27.5	72.4	44.7

磷石膏基复合胶凝材料可以通过改变配比增强力学强度，改善力学性能，双层原竹骨架-磷石膏楼板中磷石膏是承担楼板所受压力的主体，为研究磷石膏强度对双层原竹骨架-磷石膏楼板抗弯力学性能的影响，探讨兼顾楼板承载力与延性的磷石膏强度，设计 4 个磷石膏立方体抗压强度分别为 15MPa、20MPa、25MPa、30MPa 的楼板模型，各模型具体设计参数见表 3.4-33。

不同磷石膏强度楼板模型设计参数　　　　表 3.4-33

模型编号	楼板尺寸 （mm）	原竹外径 （mm）	原竹壁厚 （mm）	原竹中心 竖向间距 （mm）	原竹中心 横向间距 （mm）	保护层厚度 （mm）	磷石膏强度 （MPa）
PS15	3200×1200×300	90	10	120	163	45	15
PS20	3200×1200×300	90	10	120	163	45	20
PS25	3200×1200×300	90	10	120	163	45	25
PS30	3200×1200×300	90	10	120	163	45	30

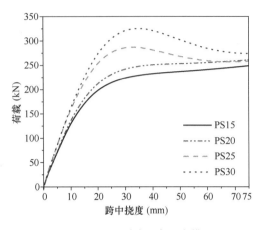

图 3.4-81 不同磷石膏强度模型
荷载-跨中挠度曲线

各有限元楼板模型模拟荷载-跨中挠度曲线如图 3.4-81 所示。由图 3.4-81 可以看出，增大磷石膏强度可以明显提高双层原竹骨架-磷石膏楼板抗弯刚度和抗弯承载力。不同的是，在楼板进入屈服阶段后，磷石膏强度较小楼板模型 PS15、PS20 承载力在塑性阶段缓慢提升，楼板在塑性平台段结束时达到峰值承载力，而磷石膏强度较大楼板模型 PS25、PS30 承载力在达到屈服点后急速下降，楼板在达到屈服状态时达到峰值承载力。分析原因，对于相同的原竹骨架，磷石膏强度较小楼板上侧磷石膏承担楼板所受压力占比减少，上侧原竹骨架承担楼板所受压力占比增大，在楼板进入屈服阶段后，楼板受磷石膏压碎而退出工作影响减少，原竹骨架发挥更大作用，因此磷石膏强度较小楼板模型承载力在塑性阶段略有提升，楼板延性也因此得到增强。

模型受力过程中跨中挠度达到 $l_0/250$、楼板屈服点、原竹屈服点的面荷载及挠度模拟结果如表 3.4-34 所示。在进行双层原竹骨架-磷石膏楼板设计时，为提高楼板抗弯承载力与抗弯刚度的同时保证楼板延性，匹配原竹骨架强度，建议设计双层原竹骨架-磷石膏楼板时磷石膏立方体抗压强度为 20~30MPa。

不同磷石膏强度模型特征参数 表 3.4-34

模型编号	挠度达到 $l_0/250$		楼板屈服点		原竹屈服点	
	面荷载 (kN/m²)	挠度 (mm)	面荷载 (kN/m²)	挠度 (mm)	面荷载 (kN/m²)	挠度 (mm)
PS15	41.4	12	61.7	29.0	64.9	42.4
PS20	43.7	12	68.4	33.1	70.0	42.9
PS25	51.1	12	79.4	30.0	79.0	37.7
PS30	52.9	12	90.0	32.1	90.4	33.9

第 4 章　新型原竹及原竹组合节点性能与设计方法

4.1　原竹-磷石膏组合墙板-楼板钢板连接节点

4.1.1　构造特点

原竹-磷石膏组合墙板-楼板连接节点是通过两种形式的连接钢板和高强螺栓将上下层墙体与楼板连接起来，节点构造示意图和详图如图 4.1-1 和图 4.1-2 所示。

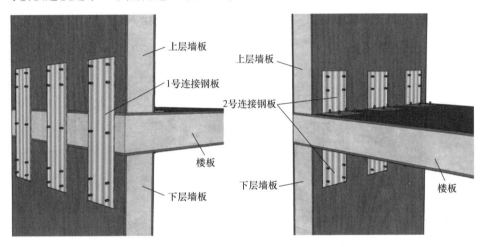

图 4.1-1　钢板连接节点构造示意图

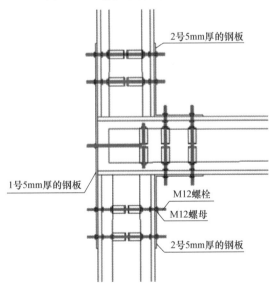

图 4.1-2　钢板连接节点构造详图

4.1.2 试件设计

考虑连接件的数量、厚度以及不同轴压比这三种参数对节点抗震性能的影响，一共设计了 4 个钢板连接节点试件。试件由两块墙板（740mm×1200mm×170mm）和一块楼板（1080mm×1200mm×180mm）组成。楼板中竹子长度为 1010mm，墙板中竹子所用长度为 740mm，每块板中均有 8 根竹子，通过八连卡箍和双连卡箍固定组装为板内的竹骨架；间隙处均以磷石膏填充；原竹内直径 80mm，外直径 100mm。连接件由两种类型组成，1号连接板尺寸 640mm×210mm×5mm；2 号连接板尺寸 L230mm×165mm×5mm，均为 Q355B 钢。试件中所用螺栓均为 8.8 级 M12 高强螺栓。试件参数见表 4.1-1。

	试件参数信息		表 4.1-1
序号	试件编号	F（kN）	n
1	NS-3-0.1-5	86.8	0.1
2	NS-3-0.3-5	260.4	0.3
3	NS-3-0.3-8	260.4	0.3
4	NS-2-0.3-8	260.4	0.3

注：F 为墙端所施加的轴力；编号 NS-3-0.1-5 表示 L 形连接件无加劲肋，3 组连接件，轴压比 n 为 0.1，连接件厚度为 5mm，其余类推。

4.1.3 试验方法

试验采用平躺式加载方案，加载装置及试件现场布置如图 4.1-4 所示。试验加载设备采用 50t 推拉千斤顶，加载时千斤顶固定在自平衡框的一侧上，通过连接铰对楼板悬臂端施加推拉往复荷载。试验时墙板一端通过槽钢固定于反力墙上，墙板另一端通过槽钢连接到分配梁上，通过压力千斤顶对分配梁施加固定的轴向压力值。

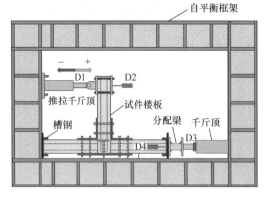 

图 4.1-3　试验装置及试件现场布置图

墙板轴力一次性施加到设定轴压比，楼板悬臂端采用位移加载方式施加低周往复荷载。试验前，首先对试件预加载 0.5mm 的位移，以消除试件内部不均匀性，同时检查试验设备及各测量仪器是否正常。然后施加低周往复水平荷载，分级数进行反复递增加载，前面 4 级为 5mm、10mm、20mm、30mm，每级循环 1 次，第 5 级从 50mm 开始，之后每级位移幅值步长为 30mm，每级循环 2 次，加载直至破坏。试验过程中，要维持反复加载的均匀性以及连续性，加卸载速度保持不变。加载终止的标志为：构件失去继续承载能力或者作动器施加荷载 F 降至极限荷载的 85% 以下，即构件破坏，终止加载（表 4.1-2）。

加载制度 　　　　　　　　　　　　　　　　　　　　　　表 4.1-2

荷载级别	Δ（mm）	m	荷载级别	Δ（mm）	m
1	±5	1	7	±110	2
2	±10	1	8	±140	2
3	±20	1	9	±170	2
4	±30	1	10	±200	2
5	±50	2	11	±230	2
6	±80	2	12	±260	2

注：Δ 为位移幅值；m 为循环次数。

在楼板悬臂段推拉往复荷载加载处布置力传感器 D1 和位移计 D2 以测量荷载和位移；在墙端轴压力荷载加载处布置力传感器 D3 和位移计 D4 以测量墙体轴向变形，试验装置如图 4.1-3 所示。同时，在连接件表面布置若干应变片以监视关键部位的应变发展情况。倾角仪布置在节点域，用于测量连接区域沿竖直平面内楼板的相对转角，如图 4.1-4 所示。

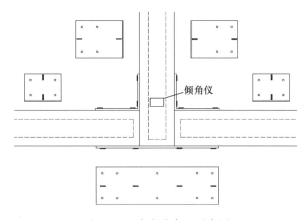

图 4.1-4　应变片布置示意图

4.1.4　试验结果及分析

1. 破坏模式

（1）试件 NS-3-0.1-5

在墙端施加轴压力的过程中伴随着"咔咔"响声，这是左右两块墙板在连接处压紧时发出的声音；加载初期试件无明显现象；当楼板悬臂端水平位移达到 25mm 时，在节点域出现多条裂缝，且在靠近楼板原竹端部的保护层厚度位置处出现了一条贯穿的横向裂缝，如图 4.1-5（a）所示；当位移增加到 30mm 时，部分 L 形连接件在靠近转角处的应变接近屈服应变；当水平位移达到 35mm 时，楼板 1/3 处出现横向贯穿裂缝和纵向裂缝，如图 4.1-5（b）所示，试件发出轻微"咔咔"响声；随着水平位移逐渐增大，左右两块墙板也渐渐错位，响声也逐渐变大；当位移加载至 80mm 时，节点区石膏开裂更加明显，如图 4.1-5（c）所示；当水平位移达到 140mm 时，节点区石膏被压碎呈脱落趋势，如图 4.1-5（d）所示；当水平位移达到 200mm 时，荷载达到峰值，节点区碎裂的石膏块逐渐脱落，如图 4.1-5（e）所示；当荷载下降到低于峰值荷载的 85％时，加载结束，两侧墙板错位严重，连接件均出现较大变形，节点域中磷石膏被完全压碎而脱落，如图 4.1-5（f）所示。

(a) 原竹端部横向裂缝　　　(b) 横向贯穿裂缝和纵向裂缝　　　(c) 石膏开裂

(d) 石膏碎裂　　　　　　　　　(e) 石膏逐渐脱落

(f) 最终破坏形态

图 4.1-5　试件 NS-3-0.1-5 的破坏形态

（2）试件 NS-3-0.3-5

试验现象与试件 NS-3-0.1-5 类似。同样，当位移增加到 30mm 时，部分 L 形连接件在靠近转角处的应变接近屈服应变值。但由于增大了轴压比，墙端的轴力增大，施加过程中依然会时不时发出"咔咔"的声音；当位移加载至 80mm 时，荷载达到峰值，节点域磷石膏已然被压碎而脱落，试件的最终破坏形态无论在连接件的变形程度还是在墙板之间的错位程度上，都明显小很多，如图 4.1-6 所示。

（3）试件 NS-3-0.3-8

试验初期试验现象和其他试件的类似，楼板侧面节点域附近出现多条细小裂缝；但由于连接件的厚度提升，节点刚度增大，裂缝主要分布于节点域的上半部分；当水平位移达

图 4.1-6　试件 NS-3-0.3-5 的破坏形态

到 50mm 时，楼板靠近节点区边缘处出现横向裂缝和纵向裂缝，且楼板中部 OSB 面板鼓曲与石膏板分离，如图 4.1-7（a）所示；当水平位移增加到 60mm 之后，伴随着一阵阵清脆的"咔咔"响声，荷载突然缓缓下降，且横向纵向裂缝延伸加宽，楼板 OSB 面板鼓曲程度加剧，如图 4.1-7（b）所示；当水平位移达到 80mm 时，楼板 OSB 面板靠近 L 形连接件位置处有明显的贯穿横向长裂缝，试验现象如图 4.1-7（c）所示；当荷载下降到低于峰值荷载的 85％时，加载结束，最终破坏形态如图 4.1-7（d）所示。

(a) OSB面板鼓曲　　　　　　(b) 楼板裂缝延展　　　　　(c) OSB面板横向贯穿裂缝

(d) 最终破坏形态

图 4.1-7　试件 NS-3-0.3-8 的破坏形态

（4）试件 NS-2-0.3-8

相较于试件 NS-3-0.3-8，试件 NS-2-0.3-8 减少了中间一组的连接件，节点刚度降低；加载初期试验现象依旧类似，当位移增加到 83mm 时，由于一侧墙板在靠近节点域边缘处横向裂缝开裂加剧，导致荷载突然下降，而后继续缓慢增加；当水平位移增加到 100mm 时，荷载仍然低于峰值荷载的 85％，加载结束，最终破坏形态如图 4.1-8 所示。

图 4.1-8　试件 NS-2-0.3-8 的破坏形态

由上述分析可得，试件的破坏模式可归纳为以下 3 个方面：

（1）节点域的剪切变形破坏。如墙体轴压比较小、节点刚度也较小的试件 NS-3-0.1-5 的破坏形态图 4.1-5 所示，节点域的石膏在 $\Delta=25$mm 时开始出现裂缝，并随着位移的增大不断延伸发展，L 形连接件在试件破坏前先行达到屈服状态，而后随着位移的继续增大，节点域楼板相对墙板的转角也越来越大，最终节点域磷石膏完全被压碎脱落，转角处楼板 OSB 面板断裂，呈现出剪切破坏的形态。

（2）节点域边缘处楼板 OSB 面板以及石膏板横向断裂（节点核心区外破坏，即楼板的弯曲破坏）。由于增加了连接件厚度，试件 NS-3-0.3-8 的节点刚度显著增大，最终试件在连接件屈服之前发生楼板的弯曲破坏，破坏位置位于节点核心区外边缘的楼板上，如图 4.1-7 所示。由于磷石膏和 OSB 的脆性特征，此时的节点失效含有脆性破坏的特点。

（3）节点域磷石膏被压碎脱落及核心区外楼板的弯曲局部破坏。如图 4.1-6 所示，相对试件 NS-3-0.1-5，试件 NS-3-0.3-5 轴压比更大，最终破坏时节点的变形程度明显更小；相对试件 NS-3-0.3-8，试件 NS-3-0.3-5 减小了连接件厚度，有效避免了因节点刚度过大而导致的脆性破坏；由此可见，该类破坏形态呈现了前两种破坏形态的特征。

2. 滞回曲线

在楼板悬臂端低周往复循环荷载的作用下，各试件的荷载-位移（P-Δ）滞回曲线见图 4.1-9。由图可见，试件 NS-3-0.1-5 在弹性工作阶段时，滞回曲线基本呈纺锤形，由于水平位移较小，滞回环的面积也较小；进入屈服阶段后，L 形连接件随着位移的增大而屈服，且在节点域出现多条裂缝，左右两块墙板也渐渐错位，致使滞回曲线渐渐呈现反 S 形。

试件 NS-3-0.3-5 的滞回曲线在加载初期的形状与试件 NS-3-0.1-5 的类似，但由于轴压比增大，节点域楼板与墙板之间的相对转动受到约束，石膏板裂缝的伸展受到限制，故从开始加载直至试件破坏，滞回曲线一直都呈现出较为饱满的梭形；相较于试件 NS-3-0.3-5，试件 NS-3-0.3-8 在大轴压的条件下，增加了连接件的厚度，节点刚度显著增大；荷载在达到峰值以前，滞回曲线基本呈纺锤形，滞回环的面积较小；达到峰值荷载之后，由于节点域刚度过大，楼板石膏和 OSB 面板从节点区上方的位置处断裂，荷载下降，而后滞回曲线呈一定的反 S 形。

试件 NS-2-0.3-8 的滞回曲线形状和试件 NS-3-0.3-5 的类似，但由于节点域刚度分布不均，存在荷载突然下降的现象，后面的滞回曲线同样呈一定的反 S 形。

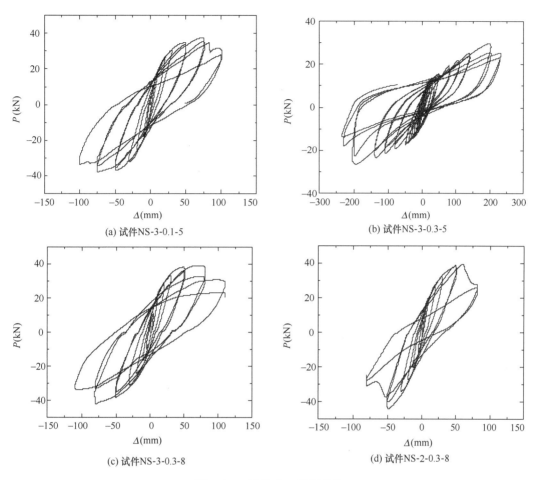

(a) 试件NS-3-0.1-5

(b) 试件NS-3-0.3-5

(c) 试件NS-3-0.3-8

(d) 试件NS-2-0.3-8

图 4.1-9 试件 P-Δ 滞回曲线

3. 骨架曲线

各试件的骨架曲线对比情况见图 4.1-10。由图可见，与试件 NS-3-0.1-5 相比，试件 NS-3-0.3-5 无论是正向还是负向的承载力和刚度均明显提高，但在到达极限承载力之后

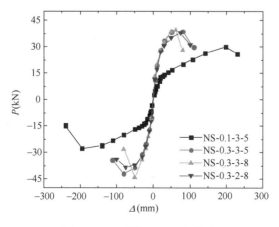

图 4.1-10 试件 P-Δ 骨架曲线

的刚度退化却相对严重一些，说明提高轴压比能提高该类节点的承载力和刚度，同时也会加速达到承载力之后的刚度退化；与试件 NS-3-0.3-5 相比，试件 NS-3-0.3-8 的刚度和承载力有所提升，但提升幅度较小，且在试验过程中出现了因为楼板折断导致荷载骤降的现象，这说明增加连接件的厚度确实能提高节点的刚度和极限承载力，但若节点刚度过大，容易导致试件的脆性破坏；试件 NS-2-0.3-8 和试件 NS-3-0.3-5 的骨架曲线较为相似，虽然两者之间存在两个参数不同，但是说明他们的节点总刚度是相近的，但由于试件 NS-2-0.3-8 仅存在边上两组连接件，节点刚度分布不均，从而导致其试验过程中存在脆性破坏。

《建筑抗震试验规程》[44] JGJ/T 101—2015 规定，试件所承受最大荷载 P_{max} 及其变形 Δ_{max} 是试件 P-Δ 曲线上荷载最大值时对应的荷载和位移；破坏荷载 P_u 和极限位移 Δ_u 为随位移增加而荷载降至 P_{max} 的 85% 时对应的荷载和位移。根据试件的 P-Δ 骨架曲线，可采用能量等效面积法确定屈服荷载 P_y 及屈服位移 Δ_y，各试件 P_y、Δ_y、P_{max}、Δ_{max}、P_u、Δ_u 试验结果见表 4.1-3，其中试件在正反加载方向的荷载和位移特征值不同，故取两个方向平均值作为最终结果。

试件特征值　　　　　　　　　　表 4.1-3

试件编号	P_y (kN)	Δ_y (mm)	P_{max} (kN)	Δ_{max} (mm)	P_u (kN)	Δ_u (mm)	μ
NS-3-0.1-5	22.81	118.18	28.92	197.65	24.58	220.48	1.87
NS-3-0.3-5	34.36	35.96	40.37	80.37	34.31	102.15	2.91
NS-3-0.3-8	34.41	32.72	41.34	50.12	35.14	64.53	1.99
NS-2-0.3-8	32.34	33.74	38.05	74.79	32.34	98.37	2.92

注：μ 为延性系数，$\mu = \Delta_u / \Delta_y$。

4. 刚度退化曲线

试验中试件受正向加载、卸载与反向加载、卸载等情况影响，刚度退化较复杂，根据《建筑抗震试验规程》[44] JGJ/T 101—2015 规定，用割线刚度表征试件刚度，将位移和刚度无量纲化，得到刚度退化曲线如图 4.1-11 所示。

由图可知：对于小轴压比试件 NS-3-0.1-5，其初始刚度小，加载初期 L 形连接件塑性变形较大，刚度退化较快，但随着加载进行，刚度快速退化到平缓状态，说明轴压比对此类节点的刚度影响很大，轴压比过小，节点刚度也小；对于其他三个大轴压比试件来说，刚度和刚度退化趋势基本相似；虽然试件 NS-3-0.3-8 的初始刚度很大，但相比于试件 NS-3-0.3-5 和 NS-2-0.3-8，其刚度退化速度较快，说明连接件的刚度过大会降低节点延性，最终导致

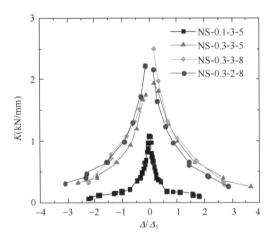

图 4.1-11 刚度退化曲线

脆性破坏。

5. 强度退化曲线

根据《建筑抗震试验规程》[44] JGJ/T 101—2015 中的计算式来计算各个试件的强度退化系数 λ_i。

$$\lambda_i = \frac{P_j^i}{P_j^{i-1}} \tag{4.1-1}$$

式中，P_j^i 为第 j 级位移幅值下第 i 次循环峰值点的荷载值；P_j^{i-1} 为第 j 级位移幅值下第 $i-1$ 次循环峰值点的荷载值。

强度退化曲线见图 4.1-12。对于延性破坏的试件 NS-3-0.1-5 和 NS-3-0.3-5，当 Δ/Δ_y 小于 1，也就是试件还未屈服时，λ_i 基本在 0.90 以上，强度退化不是很明显；而当 Δ/Δ_y 大于 1，也就是试件在达到屈服之后，强度退化骤然加剧，破坏时强度退化系数 λ_i 为 0.80 左右；而对于试件 NS-3-0.3-8 和 NS-2-0.3-8，脆性破坏的发生导致强度退化系数 λ_i 有所下降，但均在 0.90 以上。

6. 耗能和延性

根据《建筑抗震试验规程》[44] JGJ/T 101—2015 来计算各个试件的延性系数 μ 以及等效黏滞阻尼系数 ξ_{eq}，分别见表 4.1-3 和图 4.1-13。

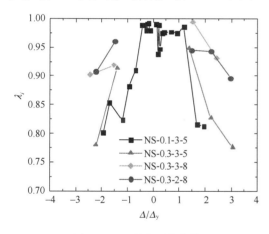

图 4.1-12　强度退化曲线

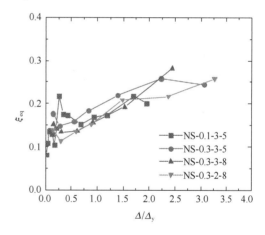

图 4.1-13　等效黏滞阻尼系数对比图

由表 4.1-3 可知，试件 NS-3-0.3-5 的节点延性较好，延性系数 μ 为 2.91；试件 NS-3-0.1-5 和 NS-3-0.3-8 的延性系数分别为 1.87 和 1.99，而胶合木梁柱节点的延性系数一般在 2 以上，说明对于这两类节点可以适当改进节点构造以提高节点延性。同时由图 4.1-13 可知，各个试件的等效黏滞阻尼系数 ξ_{eq} 均在 0.19～0.26 之间，而胶合木梁柱节点的等效黏滞阻尼系数一般为 0.12 左右，说明这种连接节点形式的耗能能力较好；试件 NS-3-0.1-5 和 NS-3-0.3-5 在峰值荷载作用下的等效黏滞阻尼系数 ξ_{eq} 分别为 0.218 和 0.258，说明适当提高轴压比能提高试件的耗能能力。

4.1.5　节点核心区抗剪承载力计算公式

参考《矩形钢管混凝土结构技术规程》[50] CECS 159—2004 第 7.1.5 节和相关文献的节点受力机理分析，其节点抗剪计算公式分别考虑了柱腹板、内隔板和混凝土斜压受力对节点的抗剪贡献。

而对于原竹-磷石膏组合墙体-楼板连接节点，其节点核心区抗剪承载力 V_u 主要由节点区原竹、节点核心区磷石膏以及节点区 OSB 面板三部分对节点的抗剪贡献，如图 4.1-14 所示。

$$V_u = V_b + V_p + V_o \tag{4.1-2}$$

式中，V_b 为节点区原竹提供抗剪承载力；V_p 为节点区磷石膏提供抗剪承载力；V_o 为节点区 OSB 面板提供的抗剪承载力。

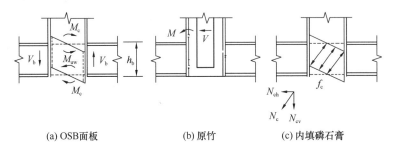

(a) OSB面板   (b) 原竹   (c) 内填磷石膏

图 4.1-14 节点抗剪设计公式机理

（1）节点区原竹提供抗剪承载力

在受剪方向的节点区原竹的抗剪承载力仅由楼板中的原竹提供。故有：

$$V_b = N\pi(R^2 - r^2)f_{bv} \tag{4.1-3}$$

式中，N 为楼板中原竹数量；R 为原竹外径；r 为原竹内径；f_{bv} 为原竹抗剪强度。

（2）节点区磷石膏提供抗剪承载力

$$V_p = t_p b_p f_{pv} \tag{4.1-4}$$

式中，t_p 为楼板中磷石膏板厚度；b_p 为楼板宽度；f_{pv} 为磷石膏抗折强度。

（3）节点区 OSB 面板提供的抗剪承载力

$$V_o = t_o b_o f_{ov} \tag{4.1-5}$$

式中，t_o 为楼板中 OSB 面板厚度；b_o 为 OSB 面板宽度；f_{ov} 为 OSB 面板抗折强度。

（4）抗剪承载力计算公式验证

综上，得到节点核心区抗剪承载力计算公式：

$$V_u = N\pi(R^2 - r^2)f_{bv} + t_p b_p f_{pv} + t_o b_o f_{ov} \tag{4.1-6}$$

对于试件 NS-3-0.1-5，在楼板荷载和墙板轴力共同作用下，节点核心区最后产生剪切变形，其受力情况和剪切变形如图 4.1-15 所示。

如图 4.1-16 所示，参考剪切域平衡方程，对于边节点，核心区剪力（V_j）为：

$$V_j = \frac{M_{b2}}{h} - \frac{V_{c1} + V_{c2}}{2} = \frac{V_b(L_2 - b_1)}{h} - \frac{V_{c1} + V_{c2}}{2} \tag{4.1-7}$$

式中，L_2 为边节点楼板端加载点至墙轴线的水平距离；b_1 为边节点墙轴线至有楼板侧节点

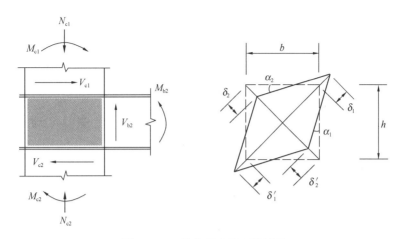

图 4.1-15　节点受力及变形情况

边缘的距离；M_{b2} 为边节点核心区一侧楼板端弯矩；V_{c1} 为上层墙剪力；V_{c2} 为下层墙剪力。

对式（4.1-6）、式（4.1-7）代入各项数值，承载力公式计算结果 $V_u = 209.756$kN，试验结果 $V_j = 192.308$kN，将所得 V_u 与 V_j 进行对比，误差在 10% 之内，计算结果偏保守，吻合结果较好。

4.2　原竹-磷石膏组合墙板-楼板套筒灌浆连接节点

4.2.1　构造特点

利用竹管薄壁中空的材料特性，在原竹空腔内填充灌浆料，将螺纹套筒与竹管进行组合，利用灌浆料的粘结硬化作用形成一体式节点。节点原竹套筒灌浆墙板节点示意图及构造详图如图 4.2-1、图 4.2-2 所示。

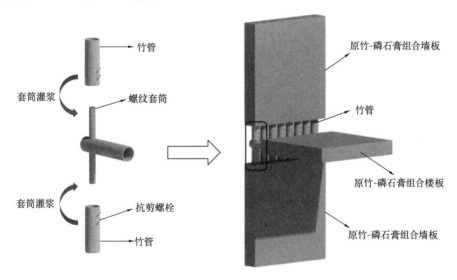

图 4.2-1　原竹套筒灌浆墙板节点示意图

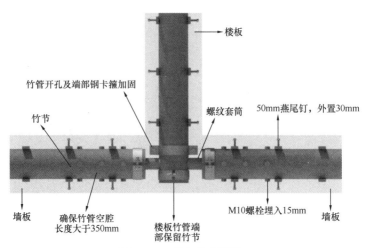

图 4.2-2 节点构造详图

4.2.2 试件设计

本试件为实际墙板承重结构体系中的中间层边墙板节点,一个节点试件由两块预制组合墙板和一块预制组合楼板装配而成。为探究灌浆竹管个数、轴压比对该墙板节点抗震性能的影响,共设计了不同灌浆竹管个数(4 根、6 根),不同轴压比(0.1、0.2、0.3)共5 组墙板节点进行拟静力试验,各试件的详细参数如表 4.2-1 所示。

节点试件设计表 表 4.2-1

试件编号	轴压比	灌浆竹管个数	墙板尺寸(mm)	楼板尺寸(mm)
SWJ-1	0.1	8	800×1200×180	1400×1200×180
SWJ-2	0.2	8	800×1200×180	1400×1200×180
SWJ-3	0.3	8	800×1200×180	1400×1200×180
SWJ-4	0.1	6	800×1200×180	1400×1200×180
SWJ-5	0.1	4	800×1200×180	1400×1200×180

4.2.3 试验方法

1. 加载装置及量测方案

试验在中南大学高速铁路建造技术国家工程研究中心进行,由于试验条件限制,本试验采用平躺式加载方式,即将节点试件旋转 $90°$,墙板两端通过压梁锚固在地面上。利用1000kN 的千斤顶在墙板端部施加水平轴向压力以控制轴压比参数,在楼板的自由端通过1000kN 作动器施加水平往复荷载。

楼板自由端分别布置 2 个位移计检测其水平位移;在离墙板间隔距离 100mm 对称布置 3 组位移计,检测楼板和墙板的相对转角;节点的承载力由计算机电脑直接读出。试验加载装置布置如图 4.2-3 所示。

2. 加载制度

在加载制度方面,采用荷载-位移混合控制的加载方法。节点屈服前按照荷载控制,每级荷载增量约 4kN,每级荷载循环一次。节点达到屈服荷载后,按照位移控制加载,每级加载循环两次。前 3 级位移加载幅值步长为 10mm;加载至第 3 级 30mm 后,每级加载幅值步长为 15mm,加载至承载力下降到极限荷载的 85% 或者位移超过构件净跨距的5%,加载结束。

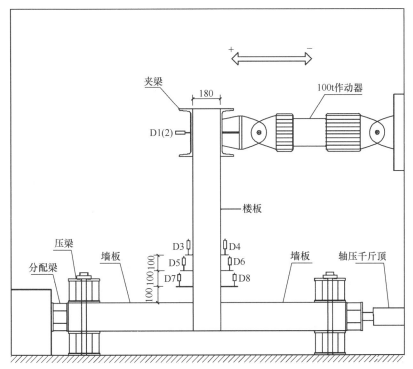

(a) 试验加载示意图

(b) 试验加载现场照片

图 4.2-3　试验加载装置布置图

4.2.4　试验结果及分析

1. 破坏模式

总结 5 个节点试件的破坏特征可得到两种典型的破坏模式：（1）节点域外楼板受剪切破坏，如试件 SWJ-3、SWJ-4；（2）节点核心区剪压破坏，如试件 SWJ-1、SWJ-2、SWJ-5。

节点域外楼板受剪切破坏如图 4.2-4（a）所示，该破坏主要发生在轴压比较大或节点相对刚度过大的情况下，由于节点的约束过强，限制墙板与楼板之间的相对转动。随着楼板自由端的位移逐渐增大，楼板的横向受弯裂缝和斜向受剪裂缝进一步开展。最终，在楼板的薄弱位置和楼、墙板交界处形成了两条主要斜裂缝，磷石膏被压溃，楼板受剪切破坏退出工作，节点失效。该破坏模式可能会导致节点达到极限荷载后承载能力骤降，具有脆性破坏的特征。

节点核心区剪压破坏如图 4.2-4（b）所示，该破坏主要发生在轴压比较小或灌浆竹管个数较少的节点上。在该破坏模式下楼板先产生横向受弯裂缝和斜向的受剪裂缝。但由于节点域和构件的相对刚度在合适范围内，具有较好的变形协调条件，随着楼板侧向位移的进一步增加，荷载传递至节点核心区域，节点域在往复推拉的剪压作用下开始出现平行的斜向裂缝。最终，由于节点核心区磷石膏受剪压破坏，充分发挥材料强度，可以避免由于构件破坏而导致的承载能力骤降。

(a) 楼板剪切破坏(SWJ-3)　　　　　　(b) 节点核心区剪压破坏(SWJ-5)

图 4.2-4　节点典型破坏形态

2. 滞回曲线

在初期力控制阶段，楼板悬臂端的荷载和位移赋值均较小，构件表面未产生裂缝，此时试件尚处于弹性工作阶段，5 个节点的滞回曲线基本都是线性往复。随着荷载增大，楼板边缘薄弱处开始出现受弯裂缝，位移幅值相应增大，滞回曲线开始向梭形过渡。5 个节点试件的滞回曲线如图 4.2-5 所示，分析归纳该滞回曲线可得到以下规律：

（1）以 30mm 和 40mm 为位移幅值加载时，由于初始贯穿裂缝和节点核心区开始出现剪压斜裂缝的影响，此时节点刚度开始逐渐退化。具体表现为试件的卸载刚度大于试件加载的初始刚度，卸载时节点的残余变形不断增加，节点核心区的拉、压应变不断累计，

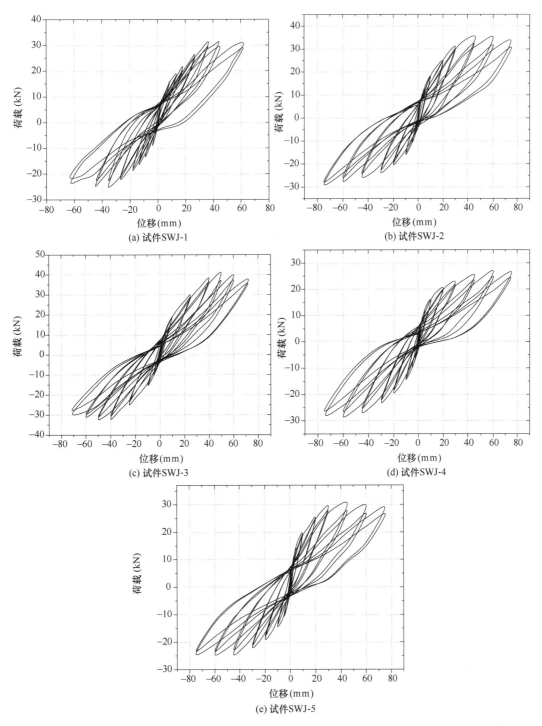

图 4.2-5 试件 SWJ-1～SWJ-5 荷载（P）-位移（Δ）滞回曲线

滞回曲线开始发展为反 S 形。5 个节点滞回曲线在极限状态下均未表现出抗震性能最差的 Z 形。

（2）对比试件 SWJ-1～SWJ-3 的滞回曲线，可以看出在力控制阶段和 20mm 位移幅值加载前，3 个节点的滞回曲线基本保持相同的发展规律。在此之后，由于不同轴压比的因素，在正向加载时，加载刚度从试件 SWJ-1 到 SWJ-3 有一个明显的上升趋势；在反向加载时，试件 SWJ-1 和 SWJ-2 的加载刚度没有影响变化，分析原因是反复加载的损伤作用导致该两个试件强度退化规律类似，试件 SWJ-3 相比这两个试件的加载刚度和峰值承载力则有较明显的提升。

（3）对比试件 SWJ-1、SWJ-4、SWJ-5 的滞回曲线，可以看出在初始力控制阶段和 20mm 位移幅值加载前，3 个节点的滞回曲线基本保持相同的发展规律。在此之后，8 根灌浆竹管的试件 SWJ-1 在加载刚度和承载力上明显高于 6 根灌浆竹管的试件 SWJ-4，但反向加载时，两者的力学性能区别不大。对比 6 根灌浆竹管的试件 SWJ-4 和 4 根灌浆竹管的试件 SWJ-5，可以看出试件 SWJ-5 正向加载的初始加载刚度大于试件 SWJ-4，但反向加载时试件 SWJ-4 的加载刚度和承载能力退化弱于试件 SWJ-5。

3. 骨架曲线

各个节点试件的骨架曲线如图 4.2-6 所示，骨架曲线基本呈 S 形，可分为弹性段、塑性段和破坏发展三个阶段。由骨架曲线可以看出在弹性段，不同变量的节点骨架曲线基本重合，均保持了大致相同的加载刚度，说明不同变量对于节点试件在弹性段内的初始刚度影响不大。

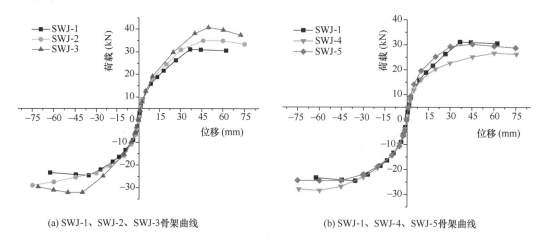

(a) SWJ-1、SWJ-2、SWJ-3骨架曲线　　　　　(b) SWJ-1、SWJ-4、SWJ-5骨架曲线

图 4.2-6　各个节点试件的骨架曲线

对比试件 SWJ-1～SWJ-3，在进入塑性段后，不同轴压比的节点表现出了不同的加载刚度。峰值荷载也从试件 SWJ-1 到 SWJ-3 逐渐提高，试件 SWJ-2 和 SWJ-3 的正向峰值荷载分别较试件 SWJ-1 提高了 12.51%、30.96%，表明墙端轴压比的增大能提高节点的极限承载能力。

对比试件 SWJ-1、SWJ-4、SWJ-5，在进入塑性段后骨架曲线呈现出不同的发展趋势，其中 8 根灌浆竹管的试件 SWJ-1 其加载刚度大于 6 根灌浆竹管的试件 SWJ-4，表现出了更大的峰值荷载。但对比试件 SWJ-1 和 SWJ-5 的峰值荷载相差不大，由此可见，灌浆竹管个数对于节点试件的峰值荷载未存在明显的线性关系。

在骨架曲线形态分析的基础上，进一步对节点的特征点进行提取分析，选用等能量法确定节点的屈服荷载及屈服位移，等能量法的屈服点确定方法如图 4.2-7 所示，各试件的特征点统计如表 4.2-2 所示。

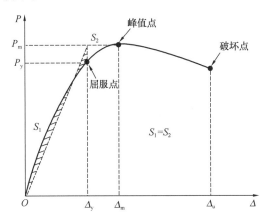

图 4.2-7　屈服点的确定（等能量法）

各试件特征点统计表　　　　　　　　　　　　　　　　　　表 4.2-2

试件编号	荷载方向	屈服点		峰值点			极限点		延性系数	
		P_y (kN)	Δ_y (mm)	P_m (kN)	Δ_m (mm)	$\overline{P_m}$ (kN)	P_u (kN)	Δ_u (mm)	u	$\bar{u}$
SWJ-1	正	25.24	23.85	31.11	36.75	27.83	30.58	62.36	2.61	2.81
	负	19.99	20.72	24.54	35.55		23.32	62.43	3.01	
SWJ-2	正	29.03	27.31	35.00	46.03	31.96	33.40	74.93	2.74	2.49
	负	23.99	33.41	28.92	74.83		**28.92***	**74.83***	2.24	
SWJ-3	正	33.67	31.96	40.74	49.82	36.41	37.42	72.39	2.27	2.35
	负	26.71	28.99	32.07	50.06		29.56	70.88	2.44	
SWJ-4	正	21.89	24.52	26.73	60.18	27.57	26.29	75.38	3.07	2.94
	负	23.40	26.41	28.40	59.94		27.90	74.08	2.80	
SWJ-5	正	24.90	21.47	30.27	45.27	27.39	28.80	74.87	3.49	3.33
	负	20.03	23.65	24.50	45.14		24.38	74.95	3.17	

注: 1. 部分试件在加载结束时荷载未下降至峰值荷载的 85% 或者墙板自由端荷载未进入下降段，故以试验结束时的荷载、位移代替，为表区别以"*"标注。

　　 2. $\overline{P_m}$ 为正向加载峰值荷载与反向加载峰值荷载二者绝对值的平均值。

　　 3. u 为延性系数，$u = \Delta_u / \Delta_y$。

将表 4.2-2 的节点特征数据对照分析见图 4.2-8，可得以下结论：

（1）各个节点的峰值荷载均能达到 24kN 以上，其中平均峰值荷载可达到 27kN 以上，说明该节点具有较可靠的极限承载力。对照试件 SWJ-1～SWJ-3 可知轴压比可以明显提高节点的极限承载力，这是由于随着墙端轴压比的增大，提高了节点刚度，限制了墙板与楼板之间的相对转动从而提高了节点的极限承载力，但灌浆竹管个数对该节点的极限承载力未存在明显的关系。

（2）各个节点试件的延性系数分布在 2.24～3.49 的范围内，平均延性系数均大于

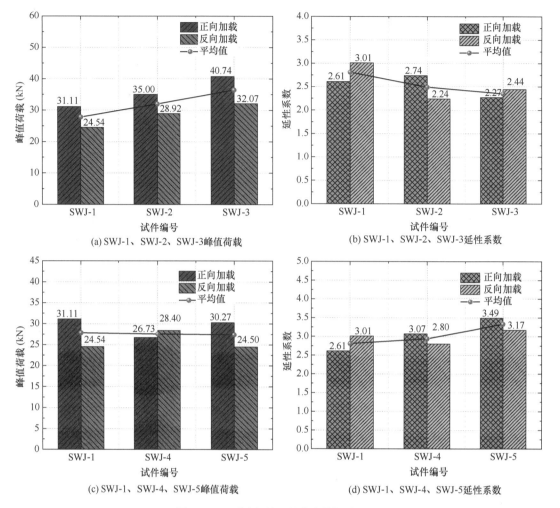

(a) SWJ-1、SWJ-2、SWJ-3峰值荷载

(b) SWJ-1、SWJ-2、SWJ-3延性系数

(c) SWJ-1、SWJ-4、SWJ-5峰值荷载

(d) SWJ-1、SWJ-4、SWJ-5延性系数

图 4.2-8　不同变量下的节点特征点对照

2.2，说明该节点形式在地震作用下具有较好的延性和合理的安全储备。其中，对照试件SWJ-1～SWJ-3可知，轴压比与节点延性系数之间存在明显的线性关系，轴压比增加导致节点刚度增大，节点延性降低；对照试件 SWJ-1、SWJ-4、SWJ-5 可知灌浆竹管个数的减少使得节点刚度降低，从而在一定程度上提高节点的延性。

4. 强度退化曲线

不同变量的强度退化曲线比较见图 4.2-9，所有节点试件的强度退化程度不明显，强度退化系数均保持在 0.90～1.00 之间，说明该类型节点在地震往复荷载中能有较好的荷载保持能力，不会发生明显的荷载骤降现象，有良好的安全储备。试件 SWJ-2 和 SWJ-3 分别在 0.2 轴压比和 0.3 轴压比下，加载至后期，强度退化系数会有小幅下降，但也保持在 0.90 以上。观察试件 SWJ-4 和 SWJ-5，在加载至后期，墙板和节点核心区石膏被压溃导致强度退化系数下降。总体来看，该原竹套筒灌浆墙板节点在地震作用下有良好的承载能力，不同变量参数对节点的强度退化效应没有明显的影响规律。

5. 刚度退化曲线

原竹-磷石膏装配式墙板节点的刚度退化曲线如图 4.2-10 所示，由图可见，虽然对于

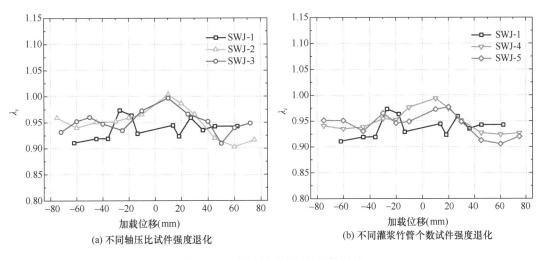

(a) 不同轴压比试件强度退化　　　　　　(b) 不同灌浆竹管个数试件强度退化

图 4.2-9　各试件强度退化系数对比

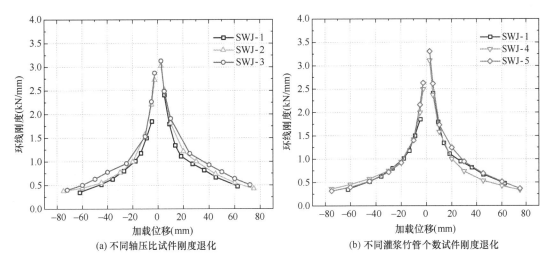

(a) 不同轴压比试件刚度退化　　　　　　(b) 不同灌浆竹管个数试件刚度退化

图 4.2-10　各试件刚度退化对比

不同试件其刚度退化趋势保持一致，但是对于不同轴压比试件，小轴压比节点的初始刚度较小，大轴压比节点相比小轴压比节点其整体刚度均有一定程度的提高。这是由于随着墙端轴压比的增大，限制了楼板与墙板之间的相对转动，约束了节点域内初始裂缝的开展从而提高了节点刚度。对于不同灌浆竹管个数的节点试件，观察到其反向加载时刚度退化曲线重合，而正向加载时在刚度速降段保持一致。随后试件 SWJ-5 与试件 SWJ-4 和 SWJ-1 相比下降趋势变缓，这是由于 4 根灌浆竹管个数的试件 SWJ-5 其节点核心区受到的约束较小，具有更好的延性。最后，观察到试件 SWJ-1 和 SWJ-5 其正向和反向加载时初始刚度具有较大差异，因为在节点构件制作及装配过程中可能存在初始缺陷，使得节点在不同方向加载时的裂缝开展和累计损伤存在差异。

6. 节点耗能分析

墙板节点试件各级加载级数第一次加载循环的等效黏滞阻尼系数如图 4.2-11 所示，各试件的等效黏滞阻尼系数曲线变化趋势基本相同，在位移级数为 20mm 左右时达到

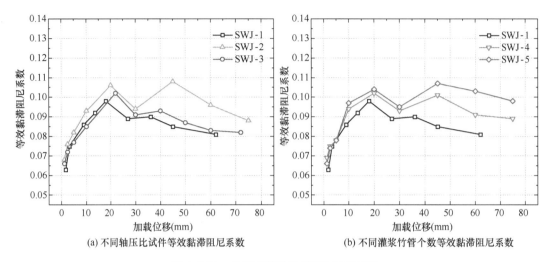

(a) 不同轴压比试件等效黏滞阻尼系数　　　　(b) 不同灌浆竹管个数等效黏滞阻尼系数

图 4.2-11　各节点等效黏滞阻尼系数对比

"波峰"；随后等效黏滞阻尼系数开始下降，在位移级别为 30mm 左右到达"波谷"；随后曲线开始持续上升，在位移级数为 40～50mm 之间达到另一个"波峰"，随后开始下降直至节点破坏。两次"波峰"形成的原因分别是因为节点楼板裂缝的开展以及节点核心区裂缝的开展导致的，由于磷石膏的裂缝出现及发展导致节点前期积攒的能量都能够得到释放，使得此时的节点耗能性能上升。

观察试件 SWJ-1～SWJ-3 可以发现，随着墙端轴压比从 0.1 上升到 0.3，节点的耗能能力有一个先上升后下降的过程，见图 4.2-11（a），其中耗能性能最好的试件 SWJ-2，相比另外两个试件，0.2 的轴压比设置可以大幅提高节点加载后期的耗能能力，考虑原因是墙端轴压力的施加可以有效限制节点核心区受拉裂缝的开展。而试件 SWJ-3 的耗能性能下降是因为过大的轴压比会导致节点刚度过大，改变了节点的破坏模式，此时楼板先出现剪切破坏，导致其等效黏滞阻尼系数低于轴压比较低的 SWJ-2 试件。

观察试件 SWJ-1、SWJ-4、SWJ-5 可以发现不同灌浆竹管个数对于节点的耗能影响也有明显差异，见图 4.2-11（b）。其中，不同节点的等效黏滞阻尼系数在裂缝开展前基本保持一致，但当节点试件加载至中期时，灌浆竹管个数从 8 根分别减少到 6 根和 4 根，节点的等效黏滞阻尼系数均有不同程度的提升。这是由于随着灌浆竹管个数的减少，在前期构件发生弯曲破坏后，后期仍可通过节点核心区的塑性变形产生剪压裂缝来耗散能量，导致其等效黏滞阻尼系数能保持较高的水平。

7. 节点残余变形曲线

绘制各级加载级数下的残余位移曲线如图 4.2-12 所示。通过对比不同参数下的节点残余变形可以发现 5 个节点试件的最大残余位移范围分布在 16～26mm，均为负向加载一侧。因为每个试件先正向加载后再进行同一位移级数的反向加载，导致其正负方向上的塑性累计损伤存在差异，因此反向加载时的残余位移均大于同一级正向加载的残余位移。

对于不同轴压比的墙板节点试件，在试件加载初期未存在明显差异。当反向加载至极限位移时，发现 0.3 轴压比的试件 SWJ-3 其残余位移明显小于试件 SWJ-1 和 SWJ-2，说明轴压比的增大，可以提高节点的屈服后刚度，控制其残余位移。另外观察到试件 SWJ-2

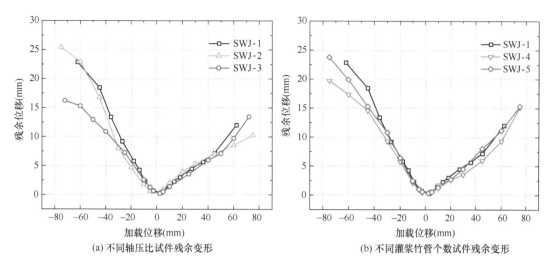

(a) 不同轴压比试件残余变形　　　　　　(b) 不同灌浆竹管个数试件残余变形

图 4.2-12　各节点残余变形对比

的正负方向加载时差异较大，考虑原因是构件制作和装配过程中存在初始缺陷导致的。

　　对于不同灌浆竹管个数的墙板节点试件，在正向加载时，试件 SWJ-4 的残余位移在加载至中期后略小于试件 SWJ-1 和 SWJ-5，在加载至极限状态后，又趋于一致。反向加载至中后期，试件 SWJ-1 的残余位移最大，其次分别是试件 SWJ-5 和 SWJ-4。竹管灌浆个数的减少对应的残余位移先减小后增加，总体来看，残余位移与灌浆竹管个数之间未存在明显的线性关系。

　　8. 竹管应变分析

　　试验过程中，为了监测节点核心区及其附近区域的竹管应变分布，分别在构件竹骨架的第 2、7 根竹子上等距布置了纵向应变片，为了保证试验的可靠性，取两根竹管对称处应变平均值，应变片编号如图 4.2-13 所示。

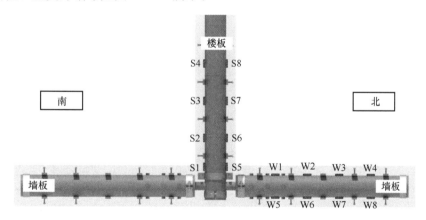

图 4.2-13　应变片编号示意图

　　各个试件墙板及楼板竹骨架的应变曲线发展如图 4.2-14～图 4.2-18 所示。不同节点的墙板及楼板的竹管应变分布有着一致的发展趋势，在不同的加载方向上，竹管应变有一定的对称性。应变的发展没有出现局部应变集中现象，竹管应变随着远离节点核心区而逐

137

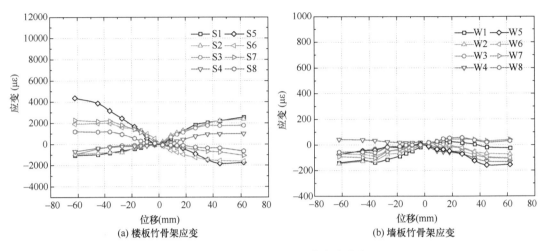

图 4.2-14 试件 SWJ-1 竹管应变曲线

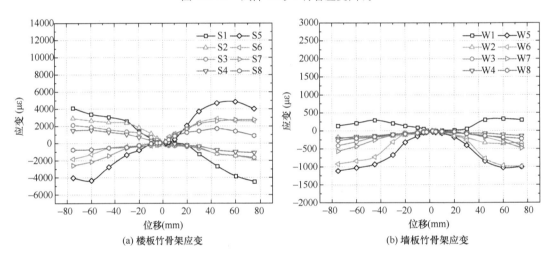

图 4.2-15 试件 SWJ-2 竹管应变曲线

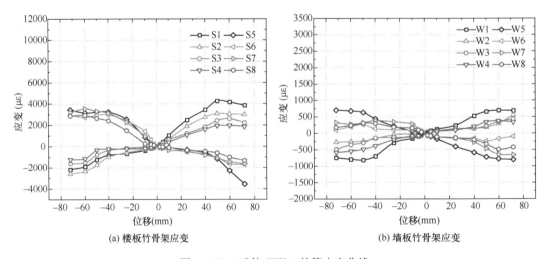

图 4.2-16 试件 SWJ-3 竹管应变曲线

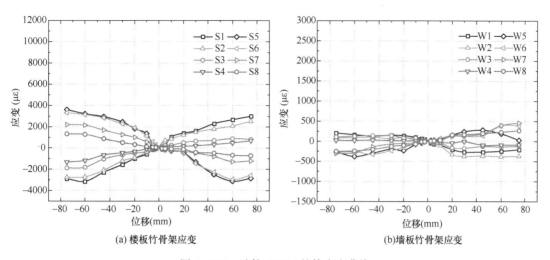

(a) 楼板竹骨架应变　　　　　　　　(b)墙板竹骨架应变

图 4.2-17　试件 SWJ-4 竹管应变曲线

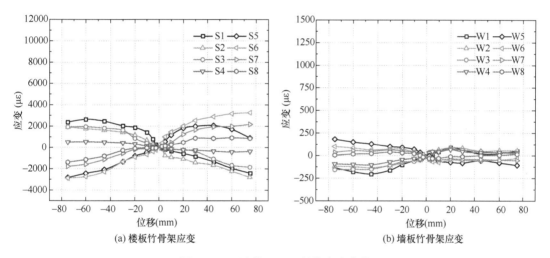

(a) 楼板竹骨架应变　　　　　　　　(b) 墙板竹骨架应变

图 4.2-18　试件 SWJ-5 竹管应变曲线

渐减小，这一点在楼板应变分布（S1～S8）上表现得尤为明显，在试件的节点区域未形成竹骨架塑性铰。

对于楼板中的竹管应变，可以观察到越靠近节点核心区，应变发展得越快，说明该部位竹管所受应力越大，具体表现为在 5 个节点试件中 S1 应变基本包络了其他应变曲线。同时可以观察到在楼板竹管应变发展曲线中，应变均在 40mm 位移级数上发展到了拐点，在此之后增速减缓或者应变减小。此时对应节点的宏观表现为节点核心区开始出现斜裂缝并进一步发展，同时伴随着局部磷石膏压溃的现象。另外，对于不同灌浆竹管个数的试件 SWJ-4 和 SWJ-5，可以观察到由于试件 SWJ-5 的灌浆竹管个数较少，导致其节点刚度相对较弱，对应楼板竹管所受应力也相对较小。

观察各节点的墙板竹管应变，可以发现墙板竹管应变均在 $1000\mu\varepsilon$ 范围内，整体应变水平处于一个较低的范围内，说明在试验中，墙板竹管始终处于一个较低的应力水平。这是因为墙板中的竹管主要承受墙端所施加的轴向压力，轴向压力并不是直接作用在竹管上，主要由磷石膏承受轴压力。因此可以看到随着轴压比的提高，墙板内部竹管其应力水平也有着相应小幅度的提升。而对于不同灌浆个数的试件，墙板内部竹管应变则没有明显的规律性。

4.3 原竹集束杆件外夹钢板连接柱脚节点

4.3.1 构造特点

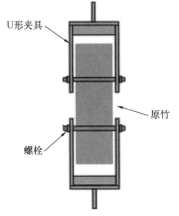

图 4.3-1 外夹钢板连接节点

外夹钢板连接节点由原竹、螺栓、U 形夹具构成（图 4.3-1），将螺杆穿接原竹，U 形连接件通过螺杆将拉力传至原竹，实现了节点传力的有效性，其连接工艺简单方便，具有装配化施工的特点。

4.3.2 试件设计

在加工试件初期，选用外径为 90～110mm 的原竹用于制作试件，径厚比（原竹外径 D 与原竹平均壁厚 t_m 之比）控制在 9～12。原竹作为生物材料，若原竹外径较小，截面纤维束生长不完全，原竹杆件较柔，容易变形；若原竹外径较大，截面纤维束生长成熟，原竹杆件刚度较大，虽然杆件不易变形，但是容易发生脆性开裂，也不宜用于结构设计，因此在原竹结构设计时宜选用外径 100mm 左右的原竹较为理想。

共设计 16 个节点试件，其中试验改变量为螺孔端距与螺杆直径。

螺孔端距分为四种，分别为 50mm、80mm、110mm 与 140mm。为方便安装，原竹上螺孔直径比选用螺杆大 2mm；螺杆选用 4.8 级普通镀锌螺杆，直径型号为 M8、M10、M12、M14 共四种。

螺杆与原竹螺孔、钢板间直接接触，采用普通六角螺母连接，如图 4.3-2 所示，各试件具体参数详见表 4.3-1。

外夹钢板节点试件参数汇总表　　　　　　　　表 4.3-1

试件编号	螺孔端距 l（mm）	原竹外径 D（mm）	平均壁厚 t_m（mm）	径厚比 D/t_m	螺杆型号
OS-8-50	51.02	100.25	9.66	10.38	M8
OS-10-50	51.03	98.05	9.78	10.03	M10
OS-12-50	50.30	98.94	9.88	10.01	M12
OS-14-50	48.46	105.01	11.42	9.20	M14
OS-8-80	82.11	104.93	9.17	11.44	M8
OS-10-80	79.90	101.50	9.86	10.29	M10
OS-12-80	81.35	95.79	9.15	10.47	M12
OS-14-80	81.65	102.38	10.10	10.14	M14
OS-8-110	111.88	97.54	8.00	12.19	M8

试件编号	螺孔端距 l (mm)	原竹外径 D (mm)	平均壁厚 t_m (mm)	径厚比 D/t_m	螺杆型号
OS-10-110	110.96	87.91	7.67	11.46	M10
OS-12-110	112.82	100.56	8.71	11.55	M12
OS-14-110	109.91	102.87	9.74	10.56	M14
OS-8-140	142.45	104.35	8.75	11.93	M8
OS-10-140	142.13	97.57	9.55	10.22	M10
OS-12-140	141.71	111.80	10.82	10.33	M12
OS-14-140	141.37	103.09	10.36	9.95	M14
平均值		100.78	9.54	10.63	

自行设计用于加载的 U 形开孔夹具并由工厂定做，共三副，每副夹具的开孔直径大小分别为 10mm、14mm、18mm。其中夹具开孔大小为 10mm 时可用于夹持采用 M8 型号螺杆连接的试件；夹具开孔大小为 14mm 时可用于夹持采用 M10、M12 型号螺杆连接的试件；夹具开孔大小为 18mm 时可用于夹持采用 M14 型号螺杆连接的试件。夹具采用 Q235 钢材制作，钢板宽 40mm，厚 6mm，如图 4.3-3 所示。

图 4.3-2　螺杆与竹孔接触图

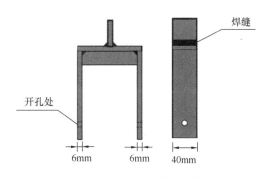

图 4.3-3　U 形夹具示意图

以试件"OS-8-50"为例说明试件编号规则："OS"指试件名称"Outer Steel"；"8"指螺杆直径型号为 M8；"50"指螺孔端距为 50mm。

4.3.3　试验方法

节点加载装置见图 4.3-4，试验机夹头夹住 U 形夹具的夹持区域，通过 U 形连接件将拉力传递至两侧钢板，钢板通过腹板孔再将拉力传至螺杆，最终螺杆挤压原竹的销槽孔壁，原竹开始受力，这时各个部件间的初始滑移结束，进入弹性阶段。节点示意图见图 4.3-4，试验机上端固定，下端可移动，用于给试件加载。

在试件上端竹壁边缘竖向放置百分表 D1，通过静态采集箱采集节点上端位移 Δ_1。按照式（4.3-1）计算试件下端位移 Δ_2。

$$\Delta_2 = \Delta - \Delta_1 \tag{4.3-1}$$

在试验前期无法预测试件哪一端发生破坏，根据最终破坏结果选用试件破坏位移

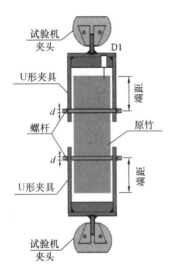

(a) 试验装置示意图   (b) 试验加载图

图 4.3-4　节点试验图

（Δ_1 或 Δ_2），荷载选用万能试验机系统直出荷载。

本试验选用位移控制作为试验加载控制方案，采用单调静态加载直至试件发生破坏，不能继续受力时随即停止加载。加载速率设置为 2mm/min。

具体加载步骤按照以下顺序进行：

（1）尽量对中试件，减小偏心荷载。试件上部 U 形夹具的夹持段钢板需要先用万能试验机上夹头固定住，夹持稳定。尽量保证试件对中放置可以避免由于偏心加载带来的附加弯矩荷载与水平分力，呈现想要的破坏方式。试件上端固定住后将下部 U 形夹具自然垂直，同时缓慢移动试验机下端夹头去夹持下端钢板。确定试件对中夹持后轻微移动下端夹头，同时观察控制系统中试验机荷载显示窗口，当试验机荷载度数增大时即表示试件连接稳定，可以进行下一步试验工作。

（2）固定百分表，连接静态箱。将试件对中夹持稳定后即可安装百分表。调整磁力座角度，保证百分表位置竖直，百分表读数可以代表试件一端位移。随后连接静态箱，并检查静态箱读数是否正常、稳定。如果正常即可将静态箱采集软件平衡清零，准备进行试验；否则检查百分表各线路连接是否牢固。

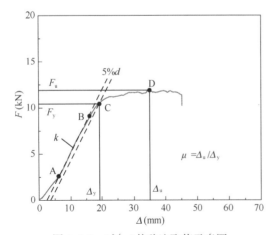

图 4.3-5　5% d 偏移法取值示意图

（3）设定试验机加载速率为 2mm/min，开始加载，同时让静态箱采集软件记录百分表位移信息。时刻观察荷载-位移曲线与试件变化，进行记录。

4.3.4　试验结果及分析

1. 荷载-位移曲线

试验所得典型节点荷载-位移曲线如图 4.3-5 所示，在节点荷载-位移曲线中利用 5%d 偏移法求得各试件的屈服荷载 F_y、屈服位移 Δ_y、极限荷载 F_u 和极限位移 Δ_u，具体取值方法如下：

（1）对荷载-位移曲线中的弹性段（AB 段）进行线性拟合，得到其初始刚度 k；

（2）将拟合到的刚度直线向右偏移 5%d 的距离，其与荷载-位移曲线交点（C 点）的纵坐标为节点的屈服荷载 F_y，对应的横坐标为屈服位移 Δ_y；

（3）取荷载-位移曲线峰值点（D 点）对应的纵坐标为极限荷载 F_u，横坐标为极限位移 Δ_u。

各节点具体力学性能和失效模式详见表 4.3-2。

外夹钢板节点试验结果
表 4.3-2

试件编号	屈服荷载 F_y (kN)	屈服位移 Δ_y (mm)	极限荷载 F_u (kN)	极限位移 Δ_u (mm)	延性系数 μ	单位壁厚下屈服荷载 (kN/mm)	单位壁厚下极限荷载 (kN/mm)	破坏模式
OS-8-50	7.32	12.49	8.43	17.26	1.38	0.76	0.87	螺杆剪切破坏
OS-10-50	9.83	7.88	11.83	11.95	1.52	1.01	1.21	原竹冲剪破坏
OS-12-50	11.72	10.32	13.73	17.89	1.73	1.19	1.39	
OS-14-50	11.16	8.81	16.15	14.23	1.62	0.98	1.41	
OS-8-80	9.04	11.44	10.01	14.60	1.28	0.99	1.09	销槽承压破坏
OS-10-80	10.56	19.44	11.85	34.68	1.78	1.07	1.20	
OS-12-80	12.39	11.73	13.69	15.49	1.32	1.35	1.50	
OS-14-80	14.79	16.71	15.52	23.55	1.41	1.46	1.54	
OS-8-110	8.90	13.33	9.37	24.43	1.83	1.11	1.17	销槽承压破坏
OS-10-110	8.95	17.98	9.84	30.11	1.67	1.17	1.28	螺杆剪切破坏
OS-12-110	10.99	13.10	12.21	23.41	1.79	1.26	1.40	销槽承压破坏
OS-14-110	11.82	14.28	12.96	28.80	2.02	1.21	1.33	
OS-8-140	7.55	10.40	10.50	18.40	1.77	0.86	1.20	销槽承压破坏
OS-10-140	9.46	15.61	11.54	37.20	2.38	0.99	1.21	螺杆剪切破坏
OS-12-140	15.77	20.76	15.83	21.99	1.06	1.46	1.46	销槽承压破坏
OS-14-140	16.67	13.34	18.06	19.49	1.46	1.61	1.74	
平均值	—	—	—	—	1.63	1.12	1.31	—

定义 μ 为节点延性率，$\mu = \Delta_u / \Delta_y$，其中 Δ_u 为极限位移，Δ_y 为屈服位移，利用 μ 值量化节点变形能力，从表 4.3-2 中可以看到，节点平均延性系数为 1.63，节点具有良好的变形能力。

从试件的荷载-位移曲线中可以发现，每个节点在破坏前大致可分为三个阶段，如图 4.3-6 所示。

（1）初始滑移阶段 I：节点加载初期位移增加量较大，而荷载增加量较小，荷载-位移曲线呈现向下凹的趋势。这是因为在加载初期试验机夹持端滑移，并且各部件存在初始间隙，例如原竹中螺孔直径大于螺杆，随着位移增大，节点各部件间完全接触，该阶段很

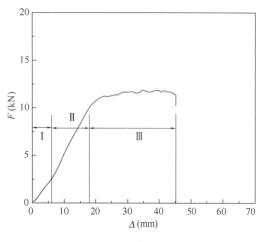

图 4.3-6　典型荷载-位移曲线

快过渡结束。

（2）弹性变形阶段Ⅱ：随着位移继续增大，外夹钢板连接节点经历初始阶段后，节点各部件连接紧密，节点开始进入弹性变形阶段，荷载-位移曲线呈线性，承载力与变形逐步增加。少数节点在弹性段就出现细微裂缝，荷载-位移曲线中出现陡然的下降段，但随即又回到原来的荷载水平，且节点弹性段斜率也未发生改变。个别试件在弹性段的斜率与整体试件差别较大，原因为试件制作时取材过分靠近原竹端部，而原竹生长部位不同对其力学性能也有影响。

（3）塑性发展阶段Ⅲ：当节点位移进一步增大时，试件进入塑性发展阶段，节点位移迅速增大而荷载增幅不明显。荷载-位移曲线并不光滑，呈锯齿状，原因是节点裂缝不断发展，销槽处顺纹向纤维束不断被螺杆挤压变形，螺杆在销槽处发生不均匀滑移，二者相互作用，直至节点失效。

2. 破坏模式

对试验中出现的连接破坏模式，整体可划分为三种典型破坏模式，如图 4.3-7 所示。节点破坏方式主要由螺杆直径和螺孔端距控制，不同的破坏方式受这两个量影响。分别对

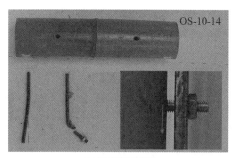

(a) 螺杆剪切破坏

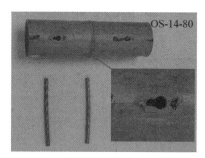

(b) 销槽承压屈服破坏

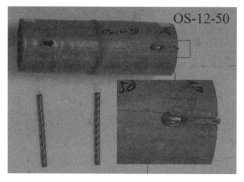

(c) 原竹冲剪破坏

图 4.3-7　外夹钢板螺杆连接节点三种典型破坏模式

三种破坏模式的破坏过程进行分析，各试件具体破坏模式分类详见表 4.3-2。

（1）破坏模式Ⅰ［图 4.3-7（a）］：螺杆剪切破坏。

由于原竹外径有差异，使竹外壁与 U 形夹具存在空隙，如图 4.3-8 所示。在工程应用中原竹存在外凸的竹节，同样使竹壁与钢板间存在空隙。空隙使螺杆所受不共线剪力产生的附加弯矩不可忽略，螺杆承受弯剪组合作用。螺杆直径较小时抗弯能力较弱易发生弯曲变形，在弯剪组合作用下最终产生弯曲塑性铰并发生剪切破坏。钢板对螺杆的约束力强于原竹，螺杆弯曲塑性铰发生在钢板开孔处。同时原竹销槽两侧受压程度不同，靠近竹青侧的原竹

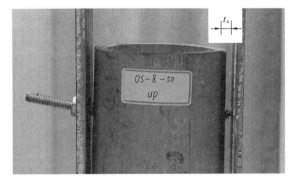

图 4.3-8　原竹与钢板间隙图

因为螺杆弯曲受挤压程度大，承压屈服程度明显大于竹黄侧，而靠近竹黄侧受压程度低。

（2）破坏模式Ⅱ［图 4.3-7（b）］：销槽承压屈服破坏。

当螺杆直径较大且原竹与夹具间空隙较小时，螺杆不承受附加弯矩，同时抗剪承载力较大。随着荷载的增加，原竹销槽孔区域受到挤压，沿顺纹方向的纤维束发生失稳，螺杆发生滑移，造成销槽承压屈服破坏，销槽孔壁平整，此时螺杆弯曲变形度较小。部分节点当螺杆滑移距离过大时，在销槽处会发生原竹开裂情况。该破坏方式为延性破坏。

（3）破坏模式Ⅲ［图 4.3-7（c）］：原竹冲剪破坏。

当螺杆直径较大且原竹与夹具间空隙较小时，螺杆不承受附加弯矩，同时螺孔端距也较小时，原竹销槽承压屈服承载力大于原竹抗剪承载力，起初销槽发生承压屈服，屈服程度较小。随着荷载的加大，最终发生冲剪破坏，冲剪面发生在螺杆两侧，螺杆从冲剪面将原竹直接推出，甚至会出现贯穿裂缝，如图 4.3-7（c）所示，销槽孔壁粗糙，纤维束分布杂乱。该破坏方式为脆性破坏。

3. 螺杆直径对节点性能的影响

（1）螺杆直径对节点承载力的影响

按照螺孔端距的不同将节点的荷载-位移曲线进行分类，具体结果详见图 4.3-9。随着螺杆直径的增大，各节点屈服承载力 F_y 与极限承载力 F_u 的变化趋势如图 4.3-10、图 4.3-11 所示，从两图中可以看出，在同一螺孔端距下，节点屈服承载力 F_y 与极限承载力 F_u 均随螺杆直径的增大而增大，且各节点曲线接近线性增长，但当螺杆直径过大时屈服承载力 F_y 增长幅度减小。

原竹作为一种生物材料，壁厚天然具有差异性，因此在试验前期测量壁厚尺寸时分别测量销槽两侧的壁厚 t_1、t_2、t_3 与 t_4 并取平均值得到 t_m，如图 4.3-12 所示。节点破坏主要为销槽承压屈服破坏，承压面积与原竹壁厚息息相关，为了消除壁厚对节点承载力的影响，将试验所得的节点承载力 F_y、F_u 除以平均壁厚 t_m 得到单位壁厚下节点承载力 $F_{y,m}$、$F_{u,m}$，计算方法见式（4.3-2），具体计算结果详见表 4.3-2。

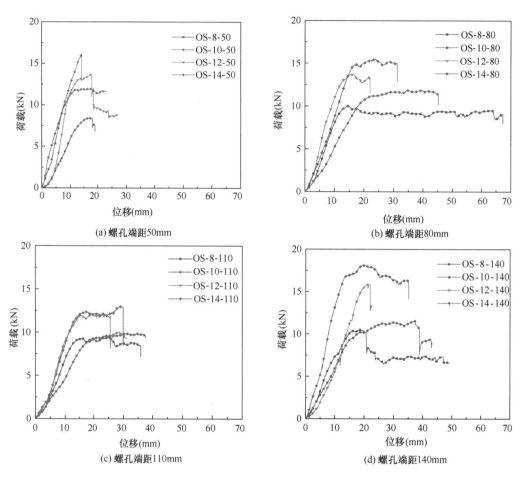

图 4.3-9　按螺孔端距分类的节点荷载-位移曲线

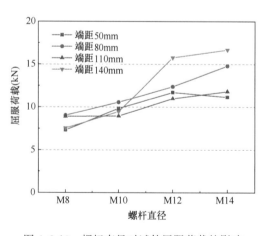

图 4.3-10　螺杆直径对试件屈服荷载的影响

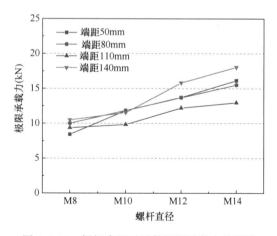

图 4.3-11　螺杆直径对试件极限承载力的影响

$$\begin{cases} F_{y,m} = \dfrac{F_y}{t_m} \\[2mm] F_{u,m} = \dfrac{F_u}{t_m} \end{cases} \qquad (4.3\text{-}2)$$

同一螺孔端距下，采用不同螺杆直径的外夹钢板连接节点的单位壁厚节点承载力如图4.3-13、图4.3-14所示，随着螺杆直径的增大，各种螺孔端距下节点单位壁厚屈服承载能力均呈上升趋势，曲线更趋于平缓，这是由于螺杆直径过大，性能未发挥到极致。这时节点承载力由原竹控制，也就是

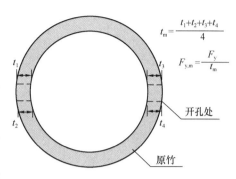

图 4.3-12　原竹壁厚测量方法

最薄弱的构件控制。但也存在个别节点，如节点 OS-14-110，当增大螺杆直径时单位壁厚下承载力出现轻微下降，这是因为螺杆孔位不平齐，两侧螺杆受力不均匀，使得节点过早破坏。

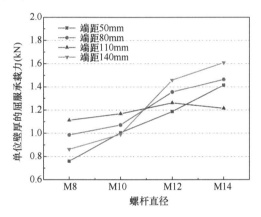

图 4.3-13　不同螺杆直径单位壁厚屈服承载力　　　图 4.3-14　不同螺杆直径单位壁厚极限承载力

为了分析螺杆增大时节点承载力的增幅水平，分别绘制各个节点屈服承载力增幅 Δ_{F_y} 与极限承载力增幅 Δ_{F_u} 的变化曲线。以螺杆型号为 M12 为例，具体计算方法见式（4.3-3），其余各节点的增幅水平计算方式类似，具体结果见图4.3-15、图4.3-16。

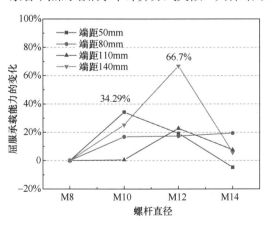

图 4.3-15　屈服承载力增幅曲线

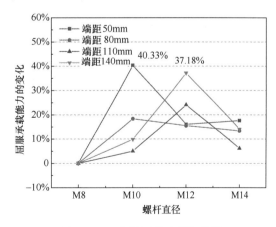

图 4.3-16　极限承载力增幅曲线

$$\begin{cases} \Delta_{F_y} = \dfrac{F_{y,M12} - F_{y,M10}}{F_{y,M10}} \\[3mm] \Delta_{F_u} = \dfrac{F_{u,M12} - F_{u,M10}}{F_{u,M10}} \end{cases} \tag{4.3-3}$$

由图 4.3-15、图 4.3-16 中可以看出，当螺杆直径由从 M8 增大到 M10 或 M12 时，对节点的屈服承载力与极限承载力的提升效果尤为明显，例如在螺孔端距为 50mm 时，采用 M10 螺杆连接的节点屈服承载力较采用 M8 螺杆连接的节点提高 34.29%，而极限承载力提高 40.33%；在螺孔端距为 140mm 时，采用 M12 螺杆连接的节点屈服承载力较采用 M10 螺杆连接的节点提高 66.7%，而极限承载力提高 37.18%。但当采用 M14 的螺杆连接时，各节点承载力增幅明显减小。因为此时原竹属于最薄弱构件，所以螺杆的直径增大并不能提升节点承载能力，节点所需的螺杆直径并不是越大越好。

（2）螺杆直径对节点破坏模式的影响

将各节点的破坏模式按照不同的螺杆直径进行分类，具体分布情况详见图 4.3-17。破坏模式Ⅰ（螺杆剪切破坏）都发生在采用 M8 与 M10 螺杆连接节点中，并且由于钢板与原竹间空隙较大，螺杆承受附加弯矩，而螺杆直径小时，抗弯能力弱，在弯剪组合作用下最终剪坏。当保证钢板与原竹间空隙较小时，避免螺杆承受弯矩，即使采用 M8 螺杆连接的节点也可以发生较好的破坏模式Ⅱ（延性破坏），如图 4.3-18 所示的节点 OS-8-80 发生销槽承压屈服破坏。破坏模式Ⅲ（原竹冲剪破坏）在除采用 M8 螺杆连接的节点外均有发生，主要由螺孔端距控制。

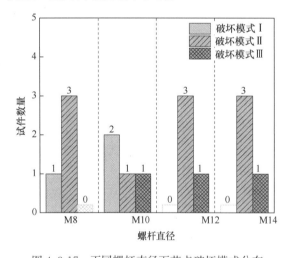

图 4.3-17　不同螺杆直径下节点破坏模式分布　　　图 4.3-18　试件 OS-8-80 破坏图

4. 螺孔端距对节点性能的影响

（1）螺孔端距对节点承载力的影响

按照螺杆直径的不同将节点的荷载-位移曲线进行分类，具体结果详见图 4.3-19。随着螺孔端距的增大，各节点屈服承载力 F_y 与极限承载力 F_u 的变化趋势分别如图 4.3-20、图 4.3-21 所示，从两图中可以看出，同一螺杆直径不同螺孔端距下，节点承载力并不随螺孔端距增加而增大，而是出现一定波动，例如当螺孔端距为 110mm 时，各螺杆型号的节点承载能力都出现不同程度的下降。

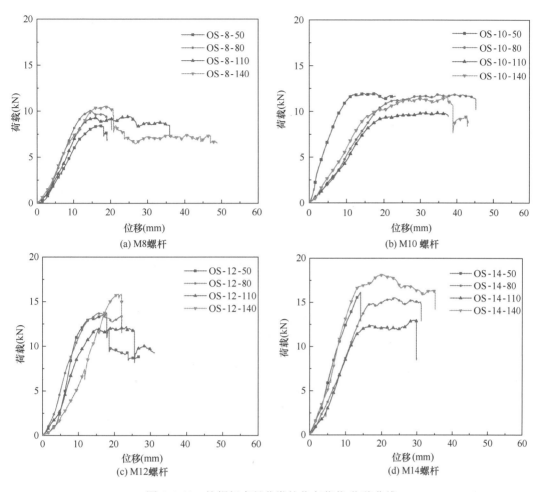

图 4.3-19　按螺杆直径分类的节点荷载-位移曲线

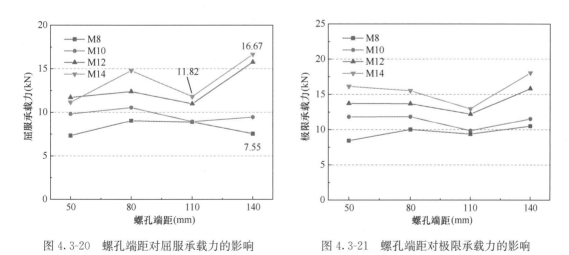

图 4.3-20　螺孔端距对屈服承载力的影响　　图 4.3-21　螺孔端距对极限承载力的影响

单位壁厚下节点承载力 $F_{y,m}$、$F_{u,m}$ 变化曲线见图 4.3-22、图 4.3-23，从图中可以看出，当采用 M8 或 M10 直径螺杆连接时，节点单位壁厚屈服承载力 $F_{y,m}$ 随着螺孔端距的增大呈现先上升再下降的趋势，但节点承载力的增加或降低幅度并不明显，其中最大屈服承载力均出现在螺孔端距为110mm的节点中；当节点采用 M12 或 M14 直径螺杆连接时，节点单位壁厚屈服承载力 $F_{u,m}$ 也随螺孔端距的增加出现波动，并未有明显变化趋势，且波动范围较小。

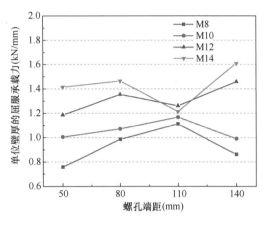
图 4.3-22　不同螺孔端距单位壁厚屈服承载力

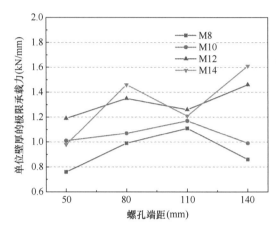
图 4.3-23　不同螺孔端距单位壁厚极限承载力

各个节点屈服承载力增幅与极限承载力增幅的变化曲线详见图 4.3-24、图 4.3-25。从图中可以得到，在采用 M14 型螺杆的节点中，螺孔端距为110mm 时节点屈服承载力 F_y 与极限承载力 F_u 较螺孔端距 80mm 时均有较大下降，其中屈服承载力 F_y 降低了 20.08%，极限承载力 F_u 降低了 16.49%。当螺孔端距变为 140mm 时，节点屈服承载力 F_y 较螺孔端距110mm 时的节点屈服承载力 F_y 更是提高了 43.49%。

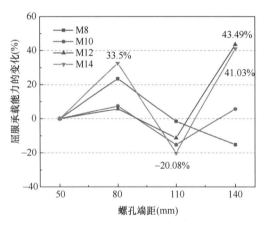
图 4.3-24　不同螺孔端距单位壁厚屈服承载力

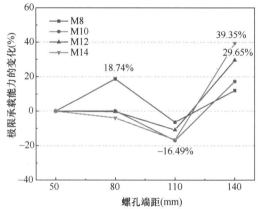
图 4.3-25　不同螺孔端距单位壁厚极限承载力

（2）螺孔端距对节点破坏模式的影响

将各节点的破坏模式按照不同的螺孔端距进行分类，具体分布情况详见图 4.3-26。从图中可以得到，除螺孔端距为 80mm 的情况下，破坏模式Ⅰ（螺杆剪切破坏）在其余各螺孔端距时均有发生，按前文分析，破坏模式Ⅰ的影响因素主要为钢板与原竹间的空隙，在节点加工时应该避免。破坏模式Ⅱ（销槽承压屈服破坏）分布较为均匀，是该种节点连接方式主要的破坏模式。破坏模式Ⅲ（原竹冲剪破坏）仅在螺孔端距为 50mm 时出现，将所有破坏模式按照 l/d 的值进行分类，l 为螺孔端距，d 为螺杆直径，如图 4.3-27 所示，对于发生破坏模式Ⅲ（原竹冲剪破坏）的节点 l/d 值集中分布于 3.57～5.00，由此可见螺孔端距不足时原竹易发生冲剪破坏，应通过构造限制螺孔端距进行避免，本书建议取值为 $l/d \geqslant 8$。

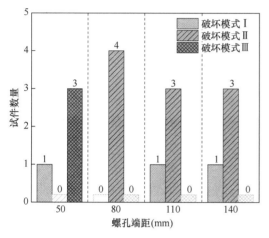

图 4.3-26　不同螺孔端距节点破坏模式分布

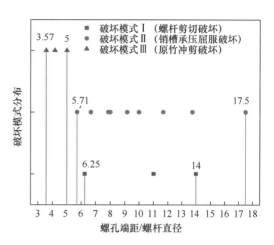

图 4.3-27　各破坏模式下 l/d 区间分布图

4.3.5　设计计算方法

1. 计算假设

根据试验结果，外夹钢板螺杆连接节点共发生三种主要破坏模式，分别为破坏模式Ⅰ（螺杆剪切破坏）、破坏模式Ⅱ（销槽承压屈服破坏）与破坏模式Ⅲ（原竹冲剪破坏）。

基于以上分析，将原竹外夹钢板连接节点的计算模型进行简化，以便基于 Johansen 的塑性屈服理论建立力学平衡方程，求解在发生螺杆剪切破坏与销槽承压屈服破坏时的理论计算公式。根据其受力机理与破坏特征，对节点设计与初始连接条件进行一些假定。

基本假定有：

（1）忽略螺杆与原竹销槽间切向摩擦力；

（2）忽略 U 形夹具与原竹外壁间摩擦力；

（3）原竹两侧螺杆孔对齐，受力均匀；

（4）原竹壁厚均匀，两侧销槽壁厚无较大差异。

2. 破坏模式Ⅰ

根据上文分析可知，外夹钢板连接节点发生破坏模式Ⅰ（螺杆剪切破坏）需满足两个条件：（1）原竹外壁与钢板间存在空隙，设为 t_a，使螺杆所受两反向剪力存在附加弯矩；（2）螺杆直径较小，抵抗弯剪组合变形能力弱。

图 4.3-28 为发生螺杆断裂的节点图片。从图中螺杆的断裂情况来看，塑性铰发生在钢板开孔侧。这是因为钢板相对于竹壁，其对螺杆的约束力强于竹壁，钢板对于螺杆相当于嵌固端。同时左侧螺杆发生翘起，在钢板中螺杆受力情况如图 4.3-29（a）所示，两侧螺杆发生翘起时钢板两侧所受力不等且反向，存在附加弯矩。考虑到钢板厚度仅 6mm，且钢板相较竹壁对螺杆约束力强，再将钢板内螺杆受力区间细分为图 4.3-29（a）的 a 段

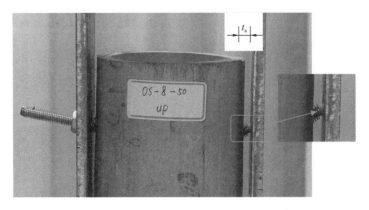

图 4.3-28　螺杆断裂细部图

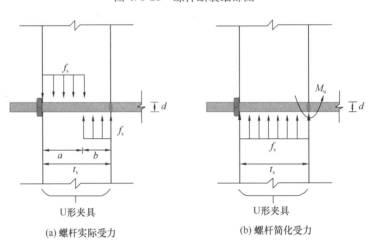

图 4.3-29　外夹钢板中螺杆受力图

与 b 段会使公式复杂，提高计算量，因此将其简化为图 4.3-29（b）所示受力情况。在图 4.3-29（b)中将螺杆所受反向力替换为同向等大，且在螺杆发生塑性铰处添加附加弯矩 M_u，M_u 为螺杆塑性弯矩大小。

因此，简化后的破坏模式Ⅰ（螺杆受剪破坏）中螺杆受力见图 4.3-30。根据螺杆受

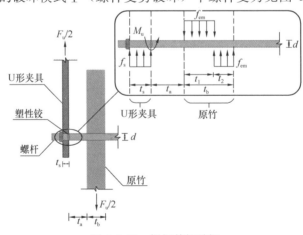

图 4.3-30　螺杆剪切破坏

力简图，分别依据力平衡与弯矩平衡得到力学平衡方程，见式（4.3-4）：

$$\begin{cases} F_{\mathrm{u}} = 2 \cdot f_{\mathrm{s}} \cdot d \cdot t_{\mathrm{s}} \\ f_{\mathrm{s}} \cdot d \cdot t_{\mathrm{s}} = f_{\mathrm{em}} \cdot d \cdot (t_1 - t_2) \\ t_1 + t_2 = t_{\mathrm{b}} \\ M_{\mathrm{u}} = f_{\mathrm{s}} \cdot d \cdot t_{\mathrm{s}} \cdot \dfrac{t_{\mathrm{s}}}{2} + f_{\mathrm{em}} \cdot d \cdot t_1 \cdot \left(t_{\mathrm{a}} + \dfrac{t_1}{2} \right) - f_{\mathrm{em}} \cdot d \cdot t_2 \cdot \left(t_{\mathrm{a}} + t_1 + \dfrac{t_2}{2} \right) \end{cases} \quad (4.3\text{-}4)$$

式中，F_{u} 为试件极限抗拉承载力（kN）；f_{em} 为原竹顺纹抗压强度值，根据材性试验所得（N/mm²）；f_{s} 为钢板开孔中螺杆承压应力（N/mm²）；M_{u} 为螺杆塑性弯矩值（N·mm）；d 为螺杆直径（mm）；t_{a} 为原竹外壁与钢板间距离（mm）；t_{b} 为试件中原竹的平均壁厚（mm）；t_{s} 为试件中外夹钢板的厚度（mm），$t_{\mathrm{s}}=6\mathrm{mm}$；$t_1$、$t_2$ 为原竹壁厚内受挤压区域长度（mm）。

整理式可得：

$$\frac{1}{16 f_{\mathrm{em}} d} F_{\mathrm{u}}^2 + \frac{t_{\mathrm{s}} + t_{\mathrm{b}} + 2t_{\mathrm{a}}}{4} F_{\mathrm{u}} - \left(\frac{t_{\mathrm{b}}^2 f_{\mathrm{em}} d}{4} + M_{\mathrm{u}} \right) = 0 \quad (4.3\text{-}5)$$

按照美国木结构设计规范 NDS-2005 中建议，考虑螺杆塑性完全发展，螺杆塑性弯矩值按下式计算：

$$M_{\mathrm{u}} = k_{\mathrm{w}} \cdot f_{\mathrm{u}}^{\mathrm{b}} \cdot \pi \frac{d^3}{32} \quad (4.3\text{-}6)$$

式中，$f_{\mathrm{u}}^{\mathrm{b}}$ 为螺杆抗拉强度，本试验采用 4.8 级镀锌螺杆，$f_{\mathrm{u}}^{\mathrm{b}}=4000\mathrm{N/mm^2}$；$k_{\mathrm{w}}$ 为螺杆塑性发展系数，$k_{\mathrm{w}}=1.7$。

联立式（4.3-5）和式（4.3-6），利用求根公式并忽略方程负数解，可得：

$$F_{\mathrm{u}} = 8 f_{\mathrm{em}} d \cdot \left[-\frac{t_{\mathrm{s}} + t_{\mathrm{b}} + 2t_{\mathrm{a}}}{4} + \sqrt{ \left(\frac{t_{\mathrm{s}} + t_{\mathrm{b}} + 2t_{\mathrm{a}}}{4} \right)^2 + \left(\frac{t_{\mathrm{b}}^2}{16} + \frac{k_{\mathrm{w}} \cdot f_{\mathrm{u}}^{\mathrm{b}} \cdot \pi \cdot d^2}{128 \cdot f_{\mathrm{em}}} \right) } \right]$$

$$(4.3\text{-}7)$$

外夹钢板连接节点发生破坏模式Ⅰ（螺杆剪切破坏）时，原竹外壁与钢板间空隙 t_{a} 起控制作用。当空隙过大时，螺杆所受附加弯矩就大，对于直径较小的螺杆，在弯剪组合作用下最终容易发生剪断。因此根据式（4.3-7），分别计算 $t_{\mathrm{a}}=0$、$t_{\mathrm{a}}=0.5t_{\mathrm{b}}$ 与 $t_{\mathrm{a}}=t_{\mathrm{b}}$ 时节点承载力（实际试验过程中原竹外壁与钢板间平均间距满足 $t_{\mathrm{a}}=0.5t_{\mathrm{b}}$），研究原竹外壁与钢板间空隙 t_{a} 对节点承载能力的影响，具体计算结果详见表 4.3-3。

螺杆剪切破坏时试验值与计算值对比　　　　　　　　　　表 4.3-3

试件编号	试验值（kN）	$t_{\mathrm{a}}=0$		$t_{\mathrm{a}}=0.5t_{\mathrm{b}}$		$t_{\mathrm{a}}=t_{\mathrm{b}}$	
		计算值（kN）	试验值/计算值	计算值（kN）	试验值/计算值	计算值（kN）	试验值/计算值
OS-8-50	8.43	9.18	0.92	6.48	1.30	4.94	1.71
OS-10-110	9.58	15.48	0.62	11.76	0.81	9.34	1.03
OS-10-140	11.38	15.17	0.75	11.07	1.03	8.57	1.33
平均值	—	—	0.76	—	1.05	—	1.36

从表 4.3-3 中可知，当 $t_a=0.5t_b$ 时，试验值与计算值的比值平均为 1.05，说明推导公式（4.3-7）能较好计算节点承载能力大小。同时从表中可知，当 $t_a=0$ 时，试验值与计算值的比值平均为 0.76。而当 $t_a=t_b$ 时，试验值与计算值的比值平均为 1.36。由此可见，原竹外壁与钢板间空隙 t_a 值从 0 增加到 t_b 时，节点计算承载力减小约一半，空隙对节点承载力影响较大，在节点施工时需要严格控制该间距，保证原竹外壁与钢板贴合紧密。

3. 破坏模式Ⅱ

破坏模式Ⅱ为销槽承压屈服破坏，是一种理想的延性破坏，为外夹钢板连接节点的一种主要破坏模式。节点部件中发生破坏的为螺孔处原竹受螺杆挤压发生承压破坏，最终原竹受挤压被压溃，节点失效。节点其余部件如钢板，不发生弯曲，钢板螺孔处无挤压变形；虽然螺杆仍受到反向且不共线的剪力，但由于钢板与原竹外壁紧密贴合，$t_a=0$，附加弯矩可以忽略不计，节点破坏时螺杆仍保持笔直状态，不发生较大弯曲变形。

简化后的破坏模式Ⅱ（销槽承压屈服破坏）中螺杆受力状态如图 4.3-31 所示。

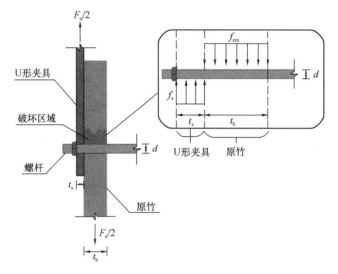

图 4.3-31　销槽承压屈服破坏

根据螺杆受力状态，通过螺杆力平衡建立节点平衡方程，见式（4.3-8）：

$$F_u = 2 \cdot f_{em} t_b \cdot d \tag{4.3-8}$$

式中，F_u 为试件极限抗拉承载力（kN）；f_{em} 为原竹顺纹抗压强度值，根据材性试验所得（N/mm²）；d 为螺杆直径（mm）；t_b 为试件中原竹的平均壁厚（mm）。

将各发生破坏模式Ⅱ（销槽承压屈服破坏）的外夹钢板节点承载力试验值与计算值进行对比分析，具体结果如表 4.3-4 所示。从表 4.3-4 中可得，在螺杆承压屈服破坏承载力建议计算公式（4.3-8）中，试验值与建议计算公式值相近，比值区间在 0.74～1.15，试验值与计算值间比值平均为 0.96，说明建议计算方法能较好地预测节点破坏荷载，与实际值较接近。为保证安全，可参照《木结构设计规范》[1]GB 50005—2017 中建议将安全系数取为 3，保证一定的承载力富余。

销槽承压屈服破坏时试验值与计算值对比　　　　　　表 4.3-4

试件编号	试验值（kN）	计算值（kN）	试验值/计算值
OS-8-80	10.01	9.43	1.06
OS-10-80	11.85	12.67	0.94
OS-12-80	13.69	14.11	0.97
OS-14-80	15.52	18.18	0.85
OS-8-110	9.37	8.23	1.14
OS-12-110	12.21	13.44	0.91
OS-14-110	12.96	17.52	0.74
OS-8-140	10.50	9.00	1.17
OS-12-140	15.83	16.68	0.95
OS-14-140	18.06	18.65	0.97
平均值	—	—	0.97

4. 破坏模式Ⅲ

原竹作为一种生物材料，在原竹生长方向上平行且整齐地排列着密密麻麻的纤维管束，由此原竹结构在轴向上比径向上更容易发生开裂破坏。对于原竹外夹钢板螺杆连接节点，当节点采用直径型号比较大的螺杆，且原竹外壁与外夹钢板间紧密贴合、螺孔端距较小时，螺杆由于自身直径比较大使其抗剪、抗弯能力较强，不易发生破坏。在节点受力时，销槽孔壁刚开始承受挤压应力，但原竹的螺孔端距较小，当荷载继续增大时在螺杆两侧会发生冲剪破坏，产生冲剪面。轴向排列整齐的竹纤维束虽然提高了原竹轴向承载能力大小，但是也使其易在轴向发生开裂。在结构设计时应该尽量避免发生该种破坏，且充分发挥原竹轴向强度。

螺孔端距较小时原竹外夹钢板螺杆连接节点会发生破坏模式Ⅲ（原竹冲剪破坏），这是一种突然发生的脆性破坏。破坏模式Ⅲ（原竹冲剪破坏）仅仅发生在螺孔端距为 50mm 的试件中，且发生此破坏的试件 l/d 值集中分布在 3.57～5.00 之间。

据此，建议对于原竹外夹钢板螺杆连接节点，在设计时通过满足构造要求限制最小螺孔端距，避免节点发生原竹冲剪破坏，具体为满足 $l/d \geqslant 8$。

5. 设计建议

为了充分发挥节点承载能力，同时使节点产生合理的破坏模式，基于以上分析与计算结果，对外夹钢板连接节点的设计计算提出以下建议。

根据以上分析，给出了原竹外夹钢板极限抗拉承载力计算公式，见式（4.3-9）：

$$F_u = 2 \cdot f_{em} t_b \cdot d \qquad (4.3-9)$$

若要保证节点不发生破坏，须满足下式：

$$F \leqslant F_u \qquad (4.3-10)$$

式中，F_u 为试件极限抗拉承载力（kN）；F 为试件抗拉承载力设计值（kN）。

对外夹钢板连接节点有以下构造建议：

（1）保证原竹外壁与钢板贴合紧密；

（2）保证原竹最小螺孔端距满足 $l/d \geqslant 8$。

4.4 原竹集束杆件内嵌钢板灌浆柱脚节点

4.4.1 构造特点

内嵌钢板灌浆连接节点由原竹、螺栓、钢板和灌浆料构成，将开孔钢板放置在竹筒内，通过螺杆穿接将钢板与原竹固定，同时在竹筒内填入灌浆料（图4.4-1）。钢板通过螺杆将拉力传至原竹和灌浆料，实现了节点传力的有效性，其连接工艺简单方便。

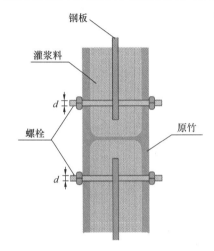

图4.4-1 内嵌钢板灌浆连接节点

4.4.2 试件设计

试件加工选用的原竹外径约为100mm，径厚比（原竹外径 D 与原竹平均壁厚 t_m 之比）约为10。共设计20个试件，试验变量为螺孔端距与螺杆直径。

螺孔端距设为四种，分别为50mm、80mm、110mm与140mm。原竹与钢板开孔大小比螺杆直径大2mm，便于安装；螺杆选用4.8级普通镀锌螺杆，直径型号为M8、M10、M12、M14、M16共五种。

内嵌钢板宽40mm、厚6mm，l_1 为钢板夹持端，长60mm；l_2 为原竹螺孔端距，长度取值根据试件设计；l_3 为钢板开孔端距，长40mm，详见图4.4-2。

灌浆料选用新曼联公司（New Manchester United）产的高强无收缩灌浆料（High-strength materials without filling contraction），型号为CGM-340。灌浆料强度满足《水泥基灌浆材料应用技术规范》[51]GB/T 50448—2015。

原竹作为一种生物材料，壁厚天然具有差异性。即使在试件加工初期，对试件选材较为严格，也无法保证不同竹节、同一竹节、同一截面中原竹壁厚大小相同。因此试验中利用平均壁厚代替螺孔处壁厚，用于后续理论计算与分析。平均壁厚 t_m 测量方式如图4.4-3所示。测量螺孔对应端部两侧的壁厚并取平均值得到 t_m。各试件具体参数详见表4.4-1。

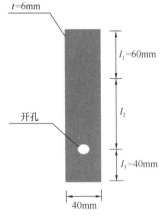

图4.4-2 内嵌钢板示意图

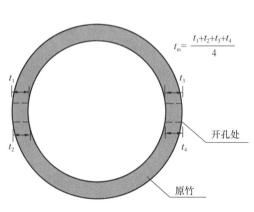

图4.4-3 原竹壁厚测量示意图

内嵌钢板灌浆节点试件参数汇总表

表 4.4-1

试件编号	螺孔端距 l (mm)	原竹外径 D (mm)	平均壁厚 t_m (mm)	径厚比 D/t_m	螺杆型号
GS-8-50	53.27	97.70	9.32	10.48	
GS-8-80	81.33	100.93	9.97	10.12	M8
GS-8-110	112.04	105.58	11.16	9.46	
GS-8-140	143.62	101.28	8.76	11.56	
GS-10-50	51.95	105.52	10.93	9.65	
GS-10-80	82.23	91.65	8.59	10.67	M10
GS-10-110	111.36	97.03	9.00	10.78	
GS-10-140	143.03	103.72	9.59	10.82	
GS-12-50	53.41	92.09	8.41	10.95	
GS-12-80	80.84	108.76	11.21	9.70	M12
GS-12-110	112.58	91.87	8.58	10.71	
GS-12-140	143.37	92.59	8.57	10.80	
GS-14-50	51.36	102.14	9.66	10.57	
GS-14-80	80.73	95.53	9.67	9.88	M14
GS-14-110	111.59	103.12	10.64	9.69	
GS-14-140	142.73	109.64	11.83	9.27	
GS-16-50	51.73	92.55	7.88	11.74	
GS-16-80	81.31	97.49	9.55	10.21	M16
GS-16-110	111.06	104.69	10.43	10.04	
GS-16-140	140.71	96.50	8.37	11.53	
平均值		100.46	9.76	10.37	

以试件"GS-8-50"为例说明试件编号规则："GS"指试件名称"Grout and Steel"，"8"指螺杆直径型号为 M8，"50"指螺孔端距为 50mm。

4.4.3　试验方法

节点加载试验见图 4.4-4（a），万能试验机的夹头将试件两头外露的钢板夹住，钢板与原竹通过螺杆连接传力，并用灌浆料填充密实。节点示意图见图 4.4-4（b），万能试验机的上端为固定端，下端为可进行移动的加载端，用于给试件加载。

同样，将百分表 D1 竖向放置在试件上端竹壁边缘，如图 4.4-4（b）所示。静态采集箱可以采集上端连接在节点破坏时发生的位移 Δ_1。下端连接在节点破坏时发生的位移 Δ_2 按照式（4.4-1）计算，其余试验方法同第 4.3 节的原竹集束外夹钢板连接节点。

$$\Delta_2 = \Delta - \Delta_1 \tag{4.4-1}$$

4.4.4　试验结果及分析

1. 荷载-位移曲线

将节点荷载-位移曲线按螺孔端距的不同进行分类，具体结果详见图 4.4-5。从图 4.4-5 可以看到，增大螺杆直径可增大螺孔接触面积，因此节点承载力也会提高。

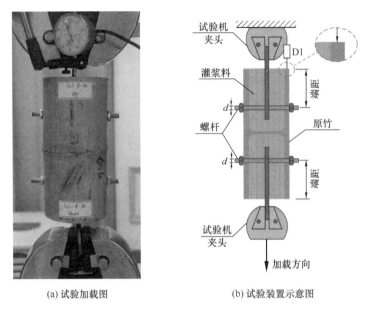

(a) 试验加载图   (b) 试验装置示意图

图 4.4-4 节点试验图

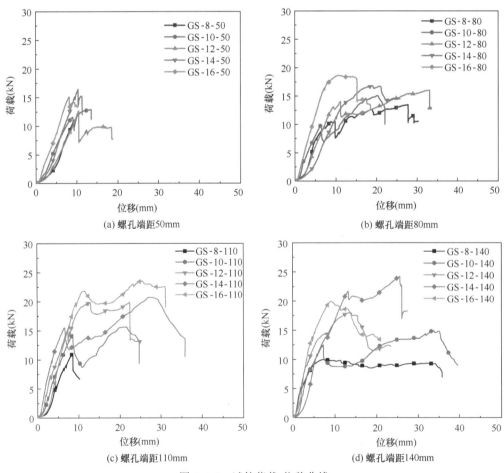

图 4.4-5 试件荷载-位移曲线

其中试件典型荷载-位移曲线如图 4.4-6 所示，从中可以将节点破坏过程分为四个阶段。

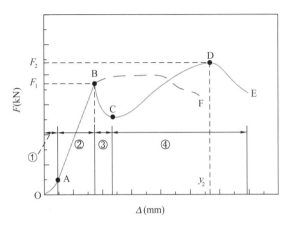

图 4.4-6 典型荷载-位移曲线

（1）第一阶段：初始滑移阶段（OA 段）

加载初期节点的位移增加量较大，而荷载增加量较小，荷载-位移曲线表现为向下凹。原因是加载初期试验机夹持端滑移，消耗节点初始位移。灌浆料将节点各部件间连接密实，初始滑移阶段很快过渡结束。

（2）第二阶段：弹性受力阶段（AB 段）

当节点位移继续增大，消耗初始滑移后，开始进入弹性变形阶段，荷载-位移曲线呈线性，承载力与变形线性增加，荷载-位移曲线达到第一次极值点（B 点）。记 B 点纵坐标承载力为 F_1。

（3）第三阶段：灌浆料开裂阶段（BC 段）或塑性屈服阶段（BF 段）

经过弹性受力阶段后，若灌浆料发生开裂或原竹发生劈裂破坏时，荷载-位移曲线出现骤降段（即 BC 段）；若灌浆料不开裂且原竹不劈裂，螺孔销槽承压屈服，则节点进入塑性屈服阶段，荷载-位移曲线表现为 BF 段。

（4）第四阶段：螺杆受弯阶段（CDE 段）

灌浆料开裂后即退出工作，钢板通过螺孔将拉力传至螺杆，螺杆跨中受集中力作用发生弯曲变形，螺杆进入塑性阶段。荷载-位移曲线重新出现上升段，最终在承载力达到第二次极值点（D 点）后发生破坏。D 点纵坐标为 F_2，横坐标为 y_2。各个试件具体承载能力与极限位移见表 4.4-2。

内嵌钢板灌浆螺杆连接试验结果 表 4.4-2

试件编号	第一极值点（kN）	第二极值点（kN）	第二极限位移（mm）	破坏模式
GS-8-50	10.84	—	—	Ⅲ
GS-8-80	*	*	*	*
GS-8-110	11.14	—	—	Ⅲ
GS-8-140	9.99	—	—	Ⅰ
GS-10-50	11.55	12.90	—	Ⅱ

续表

试件编号	第一极值点（kN）	第二极值点（kN）	第二极限位移（mm）	破坏模式
GS-10-80	9.92	15.04	20.04	Ⅳ
GS-10-110	14.41	15.64	20.94	Ⅳ
GS-10-140	12.46	14.90	33.72	Ⅳ
GS-12-50	12.66	9.98	—	Ⅱ
GS-12-80	14.00	16.01	32.92	Ⅳ
GS-12-110	19.84	19.83	22.44	Ⅳ
GS-12-140	17.96	—	—	Ⅰ
GS-14-50	16.48	15.22	—	Ⅱ
GS-14-80	16.72	—	—	Ⅰ
GS-14-110	15.50	20.75	28.16	Ⅳ
GS-14-140	21.70	24.31	25.64	Ⅳ
GS-16-50	15.10	14.13	—	Ⅱ
GS-16-80	18.65	14.59	—	Ⅱ
GS-16-110	21.82	23.58	25.57	Ⅳ
GS-16-140	19.92	—	—	Ⅰ

注：1. "—"表示无第二极值荷载或无第二极限位移；

2. 带"＊"的试件 GS-8-80，表示两端破坏模式不同，如图 4.4-7 所示，将其剔除。

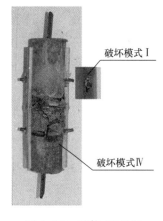

图 4.4-7　试件 GS-8-80
两端破坏模式图

破坏模式Ⅰ

破坏模式Ⅳ

2. 破坏模式

试验中出现的破坏现象可划分为四种破坏类型，如图 4.4-8 所示。各试件具体破坏模式详见表 4.4-2。

（1）破坏模式Ⅰ［图 4.4-8（a）］

当原竹内壁较为光滑时，灌浆料与内壁间摩擦力在节点受力初期很快被克服。内嵌钢板与螺杆通过灌浆料紧密包裹形成刚体，整体发生位移，灌浆料不发生开裂。原竹销槽孔区域受螺杆挤压，沿顺纹方向的纤维束发生失稳，螺杆发生滑移，造成销槽承压屈服破坏，销槽孔壁平整。螺杆受剪发生轻微弯曲。当螺杆滑移距离过大时，最终在销槽处会发生原竹开裂情况。在荷载-位移曲线中表现为无骤降段也无第二极值点。

（2）破坏模式Ⅱ［图 4.4-8（b）］

当螺孔端距较小时，原竹抗剪承载力小于销槽承压屈服承载力，原竹易发生劈裂破坏，销槽孔壁粗糙，纤维束分布杂乱。甚至在螺杆直径较大时发生原竹冲剪破坏，如图 4.4-9 所示节点 GS-16-80。在荷载-位移曲线中表现为骤降段后无第二极值点，或第二极值点小于第一极值点。

（3）破坏模式Ⅲ［图 4.4-8（c）］

当原竹内壁摩擦力足够，加载时灌浆料受拉力作用最先发生开裂，随后钢板通过螺孔

GS-8-140

(a) 破坏模式 I

GS-10-50

(b) 破坏模式 II

GS-8-50

(c) 破坏模式 III

GS-10-110

(d) 破坏模式 IV

图 4.4-8　内嵌钢板灌浆螺杆连接节点四种典型破坏模式

将拉力传至螺杆。灌浆料填充螺纹间隙，如图 4.4-10 所示，增大了螺杆刚度，抵制弯曲变形。由于螺杆直径较小，最终螺杆被剪断。节点位移小，能听见螺杆断裂声，且原竹表面没有裂缝、屈服滑移等现象。在荷载-位移曲线中表现为骤降段后无第二极值点。

GS-16-80

图 4.4-9　原竹冲剪破坏

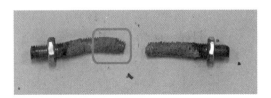

图 4.4-10　螺杆被灌浆料包裹细部图

（4）破坏模式Ⅳ［图 4.4-8 (d)］

当原竹内壁摩擦力足够，加载时灌浆料受拉力作用最先发生开裂，随后钢板通过螺孔将拉力传至螺杆。螺杆直径较大，抗剪强度高。螺杆在钢板拉力作用下发生弯曲变形。但竹壁与螺母限制螺杆弯曲变形。螺杆弯曲时通过螺母对原竹两侧施加挤压力，最终使螺孔处灌浆料开裂，如图 4.4-11 所示。这是一种较为理想的破坏模式。在荷载-位移曲线中表现为骤降段后出现第二极值点，且第二极值点大于第一极值点。可以在螺母下添加垫片解决螺杆弯曲过大导致螺母嵌入竹壁，压溃灌浆料。

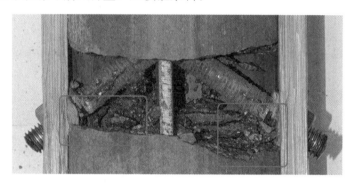

图 4.4-11　两侧螺孔处灌浆料压溃

3. 螺杆直径的影响

（1）破坏模式Ⅰ中螺杆直径对节点承载力的影响

所有试件中有 4 个试件发生破坏模式Ⅰ，试件最终破坏的部件为螺孔处的原竹，详见图 4.4-12。螺孔的承压面积直接影响试件承载力大小，因此试件承载力大小影响因素为螺杆直径 d 与原竹壁厚 t_m。4 个试件的荷载-位移曲线如图 4.4-13 所示。

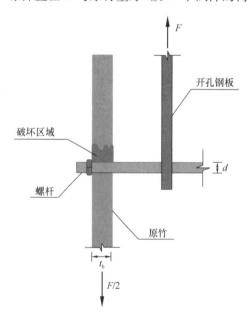

图 4.4-12　破坏模式Ⅰ中破坏区域

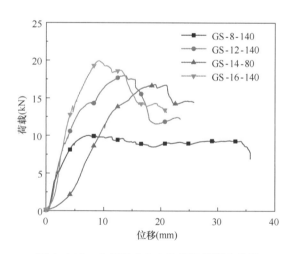

图 4.4-13　破坏模式Ⅰ中按螺孔端距分类的
荷载-位移曲线

发生破坏模式Ⅰ的四个试件中螺孔端距有 80mm、140mm 两种，为了消除螺孔端距的影响，比较试件承载力，按式（4.4-2）计算 $F_{1,l}$ 的值。比较在破坏模式Ⅰ中螺杆直径对节点破坏荷载的影响，具体结果见图 4.4-14。同时按式（4.4-3）计算 $F_{1,m}$，消除壁厚对节点承载力的影响，具体计算结果详见图 4.4-15。

$$F_{1,l} = \frac{F_1}{l} \tag{4.4-2}$$

$$F_{1,m} = \frac{F_1}{l \cdot t_m} \tag{4.4-3}$$

从图 4.4-14、图 4.4-15 中可以看到，在破坏模式Ⅰ中，节点承载力随螺杆直径的增大而增大，但螺杆直径过大会使承载力下降，如螺杆为 M16 时承载力较小。两图中节点承载力变化趋势相同，因为各试件中原竹壁厚大小相近，消除壁厚影响时对节点承载力变化趋势影响不大。

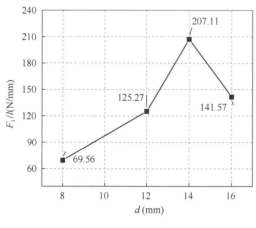

图 4.4-14　d-F_1/l 曲线

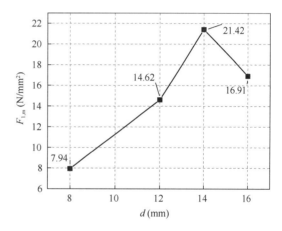

图 4.4-15　d-$F_{1,m}$ 曲线

以试件 GS-12-140 为例，按照式（4.4-4）计算试件第一极值 F_1 增幅，绘制在破坏模式Ⅰ下试件随螺杆直径增大后第一极值 F_1 增幅水平。具体计算结果见图 4.4-16。前文分析中表明，破坏模式Ⅰ的破坏区域为螺孔处原竹受压破坏，在破坏模式Ⅰ中试件承载力并不随着螺杆直径的增大而增大。当螺杆直径型号由 M8（试件 GS-8-140）变为 M12（试件 GS-12-140）时试件承载力增幅最大，为 79.78%，增大了螺孔处承压面积显著提高了试件的承载力。当螺杆直径型号由 M12（试件 GS-12-140）增大为 M14（试件 GS-14-80）或 M16（试件 GS-16-140）时试件承载力甚至出现下降，分别为 -6.9%、19.14%。上述结果表明当采用较大直径型号螺杆连接时原竹会产生较大开孔，对节点稳定性有影响，并不一定增大节点的承载力。

$$\Delta_{F_1} = \frac{F_{1,GS\text{-}8\text{-}140} - F_{1,GS\text{-}12\text{-}140}}{F_{1,GS\text{-}8\text{-}140}} \tag{4.4-4}$$

（2）破坏模式Ⅱ中螺杆直径对节点承载力的影响

同样地，将发生破坏模式Ⅱ中所有试件的承载力 F_1 分别用式（4.4-2）与式（4.4-3）

计算 $F_{1,l}$ 与 $F_{1,m}$，具体结果详见图 4.4-17、图 4.4-18（图中虚线表示试件 GS-16-50，实线表示试件 GS-16-80）。从图中可以看到，在破坏模式Ⅱ中螺杆直径对各节点承载力影响趋势与破坏模式Ⅰ相同，在螺杆直径过大时会使节点承载力下降。将节点的破坏模式按照螺杆直径进行分类，如图 4.4-19 所示。可以发现，破坏模式Ⅱ在除 M8 型号螺杆直径下均有发生，螺杆直径不起控制作用。

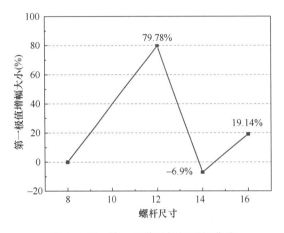

图 4.4-16　第一极值随螺杆增幅曲线

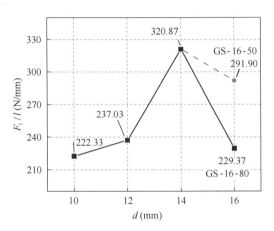

图 4.4-17　d-F_1/l 曲线

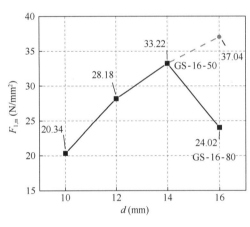

图 4.4-18　d-$F_{1,m}$ 曲线

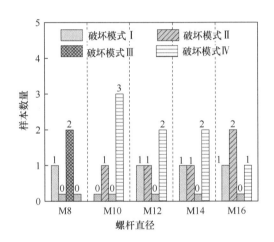

图 4.4-19　不同螺杆直径下破坏模式分布图

（3）破坏模式Ⅲ中螺杆直径对节点承载力的影响

仅有两个试件发生破坏模式Ⅲ，为 GS-8-50 与 GS-8-110。其荷载-位移曲线如图 4.4-20所示。试件 GS-8-50 与 GS-8-110 螺孔端距相差巨大，但其破坏荷载大小接近，且螺杆型号相同。螺杆在试件各个部件中属于较弱部件，试件承载力由螺杆控制。

将所有试件按照 d/D 的值对破坏模式进行分类，d 表示螺杆直径，D 表示原竹直径，具体分布结果如图 4.4-21 所示。在破坏模式Ⅲ下，节点 d/D 值分别为 7.58×10^{-2} 与 8.19×10^{-2}，两值相近且均分布在横坐标靠左侧。由此可见破坏模式Ⅲ与螺杆直径相对大小有关，螺杆直径相对原竹外径较小时节点易发生螺杆剪切破坏。应通过构造限制螺杆直径进行避免，本书建议取值为 $d/D \geqslant 0.09$。

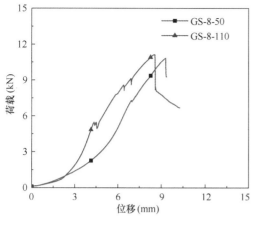

图 4.4-20　破坏模式Ⅲ下荷载-位移曲线

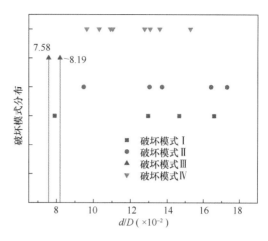

图 4.4-21　各破坏模式下 d/D 区间分布

（4）破坏模式Ⅳ中螺杆直径对节点承载力的影响

将所有发生破坏模式Ⅳ的节点的荷载-位移曲线按照螺孔端距进行分类，如图 4.4-22 所示。在不同螺孔端距下，节点极限承载力 F_2 随螺栓直径的变化趋势如图 4.4-23 所示。

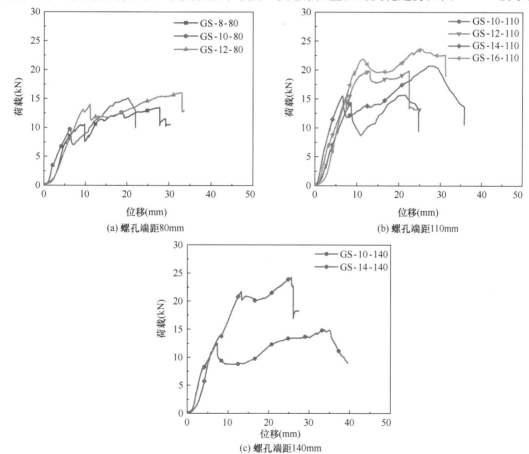

图 4.4-22　发生破坏模式Ⅳ的节点按螺孔端距分类

从图中可以看出，在破坏模式Ⅳ中节点极限承载力 F_2 均随螺杆直径的增大而增大。这是因为螺杆直径增大后刚度增大，螺杆抗弯强度提高，不易弯曲。单位壁厚下节点极限承载力 $F_{2,m}$ 变化曲线见图 4.4-24，从图中可以看出，节点单位壁厚极限承载力 $F_{2,m}$ 随着螺杆直径的增大呈现波动，并未有明显变化趋势。

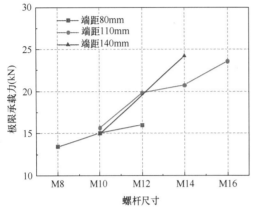

图 4.4-23　螺杆直径对极限承载力的影响

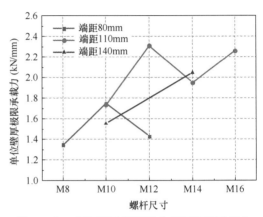

图 4.4-24　不同螺孔端距单位壁厚极限承载力

4. 螺孔端距的影响

将节点荷载-位移曲线按螺杆直径的不同进行分类，具体结果详见图 4.4-25。节点极限承载力随螺孔端距的变化趋势如图 4.4-26 所示。从图 4.4-27、图 4.4-28 可以看出，在螺杆直径为 M8 与 M10 时，增大螺孔端距并不能提高节点极限承载力，甚至出现承载力下降的情况，例如试件 GS-8-110 与 GS8-140 的节点极限承载力均小于试件 GS-8-80。当螺杆增大为 M12～M16 时，节点极限承载力随螺孔端距增大而增大，此时螺杆强度高，抗弯与抗剪能力强，原竹也参与节点受力。

将各节点的破坏模式按照不同的螺孔端距进行分类，具体分布情况详见图 4.4-27，从图中可以得到，破坏模式Ⅰ在螺孔端距 80mm 与 140mm 时均有发生，按前文分析，破坏模式Ⅰ的影响因素主要为灌浆料与原竹内壁间摩擦力，在加工时可人为提高原竹内壁粗糙度来避免。

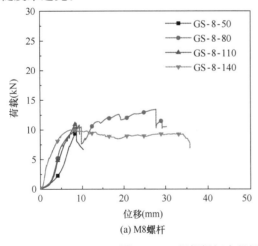

(a) M8螺杆

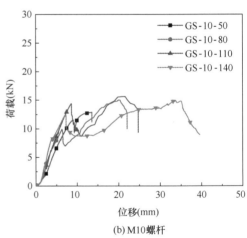

(b) M10螺杆

图 4.4-25　根据螺杆直径划分的试件荷载-位移曲线（一）

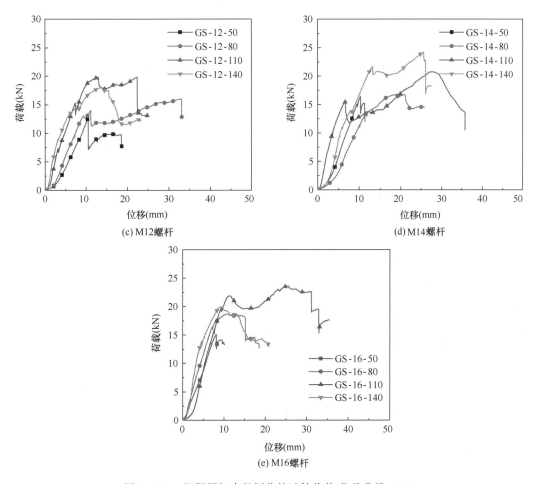

(c) M12螺杆　　　　　　　　　　(d) M14螺杆

(e) M16螺杆

图 4.4-25　根据螺杆直径划分的试件荷载-位移曲线（二）

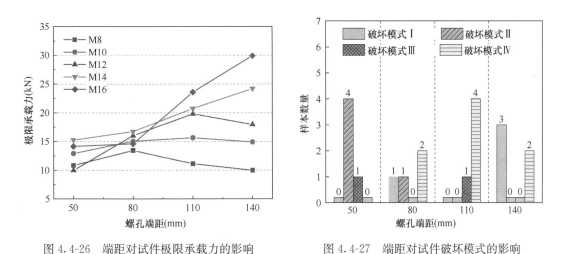

图 4.4-26　端距对试件极限承载力的影响　　　图 4.4-27　端距对试件破坏模式的影响

　　破坏模式Ⅱ仅发生在螺孔端距为 50mm 时，这是因为原竹因螺孔端距过小而抗剪承载力不足，易发生劈裂破坏，应通过构造限制螺孔端距进行避免。将所有破坏模式按照

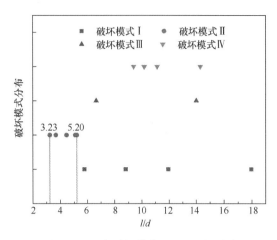

图 4.4-28　各破坏模式下 l/d 区间分布

l/d 的值进行分类，如图 4.4-28 所示，对于发生破坏模式Ⅱ的节点 l/d 值集中分布在 3.23～5.20。由此可见破坏模式Ⅱ与螺杆直径相对大小有关，在螺杆直径相对原竹外径较小时易发生。应通过构造限制螺杆直径进行避免，本书建议取值为 $l/d \geqslant 8$。

根据前文分析，螺杆直径较小会发生破坏模式Ⅲ，螺杆剪切断裂，在设计时建议螺杆型号取值满足 $d/D \geqslant 0.09$。

破坏模式Ⅳ在除端距 50mm 外的各螺孔端距中分布较为均匀，螺孔端距不起控制因素。

4.4.5　设计计算方法

1. 计算假设

在内嵌钢板灌浆连接节点试验中共发现四种破坏模式，为了便于对试验中出现的四种破坏模式基于 Johansen 的塑性屈服理论建立力学平衡方程，将节点模型进行简化，假设部分初始条件，具体基本假定如下：

（1）忽略螺杆与原竹销槽间切向摩擦力；

（2）原竹两侧螺杆孔对齐，受力均匀；

（3）原竹壁厚均匀，两侧销槽壁厚无较大差异；

（4）灌浆料开裂后随即退出工作，不再承受拉力。

2. 破坏模式Ⅰ

当节点发生破坏模式Ⅰ时灌浆料不发生开裂，灌浆料将螺杆与内嵌钢板包裹成整体，螺孔处原竹承受螺杆给予的压应力，节点发生销槽承压屈服破坏，此时节点中螺杆具体受力情况如图 4.4-29 所示。

取螺杆为分离体进行受力分析，得到力学平衡方程式（4.4-5）：

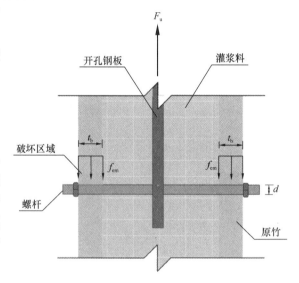

图 4.4-29　破坏模式Ⅰ螺杆受力图

$$F_u = 2 \cdot f_{em} \cdot t_b \cdot d \tag{4.4-5}$$

式中，F_u 为试件极限抗拉承载力（kN）；f_{em} 为原竹顺纹抗压强度值，根据材性试验所得（N/mm²）；d 为螺杆直径（mm）；t_b 为试件中原竹的平均壁厚（mm）。

将原竹内嵌钢板灌浆节点试验中发生破坏模式Ⅰ的节点承载力试验值与按式（4-24）计算的计算值进行对比分析，具体结果如表 4.4-3 所示。从表中可得，公式所得计算值与试验值相近，试验值与计算值之比的比值区间在 $0.96\sim1.36$，平均为 1.15，说明建议的计算公式能较好地预测节点破坏荷载，能够用于节点设计中，且节点实际受力情况与图 4.4-29 较接近。

破坏模式 I 下试验值与计算值对比　　　　　　　　　　　　表 4.4-3

试件编号	试验值（kN）	计算值（kN）	试验值/计算值
GS-8-140	9.99	9.01	1.11
GS-12-140	17.96	13.22	1.36
GS-14-80	16.72	17.40	0.96
GS-16-140	19.92	17.21	1.16
平均值	—	—	1.15

但在原竹内嵌钢板灌浆节点中，破坏模式 I 并不是一种理想的破坏模式。节点中共有四个部件，分别为原竹、螺杆、钢板、灌浆料。当节点发生破坏模式 I 时仅仅为原竹螺孔受压发生销槽承压破坏，其余部件螺杆、钢板、灌浆料均未发挥作用，产生变形，为节点提供承载力。导致节点承载力整体偏小，变形能力也较小，且不经济。考虑至此，在进行节点设计使用时应该增大原竹内壁粗糙度，提高原竹内壁与灌浆料间的摩擦力。使原竹中灌浆料在发生销槽承压破坏前发生开裂，充分发挥各材料性能，避免发生破坏模式 I。

3. 破坏模式 II

在原竹内嵌钢板灌浆连接节点中，当节点发生破坏模式 II 时表现其实与原竹外夹钢板连接节点中的破坏模式 III 相似。纵向排列紧密且整齐的竹纤维虽然提高了原竹纵向强度，但是也使得轴向易产生裂缝，发生开裂现象。

根据上文分析，螺孔端距不足时原竹内嵌钢板灌浆连接节点易发生开裂破坏（即破坏模式 II）。通过将所有节点破坏模式按照 l/d 的值进行归类发现，破坏模式 II 仅发生在螺孔端距为 50mm 的试件中，且 l/d 值集中分布在 $3.23\sim5.20$ 之间。

参考外夹钢板节点对节点构造要求的建议，对于原竹内嵌钢板灌浆节点，在设计时同样可通过限制最小螺孔端距满足构造要求，避免节点发生脆性破坏。同样地，建议取值为 $l/d\geqslant8$。

4. 破坏模式 III

原竹内嵌钢板灌浆节点理想破坏过程中，最先发生破坏的部件为灌浆料，灌浆料首先发生开裂，随后钢板将节点所受拉力传至螺杆，螺杆跨中受集中力作用。若螺杆直径满足抗剪强度要求，在承受跨中集中力作用时部分发生断裂，仅发生弯曲变形，此时节点发生较大变形，且由于螺母与竹壁存在，限制螺杆弯曲变形，使得节点承载力进一步增大。若螺杆直径较小，在承受由钢板传递的跨中集中力时会发生抗剪破坏，螺杆受剪发生断裂，即破坏模式 III，这是一种脆性破坏。

在前文中分析螺杆直径对节点破坏模式的影响时，绘制了原竹内嵌钢板灌浆节点破坏模式根据 d/D 值的分布曲线，发现发生破坏模式 III 的两个内嵌钢板灌浆节点 d/D 值分别为 7.58×10^{-2} 与 8.19×10^{-2}（具体为节点 GS-8-50 与 GS-8-110）。两破坏节点的 d/D 值较为接近。

由此可见当螺杆直径相对原竹外径比较小时，螺杆作为内嵌钢板灌浆节点中薄弱部件容易在灌浆料开裂后由于抗剪强度不足而发生受剪破坏，即破坏模式 III。据此建议在设计该种节点形式时，对于螺杆直径型号的选取应满足一定的构造要求，避免发生螺杆受剪破坏的脆性破坏，建议螺杆最小直径满足 $d/D \geqslant 0.09$。

5. 破坏模式Ⅳ

破坏模式Ⅳ是一种较为理想的破坏模式，节点中各部件均参与节点受力。首先是灌浆料承受拉力，且在螺杆处发生开裂，因为螺杆的存在使得此处横截面最小。当灌浆料发生开裂后即退出工作，不再受力。随后螺杆在跨中承受钢板传递过来的集中力，发生弯曲变形，节点变形增大。当螺杆弯曲后，两侧螺母与竹壁则限制螺杆弯曲，原竹也参与节点受力中。同时螺母范围内的灌浆料承受螺母传递的压力，节点承载力进一步提高。

简化节点的受力特征与破坏特征，将螺杆作为分离体进行受力分析，其受力情况如图 4.4-30 所示，图中 F_c 表示两侧螺母范围内受压的灌浆料发生压溃时产生的反力。

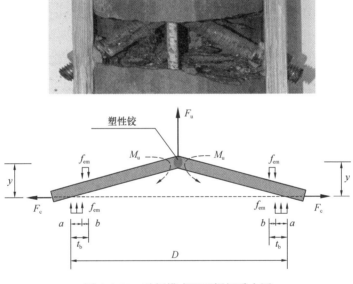

图 4.4-30　破坏模式Ⅳ下螺杆受力图

两侧螺母限制螺杆受钢板拉力后发生弯曲变形，然后原竹径向刚度较小，对螺母变形的限制能力有限，螺母发生了转角，图 4.4-31 中粗线表示为此时螺母与原竹外表面的接触面。但灌浆料开裂后，螺杆上部灌浆料退出工作，仅螺杆下部的部分灌浆料承受螺母挤压作用，灌浆料有效承压面积为图 4.4-32 中螺母深色区域，简化为半个圆环，同时考虑

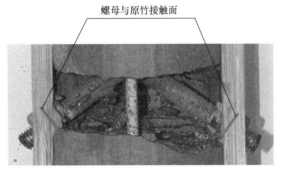

图 4.4-31　螺母与原竹外壁接触面

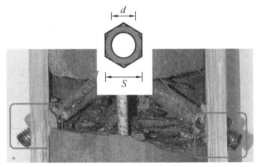

图 4.4-32　灌浆料有效承压面积

到实际情况下螺母对灌浆料的挤压集中在螺母边缘，因此对灌浆料有效承压面积进一步折减，取折减系数为 0.6。则 F_c 计算公式为：

$$F_c = f_{cl} \cdot A_m \tag{4.4-6}$$

式中，F_c 为受压灌浆料发生压溃时的反力（kN）；f_{cl} 为灌浆料 3d 后抗压强度（N/mm²），根据《水泥基灌浆材料应用技术规范》[51]GB/T 50448—2015 取值，$f_{cl}=40$MPa；A_m 为灌浆料有效承压面积，按表 4.4-4 取值，计算公式按式（4.4-7）。

$$A_m = 0.6 \times \frac{2\pi}{3}(S_1^2 - d^2) \tag{4.4-7}$$

式中，0.6 为承压面积折减系数；S_1 为螺母对边宽度（mm），根据《1 型六角螺母》GB/T 6170—2015 取值；d 为螺杆直径（mm）。

灌浆料有效承压面积　　　　　　　　　　　　　表 4.4-4

	M10	M12	M14	M16
d（mm）	10	12	14	16
S_1（mm）	13.00	16.00	18.00	21.00
A_m（mm²）	195.94	226.08	307.72	401.92

根据图 4.4-30 中螺杆受力情况，基于 Johansen 的塑性屈服理论建立力学平衡方程求解节点理论承载力，如式（4.4-8）所示：

$$\begin{cases} F_u = 2 \cdot f_{em} \cdot (b - a) \\ t_b = a + b \\ -M_u = f_{em} \cdot d \cdot a \cdot \left(\frac{D}{2} - \frac{a}{2}\right) - f_{em} \cdot d \cdot b \cdot \left(\frac{D}{2} - a - \frac{b}{2}\right) + F_c y_2 \end{cases} \tag{4.4-8}$$

式中，F_u 为试件极限抗拉承载力（kN）；f_{em} 为原竹顺纹抗压强度值（N/mm²），根据材性试验所得；M_u 为螺杆塑性弯矩值（N·mm）；F_c 为受压灌浆料发生压溃时的反力（kN）；y_2 为节点第二极限位移（mm）；d 为螺杆直径（mm）；D 为原竹外径（mm）；t_b 为试件中原竹的平均壁厚（mm）；a 和 b 为原竹壁厚内受挤压区域长度（mm）。

整理可得：

$$\frac{1}{16 f_{em} d} F_u^2 + \frac{D - t_b}{4} F_u - \left(\frac{t_b^2 f_{em} d}{4} + M_u + F_c y_2\right) = 0 \tag{4.4-9}$$

按照美国木结构设计规范 NDS-2005 中建议，考虑螺杆塑性完全发展，螺杆塑性弯矩值为：

$$M_u = k_w \cdot f_u^b \cdot \pi \cdot \frac{d^3}{32} \tag{4.4-10}$$

式中，f_u^b 为螺杆抗拉强度，本试验采用 4.8 级镀锌螺杆，$f_u^b=400$N/mm²；k_w 为螺杆塑性发展系数，$k_w=1.7$。

联立式（4.4-9）和式（4.4-10），根据求根公式并忽略方程负数解，可得：

$$F_u = 8 f_{em} d \cdot \left[\frac{t_b - D}{4} + \sqrt{\frac{(D - t_b)^2 + t_b^2}{16} + \frac{k_w f_u^b \pi d^3 + 32 F_c y_2}{128 f_{em} d}}\right] \tag{4.4-11}$$

式（4.4-11）中 f_{em} 为节点极限位移，但在节点设计初期无法确定。同时灌浆料压溃属于脆性破坏，在设计使用时应避免，对极限承载力计算公式进行一定的折减。因此本书建议的设计公式在式（4.4-11）的基础上，忽略灌浆料压溃阶段提高的承载力，具体见下式：

$$F'_u = 8f_{em}d \cdot \left[\frac{t_b - D}{4} + \sqrt{\frac{(D-t_b)^2 + t_b^2}{16} + \frac{k_w f_u^b \pi d^2}{128 f_{em}}}\right] \qquad (4.4\text{-}12)$$

将各节点的承载力计算值 F_u、设计值 F'_u 与试验值 F_2 进行对比分析，具体结果如表 4.4-5 所示。从表 4.4-5 中可得，计算值 F 与试验值 F_2 相近，F_u/F_2 比值区间在 0.71～1.28，平均值为 0.96，说明承载力计算公式 F_u 能较好地预测节点破坏荷载，与实际值较接近，吻合较好。

设计值 F'_u 较为保守，F'_u/F_2 比值区间在 0.23～0.53，均值为 0.33，说明按照 F'_u 进行设计时阶段承载力留有一定安全度。F'_u/F_2 平均值为 0.34，表明设计值 F'_u 约为计算值 F_u 的 1/3，相当于对计算值进行 3 倍的折减。

破坏模式Ⅳ中计算值与试验值比较

表 4.4-5

试件编号	F_2 (kN)	F_u (kN)	F_u/F_2	F'_u (kN)	F'_u/F_2	F'_u/F_u
GS-10-80	15.04	11.38	0.76	3.72	0.25	0.33
GS-10-110	15.64	11.14	0.71	3.57	0.23	0.32
GS-10-140	14.90	14.40	0.97	3.42	0.23	0.24
GS-12-80	16.01	17.82	1.11	5.62	0.35	0.32
GS-12-110	19.83	16.07	0.81	6.08	0.31	0.38
GS-14-110	20.75	23.88	1.15	8.79	0.42	0.37
GS-14-140	24.31	21.83	0.90	8.57	0.35	0.39
GS-16-110	23.58	30.20	1.28	12.39	0.53	0.41
平均值	—	—	0.96	—	0.33	0.34

6. 设计建议

基于以上分析与计算结果，对内嵌钢板灌浆连接节点的设计计算提出以下建议：

内嵌钢板灌浆连接下极限抗拉承载力按式（4.4-11）计算。考虑灌浆料压溃时为脆性破坏，忽略灌浆料压溃提供的承载力，建议按式（4.4-12）计算。

若要保证节点不发生破坏，须满足式（4.4-13）：

$$F \leqslant F'_u \qquad (4.4\text{-}13)$$

式中，F'_u 为试件建议抗拉承载力计算公式（kN）；F 为试件抗拉承载力设计值（kN）。

对内嵌钢板灌浆连接节点有以下构造建议：

（1）提高原竹内壁粗糙度，保证灌浆料先发生开裂退出工作。

（2）保证原竹最小螺孔端距满足 $l/d \geqslant 8$。

（3）保证原竹最小螺杆直径满足 $d/D \geqslant 0.09$。

4.4.6 外夹钢板连接柱脚节点对比

根据中冶柏芷山游客接待中心竹结构示范工程项目所提出的两种原竹连接方式在承载

力、节点极限位移等方面各有优劣，为了更全面地展现两种连接节点，本书也从以上两方面对这两种节点做一些简单对比分析，方便设计选用。

在前文的节点试验中，外夹钢板连接节点出现了三种破坏模式，而内嵌钢板灌浆连接节点出现了四种破坏模式，但本节只选用两种节点在设计时期望出现的、表现较好的延性破坏模式作为对比分析对象。

对于外夹钢板连接节点，选用破坏模式而 II（销槽承压屈服破坏），对于内嵌钢板灌浆节点，选用破坏模式 IV。

1. 破坏过程对比

两种连接节点的典型荷载-位移曲线如图 4.4-33 所示。外夹钢板螺杆连接节点破坏过程共有三个阶段，分别为初始滑移阶段、弹性变形阶段与塑性发展阶段。内嵌钢板灌浆连接节点破坏过程共有四个阶段，分别为初始滑移阶段、弹性受力阶段、灌浆料开裂阶段与螺杆受弯阶段。

两种连接方式在加载初期均出现试验机夹持端滑移，导致荷载-位移曲线出现初始滑移阶段，该阶段很快过渡结束。

随后两节点均进入弹性变形阶段，荷载-位移曲线呈线性，承载力与变形逐步增加。在外夹钢板连接中是螺孔处原竹在承受荷载发生弹性变形，在内嵌钢板灌浆连接中则是灌浆料。

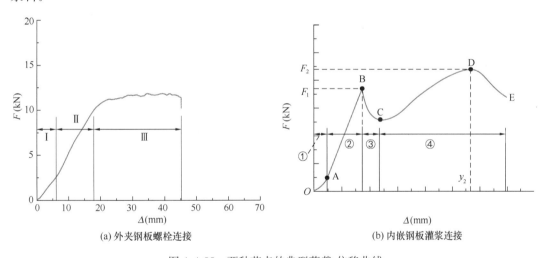

(a) 外夹钢板螺栓连接　　　　　　　(b) 内嵌钢板灌浆连接

图 4.4-33　两种节点的典型荷载-位移曲线

经历过弹性变形阶段后，外夹钢板节点随即进入塑性发展阶段，节点位移迅速增大而荷载增幅不明显，螺孔销槽处顺纹向纤维束不断被螺杆挤压变形，直至节点失效。内嵌钢板灌浆节点则发生灌浆料开裂，荷载-位移曲线出现下降段，但节点并未失效。灌浆料开裂后即退出工作，钢板通过螺孔将拉力传至螺杆，螺杆跨中受集中力作用发生弯曲变形，螺杆进入塑性阶段。荷载-位移曲线重新出现上升段，最终螺母附近的灌浆料被压溃，节点失效。

相比外夹钢板螺杆连接，内嵌钢板灌浆连接中各个组件相继承受节点荷载，均有两道受力防线，分别为灌浆料与螺杆，充分发挥各组件的效应。

2. 极限承载力对比

两种连接方式在发生理想的破坏模式时极限承载力如表4.4-6所示，外夹钢板连接节点极限承载力平均值为13kN，而内嵌钢板灌浆连接节点的极限承载力平均值为18.75kN，相比外加钢板连接提高了44.23%，效果显著。从单位壁厚下极限承载力方面来看，消除各个节点中原竹壁厚不同的影响因素，内嵌钢板灌浆节点单位壁厚下极限承载力达到了2.31kN/mm，比外夹钢板连接节点提高了69.85%。

在外夹钢板连接节点中，节点承载力仅与原竹螺孔承压面积有关，螺杆并未参与节点变形与受力。而在内嵌钢板灌浆连接中，当灌浆料开裂后螺杆随即参与结构受力，发生弯曲变形，节点中各个部件均参与受力。

两种连接方式极限承载力对比 　　　　　表 4.4-6

连接类型	试件编号	极限承载力 （kN）	单位壁厚下极限荷载 （kN/mm）	破坏模式
外夹钢板连接	OS-8-80	10.01	1.09	Ⅱ
	OS-10-80	11.85	1.20	
	OS-12-80	13.69	1.50	
	OS-14-80	15.52	1.54	
	OS-8-110	9.37	1.17	
	OS-12-110	12.21	1.40	
	OS-14-110	12.96	1.33	
	OS-8-140	10.50	1.20	
	OS-12-140	15.83	1.46	
	OS-14-140	18.06	1.74	
	平均值	13.00	1.36	
内嵌钢板 灌浆连接	GS-10-80	15.04	1.75	Ⅳ
	GS-10-110	15.64	1.74	
	GS-10-140	14.90	1.55	
	GS-12-80	16.01	1.43	
	GS-12-110	19.83	2.31	
	GS-14-110	20.75	1.95	
	GS-14-140	24.21	2.05	
	GS-16-110	23.58	2.26	
	平均值	18.75	1.88	

3. 极限位移对比

节点在极限承载力时发生破坏，如果连接的极限位移较小，在节点破坏时也无法发生较大位移给人们提供危险预警，会给人们的生产生活带来极大的安全隐患。

两种连接方式在极限荷载时的极限位移，如表4.4-7所示。从极限位移方面来看外夹钢板连接节点平均极限位移22.48mm，而内嵌钢板灌浆连接节点平均极限位移为26.18mm，比外夹钢板连接提高了16.46%。但两者较为接近，均具有良好的延性。

两种连接方式极限位移对比　　　　　　　　　　　　表 4.4-7

连接类型	试件编号	极限位移（mm）	破坏模式
外夹钢板连接	OS-8-80	14.60	II
	OS-10-80	34.68	
	OS-12-80	15.49	
	OS-14-80	23.55	
	OS-8-110	24.43	
	OS-12-110	23.41	
	OS-14-110	28.80	
	OS-8-140	18.40	
	OS-12-140	21.99	
	OS-14-140	19.49	
	平均值	22.48	
内嵌钢板灌浆连接	GS-10-80	20.04	IV
	GS-10-110	20.94	
	GS-10-140	33.72	
	GS-12-80	32.92	
	GS-12-110	22.44	
	GS-14-110	28.16	
	GS-14-140	25.64	
	GS-16-110	25.57	
	平均值	26.18	

4.5　单竹管套筒灌浆连接节点

4.5.1　试件设计

　　试验选用周径范围分布为 70～100mm 的毛竹，在其指定位置开孔径为 10mm 的小孔用以连接外部抗剪螺栓，在钢套筒底部外壁焊接有 M10 螺杆作为内部抗剪螺杆。将预制的钢套筒与竹筒进行组合后，在竹管内进行混凝土灌浆。通过灌浆料的粘结硬化作用，将竹管和钢套筒与螺栓连接成一个整体，整体节点如图 4.5-1 所示。

　　针对不同截面尺寸、螺栓数量、粘结深度对节点抗拔承载力和节点破坏模式进行了试验。其中对于不同截面尺寸，分别设计了 95mm、85mm、75mm 三种不同截面尺寸的试件；对于螺栓数量，分别设计了 0、1、2、4、8、12 六种不同螺栓数量的试件；对于粘结深度，设计了 250mm、200mm、150mm 三种不同粘结深度的试件；共计 13 个试件，如表 4.5-1 所示。

　　以试件名"BG95-250-0"为例说明试件的编号规则，"BG"代表试件名称，"95"代表竹管周径，"250"代表了钢套筒的粘结深度，"0"代表了螺栓数量。

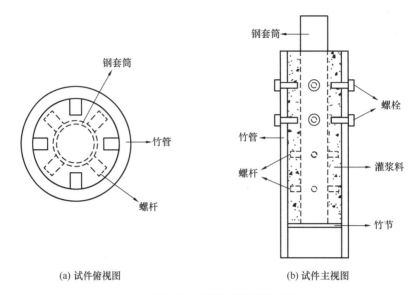

(a) 试件俯视图   (b) 试件主视图

图 4.5-1　原竹套筒灌浆连接节点

节点试件的基本信息　　　　　　　　　　　　　　　　　　　表 4.5-1

试件编号	外径 D（mm）	厚度 t（mm）	螺栓 数量	粘结深度 l_d（mm）
BG95-250-0	94.5	9.85	0	246
BG85-250-0	84.9	8.04	0	249
BG75-250-0	77.5	6.63	0	235
BG95-200-0	96.0	10.37	0	200
BG95-150-0	94.9	10.55	0	148
BG95-250-1	93.8	9.48	1	242
BG95-250-2	94.3	9.33	2	244
BG95-250-4	95.3	9.56	4	245
BG95-250-8	96.4	9.79	8	251
BG95-250-12	95.6	9.07	12	248
BG85-250-4	83.3	8.52	4	243
BG85-250-8	83.1	8.41	8	246
BG85-250-12	85.2	8.73	12	245

4.5.2　试验方法

　　试验在中南大学铁道学院第一综合试验楼完成，主要采用 WC 万能力学试验机，其最大加载值为 50kN。试验采用力加载，加载速度为 50N/s，加载方式为单调静力加载，在试件破坏后即停止加载。试验曲线在试件加载时由万能试验机绘出，试验加载及其示意图如图 4.5-2 所示。

　　在试验开始前，先对试件进行校正，保证试件竖直，试件通过上、下部钢套管开孔处穿入螺杆与试验机夹头相连。试件加载时底部保持固定，上部试验机夹头通过螺杆将力传

(a) 试验加载

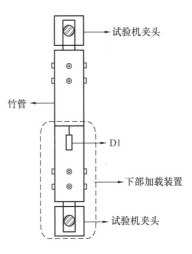

(b) 试验装置示意图

图 4.5-2　试验加载及其示意图

给钢套筒，待底部螺杆与钢套筒孔壁相接触时，试件整体即受拉力。

对节点下方同样设置抗剪键以加强节点下方与试验机夹头的锚固措施，确保节点破坏形式真实有效。此时，中部竹节下方与竹管相连部分仅作为加载装置，下部加载装置抗剪措施设置强于上部，以确保节点破坏从上部开始。并在节点中部竹节处安装位移计以监测节点竹节处的位移。试验开始后，整个试件的力与位移由与试验机相连的软件直接导出，记为 F 和 Δ_1；同时，通过位移计 D1 得到下部竹管的位移 Δ_2，节点的真实位移可通过式（4.5-1）计算：

$$\Delta = \Delta_1 - \Delta_2 \tag{4.5-1}$$

式中，Δ_1 为试件整体位移；Δ_2 为试件下部加载装置的位移。

4.5.3　试验结果及分析

1. 破坏模式

一般情况下，破坏模式是决定试件极限承载能力 F_u 的主导因素。在拉拔试验过程中主要出现两种破坏模式，均属于竹管与灌浆料连接的界面破坏。破坏模式Ⅰ：竹筒与灌浆料粘结滑移失效；破坏模式Ⅱ：竹管开孔处销槽承压破坏。其中，当发生竹管与灌浆料粘结滑移失效时，节点的抗拉承载力较低但延性较好，属于延性破坏；当发生竹管开孔处销槽承压破坏导致的抗剪键失效时，节点的抗拉刚度和承载力较大，但延性较差，属于脆性破坏。

（1）破坏模式Ⅰ：竹筒与灌浆料之间粘结滑移失效

当竹管外部抗剪键螺杆数量设置为 0 时，竹管节点的主要破坏模式为竹管与灌浆料之间粘结滑移失效。在加载初期，试件表现为弹性；随着拉力增大，竹管的初始裂缝部位开裂增加，试件表现出塑性状态；随着拉力继续增加，竹管难以承受由混凝土传来的粘结力，竹管上的纵向裂缝不断开展，因而混凝土与竹管之间的粘结被破坏，混凝土与钢套管之间出现较大滑移。试件在接近极限承载力时仍有较强的变形能力，属于延性破坏。试件破坏时的整体裂缝示意图与局部裂缝示意图如图 4.5-3 所示。

(a) 破坏现象（整体）　　　　　　　　(b) 破坏现象（上部）

图 4.5-3　竹管与灌浆料之间粘结滑移失效

（2）破坏模式Ⅱ：竹管局部销槽承压破坏

当竹管上抗剪键设置数量为 4、8、12 时，该节点在拉力作用下的破坏模式为竹管局部销槽承压破坏导致的抗剪键失效，仍属于竹管与灌浆料之间的界面破坏。随着拉力增大，竹管上的抗剪键逐步发生倾斜，竹管进入局部承压状态；随着荷载的增加，螺杆抗剪键倾角微微增加，同时竹管壁开始出现细微裂纹；最后，随着荷载的进一步增大，随着一声脆响，竹管销槽承压处发生崩裂，裂纹在很短时间内迅速扩展，竹管壁出现较大的竖向裂缝并向上贯通。随着竹管销槽破坏，竹管上抗剪键丧失抗剪作用，倾斜角迅速增大，最后失去竹管上抗剪键约束的混凝土随钢管一起被拔出竹管，试件破坏。在该破坏模式下，试件刚度较大，试件破坏时位移普遍较小，破坏呈脆性。试验破坏现象如图 4.5-4 所示。

(a) 破坏现象（整体）　　　　　　　　(b) 破坏现象（细部）

图 4.5-4　竹管局部销槽承压破坏现象

2. 荷载-位移曲线

经过试验分析后，节点在单调受拉荷载作用下的荷载-位移曲线如图 4.5-5 所示，分别考虑了不同螺栓数量、粘结深度、竹管截面尺寸因素对节点力学性能影响。对于不同工况下套筒灌浆受拉节点，其荷载-位移曲线一般表现为如下 4 个阶段，如图 4.5-5（e）所

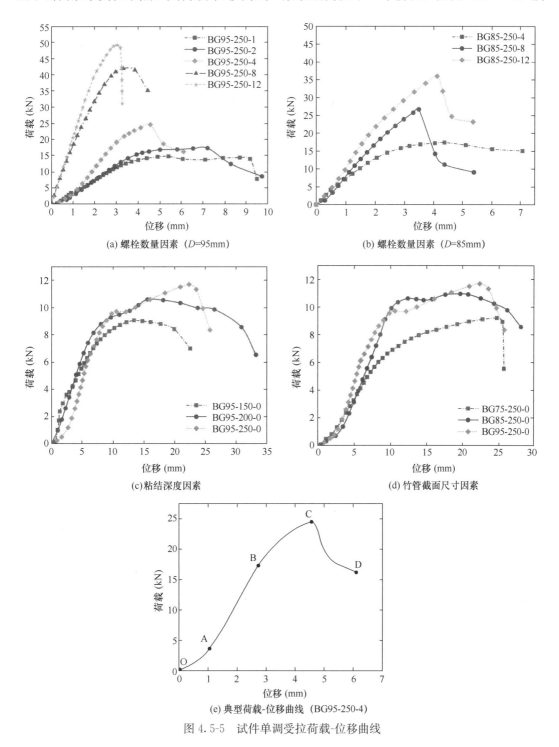

(a) 螺栓数量因素（D=95mm）

(b) 螺栓数量因素（D=85mm）

(c)粘结深度因素

(d) 竹管截面尺寸因素

(e) 典型荷载-位移曲线（BG95-250-4）

图 4.5-5　试件单调受拉荷载-位移曲线

示：（1）初始滑移阶段 OA，钢套筒上的孔洞为预先钻孔，其直径略大于加载装置中固定螺杆的直径，同时由于节点内部存在初始缺陷，以上原因造成竹管、灌浆料、钢套筒三者之间没有紧密接触，竹管壁上的抗剪键未完全起作用，因此荷载-位移曲线产生如 OA 所示的滑移阶段。（2）弹性发展阶段 AB，此时组成节点的竹管、灌浆料、钢套筒共同受力变形，外部抗剪键全部进入受力状态。此时竹管和灌浆料在材料强度上均属于弹性受力状态，荷载的增加与变形的增加呈线性关系。（3）塑性发展阶段 BC，随着荷载进一步增加，竹管和灌浆料两者逐步进入弹塑性状态。灌浆料内部出现微裂缝，且裂缝迅速发展，同时螺栓逐渐发生刚体转动，与此伴随的是竹管壁上毛竹纤维的压缩增大，曲线出现非线性塑性段。（4）下降阶段 CD，随着节点裂缝和变形继续发展，节点达到其极限强度，此时表现为外部抗剪键所连接的灌浆料被局部压溃和竹管壁销槽破坏，荷载进一步下降，加载结束。

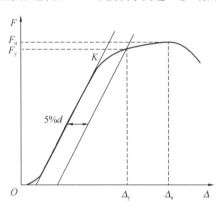

图 4.5-6　试件力学特征值取值方法

3. 参数分析

根据试验所得的荷载-位移曲线，参考 ASTM D5764-97a 的 5% 螺栓直径偏移方法（图 4.5-6），取抗拉节点试件荷载-位移曲线的弹性段斜率为初始刚度 K，该弹性段偏移后与原曲线的交点可得试件的屈服荷载 F_y 及屈服位移 Δ_y，并确定试件的极限荷载 F_u 和极限位移 Δ_u，并以极限位移 Δ_u 与屈服位移 Δ_y 的比例定义为延性比。试验结果及其力学特征值如表 4.5-2 所示。

试件单调受拉试验结果表　　　　　　　　　　表 4.5-2

试件编号	屈服荷载 F_y（kN）	屈服位移 Δ_y（mm）	初始刚度 K（kN/mm）	极限荷载 F_u（kN）	极限位移 Δ_u（mm）	延性比
BG95-250-0	8.64	8.35	1.74	11.67	22.58	2.70
BG85-250-0	7.75	8.86	1.30	10.95	19.68	2.22
BG75-250-0	6.21	8.70	0.89	9.22	25.00	2.87
BG95-200-0	7.97	6.66	1.40	10.58	15.57	2.34
BG95-150-0	6.31	5.94	1.24	9.05	13.33	2.24
BG95-250-1	13.68	4.06	4.10	14.76	5.45	1.34
BG95-250-2	16.20	4.34	4.79	17.33	7.21	1.66
BG95-250-4	22.90	3.88	8.51	24.60	4.57	1.18
BG95-250-8	40.39	2.88	16.33	41.94	3.32	1.15
BG95-250-12	43.61	2.33	20.51	49.27	3.04	1.30
BG85-250-4	15.59	2.78	6.42	17.38	4.37	1.57
BG85-250-8	23.45	2.89	9.48	26.70	3.49	1.21
BG85-250-12	30.49	3.16	12.16	36.01	4.11	1.30

（1）变量影响分析

对于节点螺栓数量，不同粘结深度、竹管截面尺寸的变量对于屈服荷载、极限荷载、初始刚度、延性比进行了对比分析，如图 4.5-7 所示。从螺栓数量影响因素来看，无论是周径 95mm 的竹管还是周径 85mm 的竹管，其极限荷载、屈服荷载、初始刚度都随着螺栓数量的增加而显著增加，而对延性比的影响则不明显；这是由于随着螺栓数量的增加，

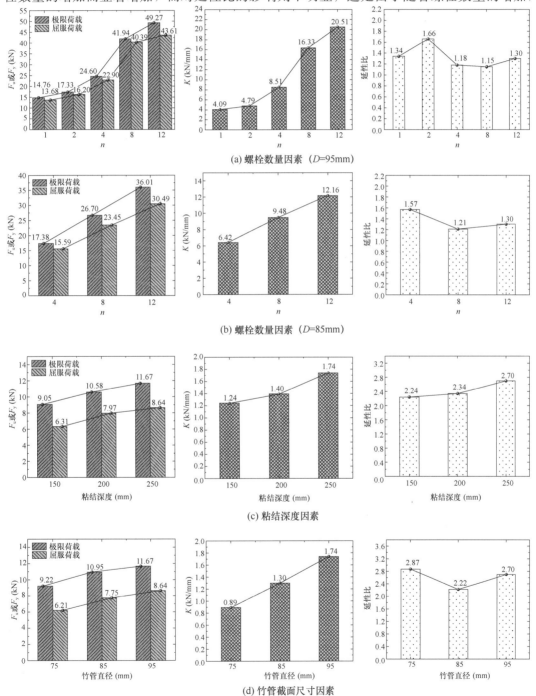

图 4.5-7　各因素对节点力学性能的影响

显著提高了竹管与灌浆料之间的界面粘结承载力，从而影响节点的力学性能，如图 4.5-7（a）、（b）所示；从粘结深度因素来看，随着粘结深度的增加，极限荷载、屈服荷载、初始刚度、延性比均呈增加趋势，其中极限荷载趋势较明显，对于屈服荷载和初始刚度及延性比均影响不明显，这是由于此类节点破坏形态相同，竹管壁与灌浆料之间的界面粘结承载力主要由材料之间的摩擦力提供，该因素主要由材料性质决定，因而区别不明显，见图 4.5-7（c）；从竹管截面尺寸来看，极限荷载、屈服荷载、初始刚度均随竹管周径的增加呈现明显增长趋势，但截面尺寸对于延性比的影响则不明显。这是由于此时不同截面尺寸的竹管其周径和壁厚均有差异，导致微膨胀混凝土与竹管壁之间的环向压力不同，造成灌浆料与竹管壁之间的粘结滑移力有明显差异，见图 4.5-7（d）。

（2）灌浆料-竹管壁界面粘结强度分析

上述节点中有 5 个未设外部抗剪的试件，分别从竹管尺寸、粘结深度两个因素探究了其对灌浆料与竹管壁间界面粘结承载力的影响，见表 4.5-3。此时其材料界面粘结承载力主要由摩擦力提供，建立界面粘结承载力计算表达式，如式（4.5-2）所示。

$$F_\mu = \pi D_i l_d \mu \tag{4.5-2}$$

其中 D_i 为原竹筒内径；l_d 为钢套筒在灌浆料中的粘结深度；μ 为灌浆料与竹管壁之间的粘结强度。

无外部抗剪键试件粘结强度表   表 4.5-3

试件编号	外径 D（mm）	内径 D_i（mm）	粘结深度 l_d（mm）	粘结强度 μ（MPa）
BG95-250-0	94.5	74.8	246.0	0.202
BG85-250-0	84.9	68.8	249.0	0.204
BG75-250-0	77.5	64.2	235.0	0.194
BG95-200-0	96.0	75.3	200.0	0.224
BG95-150-0	94.9	73.8	148.0	0.264

由图 4.5-8（a）可以看出竹管截面尺寸与无外部抗剪键节点的粘结强度没有关联，这是由于随着竹管的截面尺寸减小，其有效粘结面积也随之减小。所以虽然其节点的极限荷载有少量增加，但粘结强度基本保持不变。所以取外径 95mm、粘结深度为 250mm 试件

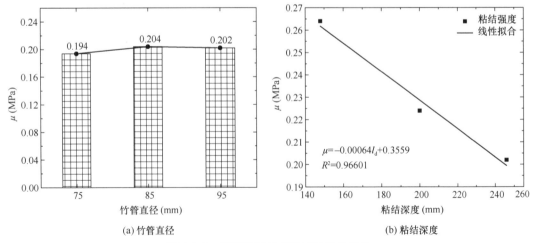

(a) 竹管直径   (b) 粘结深度

图 4.5-8 各因素对节点粘结强度的影响

粘结强度分别与粘结深度为 200mm、150mm 的试件进行比较。可以看出节点的粘结强度随着粘结深度的增加呈现出明显的线性关系，平均粘结强度随着深度的增加而减小，这与钢筋在混凝土中的粘结强度规律变化类似，故对其做线性拟合可得其线性拟合关系式式（4.5-3）。

$$\mu = -0.0064 l_d + 0.3559 \tag{4.5-3}$$

4.5.4　有限元分析

本研究建立了 ABAQUS 有限元模型，结合试验现象与试验数据，从破坏方式与荷载-位移曲线的吻合度两个方面验证了模型有效性。分析结果表明，有限元模型能较好地预测节点抗拉试件的受力行为。在有限元模型的基础上开展参数分析，探究了螺杆个数、壁厚对节点承载力的影响，并将有限元结果与计算方法的预测结果进行了对照，两者具有较好的一致性。

首先对节点仿真分析做以下力学简化和假定：

（1）忽略抗剪键与灌浆料和竹管壁之间的间隙，竹管上孔壁尺寸与抗剪螺栓尺寸相同。

（2）在考虑竹材的基本力学性能时忽略竹材力学在纵向和径向力学性能的差异，将竹材视为一种各向同性的理想弹塑性材料。

（3）不考虑节点在浇筑过程中产生的初始缺陷。

（4）竹管壁厚均匀分布。

1. 模型建立

竹材极限强度取其修正后构件材料强度为 30.79MPa，弹性模量为 3000MPa，其本构模型如图 4.5-9（a）所示；灌浆料在本书中采用丁发兴课题组所提出的混凝土塑性损伤模型模拟灌浆料的力学行为，其泊松比为 0.2，弹性模量为 25.7GPa，本构关系可用图 4.5-9（b）所示的关系曲线表示；钢套筒在试验中未出现屈服或断裂状态，因此对钢材不考虑其强化阶段，采用理想弹塑性模型。钢材材料参数的取值参考 Q235 钢，取其密度为 7.85g(cm³)，弹性模量为 210GPa，泊松比为 0.3，最大应力为 235MPa，其材料本构曲线如图 4.5-9（c）所示。

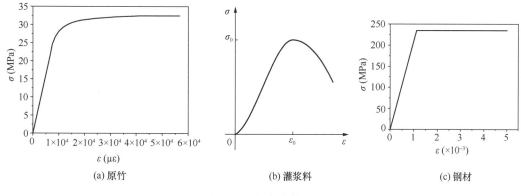

图 4.5-9　材料本构关系

模型采用八节点缩减积分实体单元（C3D8R），有限元模型中节点的竹管周径和壁厚根据试验数据确定。为避免开孔处的应力集中现象对竹管与灌浆料开孔处模拟结果的影响，对竹管与灌浆料开孔处网格加密，划分网格后的试件有限元模型如图 4.5-10 所示。

抗拉试件边界条件设置如图 4.5-11 所示：有限元模拟试件加载时采用位移加载，边界条件为下端固定上端铰接；该模型中，竹管与螺杆、竹管与混凝土、钢管与螺杆、钢管与混凝土均采用表面与表面接触，接触属性在切向采用罚函数，系数为 0.1；法向设置为硬接触。

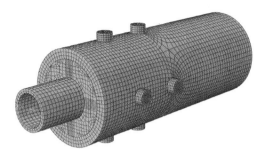 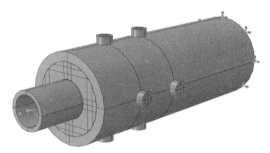

图 4.5-10　节点网格划分示意图　　　　图 4.5-11　抗拉试件边界条件

2. 结果对比与验证

分别对 BG95-250-8、BG95-250-12 两个试件进行有限元建模验证，如表 4.5-4 和图 4.5-12所示，模型的极限荷载较试验值偏大，且上升段的初始刚度也偏大，这是由于

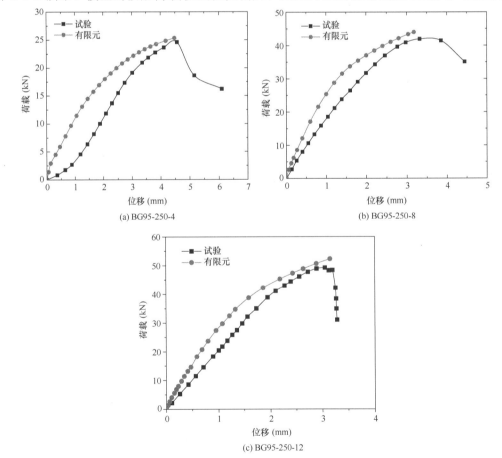

图 4.5-12　有限元与试验曲线对比验证

184

仿真模拟中忽略了各种材料之间的间隙和初始缺陷导致的。但可看出有限元曲线和试验曲线在上升段拟合较好，该有限元结果能较准确地预测节点的极限强度，有限元模型具有较好的可行性。

节点试验值与有限元对比

表 4.5-4

试件编号	极限荷载 F_u (kN)	有限元加载 N_{FE} (kN)	有限元与试验值之比 N_{FE}/F_u
BG95-250-4	24.60	25.34	1.03
BG95-250-8	41.94	43.99	1.05
BG95-250-12	49.27	52.29	1.06

抗拉节点 BG95-250-8 的试验破坏特征图与模型的模拟结果对比如图 4.5-13～图 4.5-16 所示。试件模拟整体破坏图与试验整体破坏图的对比如图 4.5-13 所示，试件在破坏时，钢管与灌浆料之间的连接未受到破坏，因此混凝土随着钢管一起从竹管中被拔出。图 4.5-14 为试件达到破坏时节点各个组成部分的应力状态：抗剪螺栓发生倾斜并逐渐与竹管脱开，其在与竹管接触处应力较大。竹管主要由管壁销槽承压来承担从螺杆上传来的剪力，与计算公式的假定一致；钢管上焊接的抗剪螺杆上部的应力较大，下部则相对较小。图 4.5-15 为在该试件受拉的不同阶段抗剪螺栓的变形与位移情况，随着拉力的不断增大，螺栓的倾斜角度也不断增加，在破坏前有与竹管脱离的趋势。图 4.5-16 为竹管壁的破坏现象，有限元分析表明，在试件破坏时，竹管销槽上部应力和变形较大，与试验时竹管壁在销槽处破坏相同。上述分析表明，所建立的有限元模型能较好地模拟试件的实际破坏状态，对于试件的破坏形式预测效果较好。

(a) 试验：破坏现象　　　　　　　(b) 模拟：破坏现象

图 4.5-13　BG95-250-8 节点破坏图

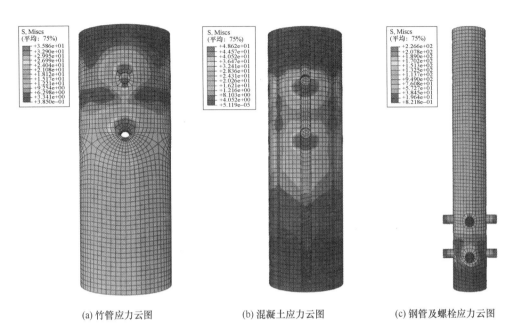

(a) 竹管应力云图　　　　(b) 混凝土应力云图　　　　(c) 钢管及螺栓应力云图

图 4.5-14　试件各部分应力云图

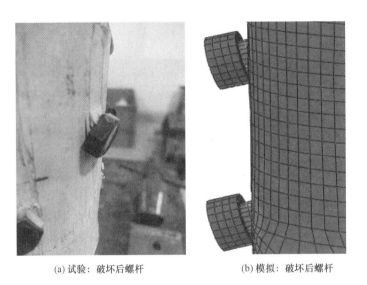

(a) 试验：破坏后螺杆　　　　　　(b) 模拟：破坏后螺杆

图 4.5-15　螺杆破坏对照

3. 变参数分析

基于所建立的有限元模型，探究了节点所采用的螺栓个数、竹管壁厚对节点承载力的影响。

（1）螺栓个数

以外径 95mm、壁厚 10mm、粘结深度为 250mm 的抗拉节点建立有限元模型，探究了抗剪螺栓个数对节点抗拉承载力的影响，各节点的外部抗剪键数量分别为 4、8、12；经有限元计算得到的荷载-位移曲线如图 4.5-17 所示，由其中一排螺栓的极限承载力可知，竹管上螺栓抗剪键的个数对节点的抗拉承载力有着显著提升效果。在节点设计上，从

(a) 试验: 竹管孔壁破坏

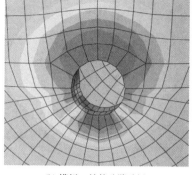

(b) 模拟: 竹管孔壁破坏

图 4.5-16 竹管孔壁破坏模式

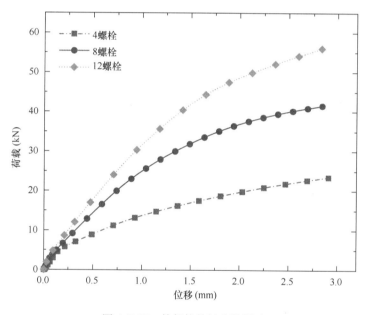

图 4.5-17 外部抗剪键个数影响

提高节点抗拉承载力的角度分析, 竹管上外部抗剪键的数量越多, 对于提高节点抗拉承载力越有利。

（2）竹管壁厚

以直径 95mm、抗剪螺栓为 1 排（4 个）, 分别取壁厚为 8mm、9mm、10mm 建立抗拉节点有限元模型, 有限元计算结果如图 4.5-18 所示。由图 4.5-18 可知, 节点抗拉承载力基本随着竹管壁厚的增加而增加, 当竹管壁厚为 8mm 时, 节点抗拉承载力为22.68kN; 当竹管壁厚为 10mm 时, 抗拉节点承载力为 26.82kN。壁厚提高 2mm, 承载力提高了 18.3%, 表明竹管壁厚对节点承载力影响较为明显, 但其提升作用相比增加抗剪键数量小。

4.5.5 节点受力机理

通过灌浆料的粘结硬化作用, 在外力荷载作用下, 各种材料作为一个整体共同承担外

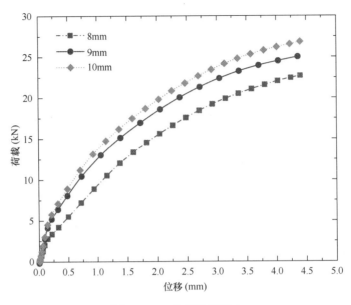

图 4.5-18 竹管壁厚影响

力作用。从材料受拉的角度来看，当节点的整体性能足够强时，最终的破坏形态就是材料的断裂，即灌浆料被拉裂、竹管被拉裂和钢套筒被拉裂。试件所采用的灌浆料为高强无收缩灌浆料，其 28d 抗压强度可达 65MPa，但其抗拉能力远低于抗压能力，约为抗压强度的 1/10。而钢材与竹材均具有较高的抗拉能力（钢材抗拉弹性模量可达 210GPa，抗拉强度可达 375MPa；竹材抗拉弹性模量可达 13GPa，抗拉强度可达 130MPa），因此最可能的破坏形式就是灌浆料被拉断。然而事实上，由于钢套筒和竹管上抗剪键的作用，改变了节点内部荷载的作用形式和传递途径，充分发挥了各种材料的性能优势。从而导致最终的破坏形式一般是混凝土和竹材被局部压溃，而非受拉破坏。

实现上述节点整体作用的关键就是各种材料之间的粘结作用，包括钢套筒与灌浆料的材料界面、灌浆料与竹管的材料界面。该节点传力过程如图 4.5-19 所示，当钢套筒受拉时，钢套筒通过预先焊接的抗剪键和其与灌浆料之间的粘结作用将拉力传递给灌浆料。随着拉力增大，灌浆料与竹管之间逐渐发生相对滑移，竹管上的抗剪键依次投入工作。混凝土所受的剪力通过抗剪键传递至竹管，竹管在抗剪键开孔处进入局部销槽承压状态。随着

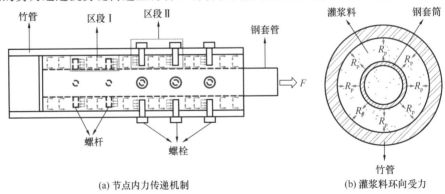

(a) 节点内力传递机制   (b) 灌浆料环向受力

图 4.5-19 节点受力示意图

拉力的进一步增大与抗剪键全部进入受力状态，竹管螺栓开孔处与钢管抗剪键之间的混凝土进入局部承压状态，最终节点受拉破坏。

4.5.6　界面粘结承载力的计算

1. 钢套筒与灌浆料之间的材料界面

当套筒灌浆节点承受拉力作用时，钢套筒与灌浆料的界面粘结承载力可分为化学胶结力、摩擦力和机械咬合力，其中主要是钢套筒上焊的内部抗剪键所提供的机械咬合力，如图 4.5-20 所示。随着荷载的增大，灌浆料内部出现微裂缝，压碎区不断扩大，直至充满抗剪螺杆之间，形成剪切面，钢套筒被拔出。此时为钢套筒与灌浆料之间的材料界面破坏，因此提出计算公式（4.5-4）。

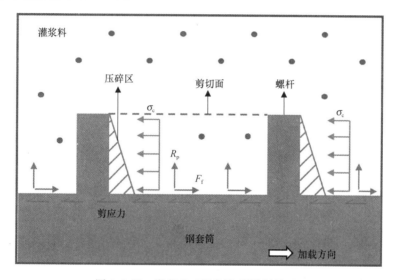

图 4.5-20　微段Ⅰ（钢套筒-灌浆料界面）

$$F_1 = \sigma_c A_{sl} \tag{4.5-4}$$

其中，σ_c 为灌浆料抗压强度；A_{sl} 为钢套筒抗剪螺杆受力时与灌浆料之间的有效接触面积。

2. 灌浆料与竹管之间的材料界面

当套筒灌浆节点承受拉力作用时，灌浆料与竹管的界面粘结承载力同样可分为化学胶结力、摩擦力和机械咬合力，如图 4.5-21 所示。其中，化学胶结力相对较小，由于灌浆料的微膨胀作用以及在竹管的支撑作用下，竹管内的灌浆料处于环向受压状态，竹管对灌浆料施加环向压力 R_p，见图 4.5-21。因此，灌浆料与竹管之间的材料界面粘结承载力一部分由摩擦力提供。同时，竹管壁上所设置的外部抗剪键同样也会抑制灌浆料与竹管之间的滑移，最终螺栓发生刚体转动导致灌浆料和竹管壁被局部压溃。所以，灌浆料与竹管的界面粘结承载力主要由摩擦力和机械咬合力所提供，据此提出计算公式（4.5-5）。

$$F_2 = \pi D_i l_d \mu + n T_i \tag{4.5-5}$$

其中，D_i 为原竹筒内径；l_d 为钢套筒在灌浆料中的粘结深度；μ 为灌浆料与竹管壁之间的平均粘结强度；n 为螺栓个数；T_i 为单个螺栓的抗剪承载力。

基于上述分析，节点的最终破坏形态和极限承载力由上述两种材料界面承载力的最小值决定，见式（4.5-6）。

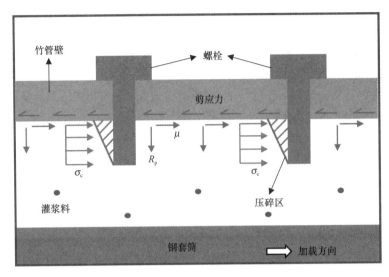

图 4.5-21　微段Ⅱ（灌浆料-竹管界面）

$$F = \min[F_1, F_2] \tag{4.5-6}$$

3. 螺栓节点计算方法构建

单螺栓节点的破坏现象如图 4.5-22 所示，其中由于螺栓直径相对较大，同时在灌浆料中的埋入深度和竹管壁的承压厚度都相对较小，对于螺栓均起不到足够的钳制作用。因此，最后单个螺栓的破坏形式都是螺栓发生刚体转动，使得灌浆料与竹管壁都在一定程度上达到各自的承压强度而导致螺栓连接失效。

图 4.5-22　单螺栓节点破坏

目前关于螺栓节点承载能力的计算主要有两种计算模型：一种是苏联学者 Kechinov 提出的弹塑性力学模型，被中国《木结构设计规范》GB 50005—2017 所采用；另一种是丹麦学者 Johanson 提出的刚塑性力学模型，也被称为欧洲屈服模型，其根据不同的屈服模式提出了不同的计算方法，被欧洲、美国、加拿大的木结构设计规范所采用。为了计算螺栓节点的抗剪承载能力，分别选用两种计算模型进行建模计算，比较两者的差异性并得到最适合本节点的理论设计方法。

（1）弹塑性力学计算模型

基于弹塑性计算模型，进行如下的计算基本假定：

① 假定材料应力-应变关系符合理想弹塑性假设，即弹性极限以前应力、应变呈线性关系，应力达到弹性极限以后呈完全塑性发展，应力保持不变，塑性变形持续增大。

② 为了限制螺栓节点变形，螺栓节点承压材料的极限变形 δ_u 为弹性极限变形 δ_k 的两倍（$\delta_u = 2\delta_k$）。

③ 连接中每个被连接构件边缘应力 σ_{ak} 均达到其材料承压强度 F_u，并在拼合缝两侧构件边缘的承压变形达到极限变形。

④ 假定竹管壁厚均匀分布

螺栓发生刚体转动，灌浆料和竹管局部承压破坏，取单个螺栓节点隔离体计算模型如图 4.5-23（a）所示，根据拼合缝两侧构件边缘的承压变形为弹性极限变形的两倍，由此比例关系可得：

$$\begin{cases} c_1 + c_0 = c_2 \\ c = 2c_1 + 2c_2 + c_0 \end{cases} \tag{4.5-7}$$

整理可得：

$$\begin{cases} c_1 = \dfrac{c - 3c_0}{4} \\ c_2 = \dfrac{c + c_0}{4} \end{cases} \tag{4.5-8}$$

同理可得：

$$\begin{cases} b_1 = \dfrac{b - 3b_0}{4} \\ b_2 = \dfrac{b + b_0}{4} \end{cases} \tag{4.5-9}$$

根据力的平衡条件，$\Sigma F = 0$，可列关系式：

$$F_c c_0 d = F_b b_0 d \tag{4.5-10}$$

同时令 $\alpha = \dfrac{c}{b}$、$\beta = \dfrac{F_c}{F_b}$，代入式（4.5-10）可得：

$$\beta c_0 = b_0 \tag{4.5-11}$$

再列力矩平衡方程，$\Sigma M = 0$，对螺栓右侧取矩：

$$M = F_c d \left[-c_1 (c_1 + 2c_2) - \frac{c_2}{2} \frac{4}{3} c_2 + c_0 \left(\frac{c_0}{2} + b \right) \right] + $$
$$F_b d \left[-b_1 (b_1 + 2b_2) - \frac{b_2}{2} \frac{4}{3} b_2 - b_0 \left(\frac{b_0}{2} + 2b_1 + 2b_2 \right) \right] = 0 \tag{4.5-12}$$

将式（4.5-8）、式（4.5-9）、式（4.5-11）代入式（4.5-12）整理可得：

$$\left(\frac{13}{48} F_c + \frac{13}{48} F_b \beta^2 \right) c_0^2 + \left(\frac{13}{24} F_c c + \frac{13}{24} F_c b \right) c_0 - \frac{11}{48} F_b b^2 - \frac{11}{48} F_c c^2 = 0 \tag{4.5-13}$$

利用求根公式并舍去负根可得：

$$c_0 = \frac{-(1 + \alpha) + \sqrt{(1 + \alpha)^2 + \dfrac{11}{13} \dfrac{1}{\beta} (1 + \beta) (1 + \beta \alpha^2)}}{1 + \beta} b \tag{4.5-14}$$

所以弹塑性下螺栓刚体转动极限荷载为：

$$T_1 = F_c c_0 d = F_c \frac{-(1 + \alpha) + \sqrt{(1 + \alpha)^2 + \dfrac{11}{13} \dfrac{1}{\beta} (1 + \beta) (1 + \beta \alpha^2)}}{1 + \beta} bd \tag{4.5-15}$$

（2）刚塑性力学计算模型

基于刚塑性计算模型，进行如下的计算基本假定：

① 假定材料应力-应变关系符合理想刚塑性假设,即应力达到其弹性极限之前不发生变形,应力达到弹性极限以后呈完全塑性发展,变形进一步增大,应力保持不变。

② 单螺栓节点极限状态时灌浆料和竹管孔壁承压处于塑性阶段,不考虑灌浆料和竹管孔壁变形且承压应力均匀分布。

③ 假定竹管壁厚均匀分布

螺栓发生刚体转动,灌浆料和竹管应力达到其屈服强度且均匀分布,取单个螺栓节点隔离体计算模型如图 4.5-23(b)所示。

$$\begin{cases} c = 2c_3 + c_4 \\ b = 2b_3 + b_4 \end{cases} \tag{4.5-16}$$

整理可得:

$$\begin{cases} c_3 = \dfrac{c - c_4}{2} \\ b_3 = \dfrac{b - b_4}{2} \end{cases} \tag{4.5-17}$$

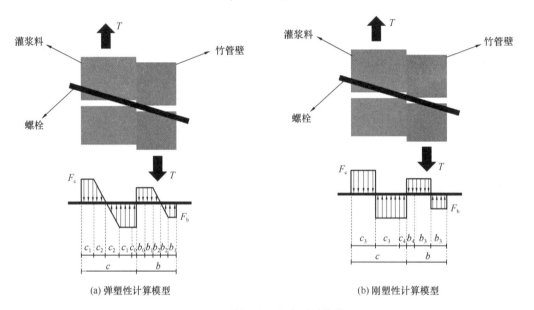

(a) 弹塑性计算模型　　　　　　　　(b) 刚塑性计算模型

图 4.5-23　单螺栓节点力学计算模型

根据力的平衡条件,$\Sigma F = 0$,可列关系式:

$$F_c c_4 = F_b b_4 \tag{4.5-18}$$

同时令 $\alpha = \dfrac{c}{b}$、$\beta = \dfrac{F_c}{F_b}$ 代入式(4.5-18)可得:

$$\beta c_4 = b_4 \tag{4.5-19}$$

再列力矩平衡方程,$\Sigma M = 0$,对螺栓右侧取矩:

$$M = F_c d\left[c_3(-c_3) + c_4\left(\dfrac{c_4}{2} + b\right)\right] + F_b d\left[b_3(-b_3) + b_4\left(\dfrac{b_4}{2} - b\right)\right] = 0 \tag{4.5-20}$$

将式(4.5-17)、式(4.5-19)代入式(4.5-20)整理可得:

$$\left(\frac{1}{4}F_\mathrm{c}+\frac{1}{4}F_\mathrm{b}\beta^2\right)c_4^2+\left(\frac{1}{2}F_\mathrm{c}c+F_\mathrm{c}b-\frac{1}{2}F_\mathrm{b}\beta b\right)c_4-\frac{1}{4}F_\mathrm{b}b^2-\frac{1}{4}F_\mathrm{c}c^2=0$$

$$(4.5\text{-}21)$$

利用求根公式并舍去负根可得：

$$c_4=\frac{-(1+\alpha)+\sqrt{(2+\beta)\alpha^2+2\alpha+\dfrac{1}{\beta}+2}}{1+\beta}b \tag{4.5-22}$$

所以弹塑性下螺栓刚体转动极限荷载为：

$$T_2=F_\mathrm{c}c_4d=F_\mathrm{c}\frac{-(1+\alpha)+\sqrt{(2+\beta)\alpha^2+2\alpha+\dfrac{1}{\beta}+2}}{1+\beta}bd \tag{4.5-23}$$

整合式（4.5-15）、式（4.5-23）可得到螺栓在弹塑性及刚塑性力学计算模型下的承载力计算公式，令 Z 等于各自的计算参数 [式（4.5-24）]，可分别表示出其与参数 α 和 β 的参数分布图如图 4.5-24、图 4.5-25 所示。经过计算，刚塑性的计算结果比弹塑性的计算结果大 10%～15%。

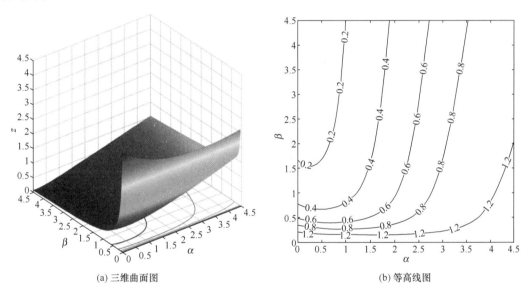

(a) 三维曲面图　　　　　　　　　　　　　(b) 等高线图

图 4.5-24　弹塑性计算模型下参数分布图

$$Z_i=\begin{cases}\dfrac{-(1+\alpha)+\sqrt{(1+\alpha)^2+\dfrac{11}{13}\dfrac{1}{\beta}(1+\beta)(1+\beta\alpha^2)}}{1+\beta} & \text{（弹塑性）}\\[6mm]\dfrac{-(1+\alpha)+\sqrt{(2+\beta)\alpha^2+2\alpha+\dfrac{1}{\beta}+2}}{1+\beta} & \text{（刚塑性）}\end{cases} \tag{4.5-24}$$

（3）计算方法验证

由于竹节、裂纹、腐朽、尺寸效应等，竹材小试件测得的材料强度与竹材构件材料强度通常具有较大差异。根据竹材与木材的材料特性具有较高相似性的特点，参照《木结构设计手册》，按照式（4.5-25）与式（4.5-26）将竹材小试件材料强度转换为构件材料强度。

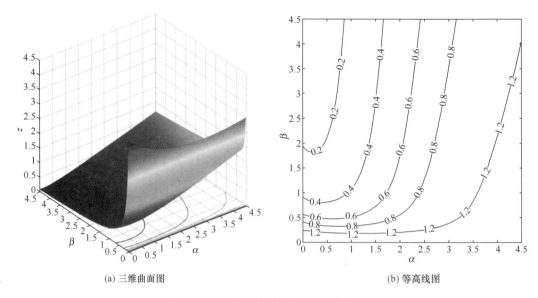

(a) 三维曲面图   (b) 等高线图

图 4.5-25　刚塑性计算模型下参数分布图

$$f_Q = K_Q f \tag{4.5-25}$$

$$K_Q = K_{Q1} K_{Q2} K_{Q3} K_{Q4} \tag{4.5-26}$$

式中，f_Q 为构件材料强度（MPa）；f 为小试件材料强度（MPa）；K_Q 为折减系数；K_{Q1} 为考虑竹节、裂纹、腐朽等天然缺陷影响的系数；K_{Q2} 为考虑干燥缺陷影响的系数，小试件与构件均应采用实际含水率下的强度值，且二者含水率较小，故不考虑 K_{Q2} 的影响；K_{Q3} 为考虑长期荷载影响的系数，本书试验为短期荷载试验，故不考虑 K_{Q3} 的影响；K_{Q4} 为考虑尺寸效应影响的系数。其中，顺纹抗压强度 K_{Q1} 取 0.66、K_{Q4} 取 0.75。因此本书中构件材料强度为：

$$f_Q = K_{Q1} K_{Q2} K_{Q3} K_{Q4} f = 0.66 \times 0.75 \times 62.2 = 30.79 \text{MPa} \tag{4.5-27}$$

$$N = \begin{cases} \pi D_i l_d \mu + n F_c \dfrac{-(1+\alpha) + \sqrt{(1+\alpha)^2 + \dfrac{11}{13}\dfrac{1}{\beta}(1+\beta)(1+\beta\alpha^2)}}{1+\beta} bd & \text{（弹塑性）} \\[4mm] \pi D_i l_d \mu + n F_c \dfrac{-(1+\alpha) + \sqrt{(2+\beta)\alpha^2 + 2\alpha + \dfrac{1}{\beta} + 2}}{1+\beta} bd & \text{（刚塑性）} \end{cases}$$

$$\tag{4.5-28}$$

由于最终的破坏形式都属于灌浆料与竹管材料界面破坏，可得到灌浆料与竹管材料界面破坏下弹塑性及刚塑性力学计算模型下的公式见式（4.5-28），分别计算节点的弹塑性承载力 N_{ep} 和刚塑性承载力 N_{rp}。为了分析两种计算模型与试验值 N_{test}、模拟值 N_{Fea} 的直接差距，分别采用校核系数 C_{ep}、C_{rp} 来表征 N_{ep} 和 N_{rp} 与 N_{test}、N_{Fea} 的差异。为比较弹塑性计算模型与刚塑性计算模型的差值，采用相对误差 RD 表征。具体结果如表 4.5-5 所示，校核系数 C_{ep} 为 0.80~1.09，平均值为 0.95，变异系数为 9.08%；C_{rp} 为 0.88~1.17，平均值为 1.01，变异系数为 8.13%；刚塑性的计算结果普遍大于弹塑性计算结果，相对误差在

2.87%～11.02%之间，平均误差为8.33%。

但由于有限元模型在模拟过程中对实体模型进行了一定程度的力学简化和未考虑初始缺陷，其模拟结果较试验值有一定的上浮。所以从试验及公式和仿真分析的预测结果来看，弹塑性力学模型的预测结果与试验值更符合，平均误差为1.22%。刚塑性力学模型的预测结果与模拟值更符合，平均误差为3.38%。最终验证结果如图4.5-26所示，弹塑性和刚塑性的理论值和试验值的误差均在合理范围内，说明该公式预测结果具有较高的准确性。

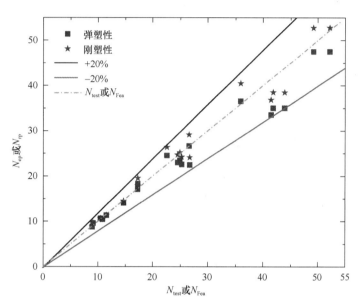

图 4.5-26　节点承载力理论值与试验值、模拟值偏差示意图

节点承载力理论值与试验值、模拟值对比　　　　表 4.5-5

试件编号	竹管外径 D (mm)	竹管壁厚 (mm)	N_{test} 或 N_{Fea} (kN)	N_{ep} (kN)	C_{ep}	N_{rp} (kN)	C_{rp}	RD (%)
BG95-250-0	94.5	9.85	11.67	11.53	0.99	11.53	0.99	0.00
BG85-250-0	84.9	8.04	10.95	10.64	0.97	10.64	0.97	0.00
BG75-250-0	77.5	6.63	9.22	9.79	1.06	9.79	1.06	0.00
BG95-200-0	96.0	10.37	10.58	10.82	1.02	10.82	1.02	0.00
BG95-150-0	94.9	10.55	9.05	8.98	0.99	8.98	0.99	0.00
BG95-250-1	93.8	9.48	14.76	14.25	0.97	14.66	0.99	2.88
BG95-250-2	94.3	9.33	17.33	17.29	1.00	18.12	1.05	4.80
BG95-250-4	95.3	9.56	24.60	23.20	0.94	24.90	1.01	7.33
BG95-250-8	96.4	9.79	41.94	35.23	0.84	38.68	0.92	9.79
BG95-250-12	95.6	9.07	49.27	47.70	0.97	52.95	1.07	11.01
BG85-250-4	83.3	8.52	17.38	18.50	1.06	19.74	1.14	6.70

续表

试件编号	竹管外径 D (mm)	竹管壁厚 (mm)	N_{test} 或 N_{Fea} (kN)	N_{ep} (kN)	C_{ep}	N_{rp} (kN)	C_{rp}	RD (%)
BG85-250-8	83.1	8.41	26.70	26.85	1.01	29.33	1.10	9.24
BG85-250-12	85.2	8.73	36.01	36.76	1.02	40.68	1.13	10.66
FEA95-250-4a	94.3	9.56	25.34	22.77	0.90	24.42	0.96	7.25
FEA95-250-8a	96.4	9.79	43.99	35.22	0.80	38.67	0.88	9.80
FEA95-250-12a	95.6	9.07	52.29	47.72	0.91	52.97	1.01	11.00
FEA95-250-8b	95.0	10.00	41.55	33.75	0.81	37.03	0.89	9.72
FEA95-250-12b	95.0	10.00	55.99	44.82	0.80	49.75	0.89	11.00
FEA95-250-4b	95.0	8.00	22.68	24.73	1.09	26.56	1.17	7.40
FEA95-250-4c	95.0	9.00	25.00	23.67	0.95	25.40	1.02	7.31
FEA95-250-4d	95.0	10.00	26.82	22.67	0.85	24.32	0.91	7.28

4.6　原竹与钢抱箍界面摩擦连接性能

4.6.1　构造特点

原竹竹管钢抱箍连接方式如图 4.6-1 所示。原竹竹管钢抱箍连接方式解决了传统螺钉连接方式对原竹的侵入而导致其强度削弱的问题，有效地增加了各个连接节点之间的连接强度，提高了骨架的整体性能。

4.6.2　试件设计

试验设计了 36 个推出试件，分为 3 组，分别为有表皮原竹与钢抱箍界面在相同正压力下的推出试件 PO-1-1～PO-1-13、有表皮原竹与钢抱箍界面在不同正压力下的推出试件 PO-2-1～PO-2-15 与无表皮原竹与钢抱箍界面在不同正压力下的推出试件 PO-3-1～PO-3-8。

原竹产自四川宜宾蜀南竹海，为 4 年竹龄的楠竹，原竹与钢抱箍组合构件尺寸包括：钢抱箍厚度 t、直径 d、宽度 b、原竹直

图 4.6-1　原竹竹管钢抱箍连接方式

径 D、高度 H，试件参数及界面滑动摩擦力如表 4.6-1 所示。钢材的力学性能指标如表 4.6-2 所示。两个半圆钢抱箍之间采用 M6 高强螺栓连接，钢抱箍两侧的水平支撑截面为边长 1.5mm 的正方形，长度 4mm。考虑钢抱箍内侧表面光滑以及实际工程中常采用橡胶垫来增加界面摩擦力，报告在钢抱箍内侧粘贴 1mm 厚的橡胶垫，再通过高强螺栓将两个

半圆钢抱箍固定在原竹上，如图 4.6-2 所示。

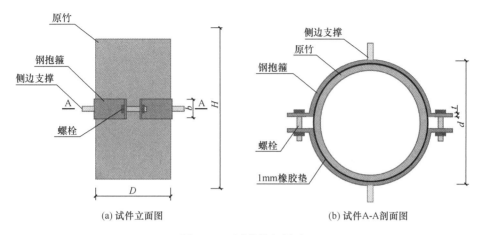

(a) 试件立面图　　　　　　　　(b) 试件A-A剖面图

图 4.6-2　试件几何尺寸

试件参数及界面滑动摩擦力　　　　　　　　　表 4.6-1

试件编号	t (mm)	d (mm)	b (mm)	D (mm)	H (mm)	界面正压力 N (kN)	界面摩擦力 F_f (kN)
PO-1-1～PO-1-13	0.8	100	3	110～120	300	4.60 (ε＝0.00020)	0.222
PO-2-1	0.8	100	3	110～120	300	3.45 (ε＝0.00015)	0.172
PO-2-2、PO-2-3	0.8	100	3	110～120	300	6.90 (ε＝0.00030)	0.415
PO-2-4、PO-2-5	0.8	100	3	110～120	300	10.35 (ε＝0.00045)	0.538
PO-2-6、PO-2-7	0.8	100	3	110～120	300	11.50 (ε＝0.00050)	0.419
PO-2-8～PO-2-10	0.8	100	3	110～120	300	13.80 (ε＝0.00060)	0.571
PO-2-11、PO-2-12	0.8	100	3	110～120	300	17.25 (ε＝0.00075)	0.775
PO-2-13	0.8	100	3	110～120	300	18.40 (ε＝0.00080)	0.611
PO-2-14、PO-2-15	0.8	100	3	110～120	300	20.70 (ε＝0.00090)	0.784
PO-3-1、PO-3-2	0.8	100	3	110～120	300	5.18 (ε＝0.000225)	0.299
PO-3-3	0.8	100	3	110～120	300	6.90 (ε＝0.00030)	0.443
PO-3-4	0.8	100	3	110～120	300	10.35 (ε＝0.00045)	0.357
PO-3-5	0.8	100	3	110～120	300	13.80 (ε＝0.00060)	0.408
PO-3-6	0.8	100	3	110～120	300	17.25 (ε＝0.00075)	0.646
PO-3-7	0.8	100	3	110～120	300	20.70 (ε＝0.00090)	0.933
PO-3-8	0.8	100	3	110～120	300	24.15 (ε＝0.00105)	0.70

注：1. 表中仅列出了相同型号的试件；

　　2. 界面摩擦力 F_f 为每组重复试件实测承载力的平均值。

钢材的力学性能　　　　　　　　　表 4.6-2

f_y (MPa)	E_s (MPa)	泊松比 ν	延伸率 (%)	f_u (MPa)
276.34	1.98×10^5	0.29	23.6	334.42

4.6.3 试验方法

试验在重庆大学土木工程学院结构实验室 1000kN 压力试验机进行，钢抱箍水平固定在竹筒上，两个侧边支撑放置在墩块上，然后用重物压住侧边支撑，使其保持水平不动，如图 4.6-3 所示。加载线均通过截面的组合形心，加载装置示意图及照片如图 4.6-4 所示。试验选用量程 30kN 的传感器，传感器放置在千斤顶的下面，采用 IMP

图 4.6-3　侧边支撑固定

数据采集系统记录加载过程中的荷载。在压力机上下端板之间竖向布置两个量程为 5cm 的位移计 B1 和 B2，用以测量试件的纵向变形；为了确定原竹与钢抱箍界面的正压力，试验通过 1/4 扭矩扳手来拧螺栓，同时在钢抱箍环向对称布置 4 个应变片 A1～A4，分别通过扭矩和钢抱箍横向应变来计算界面正压力，测点布置如图 4.6-5 所示。试验采用荷载控制方式逐级加载，加载初期，每级荷载为预计极限荷载的 1/10，持荷时间为 2min；接近滑动期时，缓慢连续加载，直至试件滑动后停止试验。

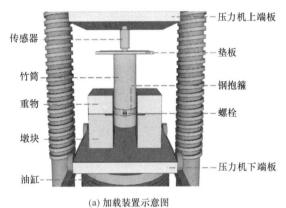

(a) 加载装置示意图　　　　　(b) 加载图片

图 4.6-4　加载装置示意图及图片

4.6.4 试验结果及分析

1. 破坏模式

根据试件破坏状态，可将所有试件的变形过程分为两类进行描述。原竹与钢抱箍组合构件进行推出试验时，荷载未达到界面滑动摩擦力时，试件外观无明显变化，轴向位移很小，达到界面滑动摩擦力时，原竹与钢抱箍界面发生明显滑动，如图 4.6-6（a）所示，其破坏具有脆性特征。试件 PO-2-5、PO-2-12 与 PO-3-7 在发生一定界面滑动后，由于竹筒表面粗糙与

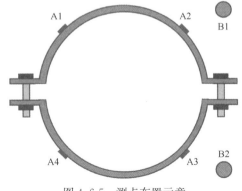

图 4.6-5　测点布置示意

不平整以及竹筒上下直径不一致，钢抱箍卡在原竹表皮里导致试件承载力再次上升，如图4.6-6（b）所示，虽然这是原竹自身的缺陷，但是这对承载力的提高是有利的，因此不考虑此因素能提高结构的安全度，报告中未考虑此因素的影响。

(a) 试件PO-3-2　　　　　　　　　　　　　　(b) 试件PO-2-5

图 4.6-6　试件破坏形态

2. 荷载-位移曲线

取两个位移计读数的平均值为试件的平均纵向位移，将三组试件的数据进行分析，总结出原竹与钢抱箍组合试件的两种受力性能，分别与试件两种破坏形态对应。试件受力性能都包含荷载上升期 a～b 与相对滑动时期 b～c。如图 4.6-7（a）所示，荷载上升期位移的增长基本与荷载的增加成正比，位移增长是由于试件顶部与加载板之间仍留有少许空隙以及竹筒本身能压缩；如图 4.6-7（a）所示，相对滑动时期的荷载不再增加或者开始下降，而位移一致增加，报告将此阶段起点视为原竹与钢抱箍界面滑动摩擦力即试件的承载力。试件 PO-2-8、PO-2-12 与 PO-3-7 的受力性能包含荷载二次上升期 c～d［图 4.6-7（b）］，由于钢抱箍卡在原竹表皮里导致试件承载力再次上升。

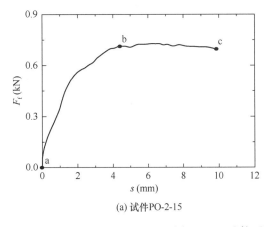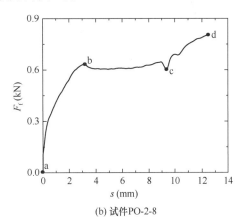

(a) 试件PO-2-15　　　　　　　　　　　　　　(b) 试件PO-2-8

图 4.6-7　试件不同时期受力性能

图 4.6-8（a）和（b）分别为界面正压力 $N=6.9$kN 的试件 PO-2-2、PO-2-3、PO-3-3 和界面正压力 $N=13.8$kN 的试件 PO-2-8、PO-2-9、PO-2-10、PO-3-5 在加载过程中的荷载-位移曲线。从图中可以看出，原竹与钢抱箍界面正压力较小时，有表皮原竹试件的承载力与无表皮原竹试件的承载力相近，随着界面正压力增大，有表皮原竹试件的承载力逐

渐大于无表皮原竹试件的承载力。

根据试验现象，如图 4.6-9 所示，由于无表皮原竹表面光滑平整，与钢抱箍贴合度较好，而有表皮的原竹表面粗糙不平整，与钢抱箍的贴合度不好，因此在界面正压力较小时两者的摩擦力相差不大；而当正压力增大时，有表皮的原竹与钢抱箍逐渐完全贴合，试件承载力上升。

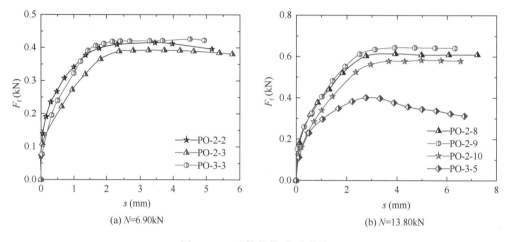

(a) N=6.90kN

(b) N=13.80kN

图 4.6-8 试件荷载-位移曲线

图 4.6-9 有表皮原竹（下）和无表皮原竹（上）

4.6.5 承载力计算

1. 界面摩擦力的计算

作用在竹筒的竖直向下荷载 P 与抱箍和竹筒表面之间摩擦力 F_f 相平衡。根据钢抱箍竖向受力平衡，有：

$$F_f = P \tag{4.6-1}$$

2. 界面正压力与半圆钢抱箍环向拉力的关系

由于钢抱箍内侧面设橡胶垫，可认为钢抱箍内侧面单位面积上的正压力 n 近似呈均匀分布：

$$n = \frac{N}{S} = \frac{N}{2\pi bR} (\text{kN}/\text{mm}^2) \qquad (4.6\text{-}2)$$

式中，S 为钢抱箍内侧面的表面积（mm^2）；R、b 分别是钢抱箍的内径和宽度（mm）。

钢抱箍单位宽度取为 1mm，钢抱箍内侧面单位宽度正压力的线荷载 q_N，如图 4.6-10（a）所示。对半个钢抱箍进行受力分析，建立如图 4.6-10（b）所示坐标系，钢抱箍内侧线荷载 q_N 与半圆钢抱箍环向拉力 T 处于平衡状态。

$$q_N = n \times 1 = \frac{N}{2\pi bR} (\text{kN/mm}) \qquad (4.6\text{-}3)$$

线荷载 q_N 在 y 方向的分量为：

$$q_y = q_N \sin\alpha \qquad (4.6\text{-}4)$$

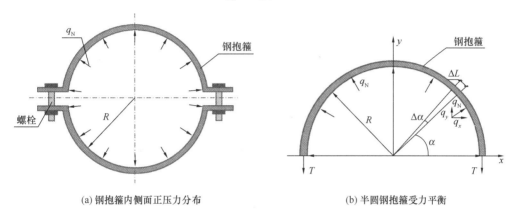

(a) 钢抱箍内侧面正压力分布　　　　　　　(b) 半圆钢抱箍受力平衡

图 4.6-10　钢抱箍计算简图

钢抱箍上正压力线荷载的微分变量 $\mathrm{d}N_y$ 为：

$$\mathrm{d}N_y = q_y b \mathrm{d}l = (q_N b \sin\alpha) R \mathrm{d}\alpha = q_N bR \sin\alpha \mathrm{d}\alpha \qquad (4.6\text{-}5)$$

根据图 4.6-10（b），半个抱箍竖向受力平衡，有：

$$\sum F_y = 0, \ 2T - \int_0^\pi \mathrm{d}N_y = 0$$

则：

$$T = \frac{bR}{2} \int_0^\pi q_N \sin\alpha \mathrm{d}\alpha = q_N bR (\text{kN}) \qquad (4.6\text{-}6)$$

将式（4.6-3）代入式（4.6-6）中，得：

$$T = q_N bR = \frac{N}{2\pi bR} bR = \frac{N}{2\pi} (\text{kN}) \qquad (4.6\text{-}7)$$

3. 半圆钢抱箍环向拉力的计算

（1）半圆钢抱箍环向拉力 T 与高强螺栓终拧扭矩 T_c 的关系式

根据《钢结构工程施工质量验收标准》[52]GB 50205—2020，高强螺栓预拉力 P_c 为：

$$P_c = \frac{T_c}{K \cdot d} \qquad (4.6\text{-}8)$$

式中，T_c 为螺栓终拧扭矩值（N·m）；P_c 为螺栓预拉力（kN）；K 为扭矩系数；d 为螺栓公称直径（mm）。

此时螺栓的预拉力 P_c 与半圆钢抱箍环向拉力 T 相等，即：

$$T = P_c = \frac{T_c}{K \cdot d} \tag{4.6-9}$$

（2）半圆钢抱箍环向拉力 T 与钢抱箍环向线应变 ε 的关系式

钢抱箍截面上的环向正应力 σ_θ：

$$\sigma_\theta = \frac{T}{tb} (\text{Pa}) \tag{4.6-10}$$

式中，t 为钢抱箍的厚度。

钢抱箍截面内侧的径向应力：

$$\sigma_r = -q_N \tag{4.6-11}$$

将式（4.6-7）代入式（4.6-11）中，得：

$$\sigma_r = -\frac{T}{bR} (\text{Pa}) \tag{4.6-12}$$

根据广义胡克定律，得钢抱箍环向线应变：

$$\varepsilon = \frac{1}{E}(\sigma_\theta - \nu\sigma_r) = \frac{1}{E}\left[\frac{T}{tb} - \nu\left(-\frac{T}{bR}\right)\right] = \frac{T}{bE}\left(\frac{1}{t} + \frac{\nu}{R}\right) \tag{4.6-13}$$

式中，ν 为钢抱箍材料的泊松比；E 为钢抱箍材料的弹性模量。

4. 钢抱箍内侧面正压力的计算

（1）钢抱箍内侧面正压力 N 与高强螺栓终拧扭矩 T_c 的关系式

由式（4.6-7）和式（4.6-20）可得：

$$N = \frac{2\pi T_c}{K \cdot d} \tag{4.6-14}$$

（2）钢抱箍内侧面正压力 N 与钢抱箍环向线应变 ε 的关系式

由式（4.6-7）和式（4.6-13）可得：

$$N = \frac{2\pi t\varepsilon bER}{R + t\nu} \approx 2\pi t\varepsilon bE (R \gg t\nu) \tag{4.6-15}$$

5. 界面摩擦系数的计算

由式（4.6-1）和式（4.6-14）可得：

$$\mu = \frac{F_f}{N} = \frac{PKd}{2\pi T_c} \tag{4.6-16}$$

式中，μ 为竹筒与钢抱箍之间的摩擦系数。

同样，由式（4.6-1）和式（4.6-15）可得：

$$\mu = \frac{F_f}{N} = \frac{P}{2\pi t\varepsilon bE} \tag{4.6-17}$$

6. 界面摩擦力设计公式

将第一组试件的界面摩擦系数 μ 数据按升高顺序排列，并画在正态概率坐标纸上，如图 4.6-11 所示，图中以平均秩作为破坏概率 P 的估计量，存活概率为 $S_v = 1 - P$。图 4.6-12 表明 μ 与 P 之间为直线关系，用最小二乘法算出的相关系数为 0.9908，这表明 μ 服从正态分布，结合 Sharpiro-Wilk 检验，证明上述判断是正确的。

将摩擦系数 μ 的平均值分别减去 0、1.645 和 3.09 倍的标准差即可得到对应于存活率 S_v 分别为 50%S_v、95%S_v 和 99.9%S_v 的 μ 值，分别代入式（4.6-16），得到不同存活率 S_v 下的界面摩擦力表达式：

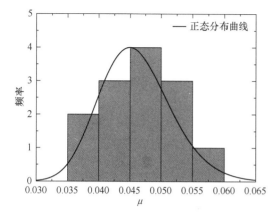

图 4.6-11　试件摩擦系数频率直方图

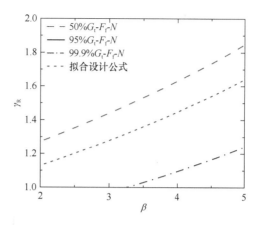

图 4.6-12　原竹与钢抱箍界面摩擦系数分布图

$50\%S_v$		$F_f = 0.0460N$	(4.6-18)

$50\%S_v$　　　　　　　　　　　　$F_f = 0.0460N$　　　　　　　　(4.6-18)

$95\%S_v$　　　　　　　　　　　　$F_f = 0.0384N$　　　　　　　　(4.6-19)

$99.9\%S_v$　　　　　　　　　　　$F_f = 0.0309N$　　　　　　　　(4.6-20)

通过概率分析得到三种保证率 G_t 下的设计公式，可以从一定程度上反映出设计公式的安全性。在竖向荷载作用下，构件在给定原竹与钢抱箍界面正压力 N 下的界面摩擦力 F_f 服从正态分布，$50\%G_t$、$95\%G_t$ 和 $99.9\%G_t$ 下的原竹与钢抱箍界面摩擦力 F_f 曲线如图 4.6-13 所示，报告称这类曲线为 G_t-N-F_f 曲线，它们是组成不同保证率 G_t 下的 N-F_f 线集。图中还包括第二组试件 PO-2-1～PO-2-15 的数据，可以观察出，G_t-N-F_f 曲线与试验结果相吻合，所有试验数据点都在 $99.9\%G_t$-N-F_f 曲线的上方，$50\%G_t$-N-F_f 曲线在所有试验数据点的中间位置。

（1）不同存活率下的有表皮原竹界面摩擦力 F_f 计算公式

第一组试件 PO-1-1～PO-1-13 的界面摩擦系数 μ 数据采用 Sharpiro-Wilk 方法进行检验，结果表明，界面摩擦系数 μ 服从正态分布。同时，由图 4.6-14 可以看出，摩擦系数 μ 数据近似服从正态分布。

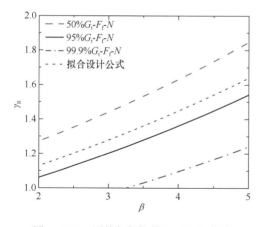

图 4.6-13　原竹与钢抱箍 G_t-N-F_f 曲线

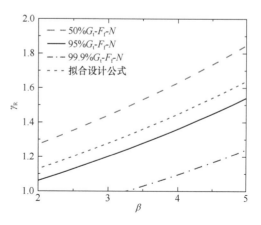

图 4.6-14　有表皮原竹界面摩擦力 F_f-N 拟合曲线

（2）原竹与钢抱箍界面摩擦力 F_f 拟合计算公式

① 有表皮原竹界面摩擦力 F_f 拟合计算公式

根据第二组试件 PO-2-1～PO-2-15 的数据，发现在相近的正压力下有些试件的摩擦力偏大，但总体来看摩擦力随着正压力的增大而增大，出现这些差别与原竹表面粗糙程度不同以及原竹外轮廓不是规则的圆形有关。为了综合考虑这些因素以及保证结构的安全性，报告取出试件在相同正压力下的较小摩擦力数据并去除明显很大的摩擦力数据，拟合得到原竹和钢抱箍组合构件 F_f-N 曲线，如图 4.6-14 所示。

拟合得出有表皮原竹界面摩擦力 F_f 计算公式：

$$F_f = 0.03524N \qquad (4.6\text{-}21)$$

由式（4.6-21）与式（4.6-16），得有表皮原竹界面摩擦系数 μ 计算公式：

$$\mu = \frac{F_f}{N} = 0.03524 \qquad (4.6\text{-}22)$$

拟合计算公式的摩擦系数 μ 为 0.03524，标准差为 0.019，表明该曲线拟合效果较好，相当于 98.47% G_t-N-F_f 设计公式。

② 无表皮原竹界面摩擦力 F_f 拟合计算公式

根据第三组试件 PO-3-1～PO-3-8 的数据来拟合无表皮原竹与钢抱箍界面摩擦力 F_f 与正压力 N 关系曲线，如图 4.6-15 所示。

拟合得出无表皮原竹界面摩擦力 F_f 计算公式：

$$F_f = 0.03678N \qquad (4.6\text{-}23)$$

由式（4.6-23）与式（4.6-16），得无表皮原竹界面摩擦力摩擦系数 μ 计算公式：

$$\mu = \frac{F_f}{N} = 0.03678 \qquad (4.6\text{-}24)$$

拟合计算公式的摩擦系数 μ 为 0.03678，标准差为 0.026，表明该曲线拟合效果较好。

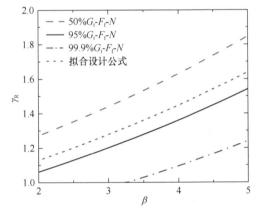

图 4.6-15 无表皮原竹界面摩擦力 F_f-N 拟合曲线

对比式（4.6-22）与式（4.6-24），可以发现无表皮原竹的拟合摩擦力系数 μ 与用较小数据拟合的有表皮原竹摩擦系数 μ 相近，说明原竹与钢抱箍在相同界面正压力下，有表皮原竹的界面摩擦力高于无表皮原竹的界面摩擦力。

4.6.6 可靠度分析

1. 设计公式可靠指标

考虑荷载效应 R_n 和结构抗力（摩擦力）R_u 均服从正态分布，结构极限状态方程为：

$$Z = R_u - R_n = 0 \qquad (4.6\text{-}25)$$

因此，结构随机变量的极限状态方程为：

$$Z = R_u - R_n = \mu \cdot N - P = 0 \qquad (4.6\text{-}26)$$

式中，界面正压力 N 根据式（4.6-14）或式（4.6-15）计算。

采用一次二阶矩法，结构失效时的可靠指标 β 为：

$$\beta = \frac{\ln(R_m/Q_m)}{\sqrt{V_R^2 + V_Q^2}} \qquad (4.6\text{-}27)$$

式中，R_m 为结构抗力 R_u 的均值；Q_m 为荷载效应 R_n 的均值；V_R 为结构抗力 R_u 的变异系数；V_Q 为荷载效应 R_n 的变异系数。

报告以试验构件的承载力作为结构抗力 R_u，分别以报告所建立的四个界面摩擦力设计公式计算值为荷载效应 R_n 进行可靠度分析，并进行比较分析，报告设计荷载效应 R_n 的变异系数 V_Q 取 0.05。

原竹与钢抱箍界面摩擦力设计公式可靠指标 β 的计算结果列于表 4.6-3。

设计公式可靠指标 β 的计算结果　　　　　　　　　　　　　表 4.6-3

设计公式	V_R	V_Q	K_m	β
50%G_t-N-F_f设计公式			1.01	0.07
95% G_t-N-F_f设计公式			1.21	1.44
99.9%G_t-N-F_f设计公式	0.122	0.050	1.50	3.09
拟合设计方法			1.14	0.97

根据表 4.6-3 可以看出，50%G_t-N-F_f设计公式的可靠指标 β 接近零，说明构件失效概率为 0.5，直接采用 50%G_t-N-F_f设计公式进行设计是偏于不安全的；95%G_t-N-F_f设计公式和拟合设计公式的可靠指标 β 在 1 左右；99.9%G_t-N-F_f设计公式的可靠指标 β 最大，为 3.09，较为安全。

2. 设计公式抗力分项系数

结构可靠度验算式为：

$$S \leqslant R/\gamma_R \tag{4.6-28}$$

式中，γ_R 为结构的抗力分项系数。

由式 (4.6-28)，采用一次二阶矩方法，得到结构失效时考虑可靠度分项系数的可靠指标 β：

$$\beta = \frac{\ln(\gamma_R R_m/Q_m)}{\sqrt{V_R^2 + V_Q^2}} = \frac{\ln(\gamma_R K_m)}{\sqrt{V_R^2 + V_Q^2}} \tag{4.6-29}$$

根据式 (4.6-29)，得四个界面摩擦力设计公式的抗力分项系数计算公式：

50%G_t-N-F_f设计公式：　　　　$e^{(0.1245\beta - 0.009)}$ $\tag{4.6-30}$

95%G_t-N-F_f设计公式：　　　　$e^{(0.1245\beta - 0.190)}$ $\tag{4.6-31}$

99.9%G_t-N-F_f设计公式：　　　$e^{(0.1245\beta - 0.407)}$ $\tag{4.6-32}$

拟合设计公式：　　　　　　　　$e^{(0.1245\beta - 0.128)}$ $\tag{4.6-33}$

图 4.6-16 为不同设计公式下抗力分项系数 γ_R 与可靠指标 β 的关系曲线。可以观察出，四种设计公式 γ_R 与可靠指标 β 近似呈线性变化，且 γ_R 随 β 的增大而增大。其中，50%G_t-N-F_f设计公式的 γ_R-β 曲线位于最上方，99.9%G_t-N-F_f设计公式的 γ_R-β 曲线位于最下方，说明在相同可靠度指标 β 下，前者的抗力分项系数 γ_R 最大，在不考虑抗力分项系数下偏不安全；后者的抗力分项系数 γ_R 最小，在不考虑抗力分项系数下相对偏安全。95%G_t-N-F_f设计公式和拟合设计公式的 γ_R 比较接近，位于前两者之间。

根据《建筑结构可靠性设计统一标准》[53] GB 50068—2018 规定，安全等级为二级，脆性破坏的结构构件可靠指标 β 为 3.7。可靠指标 β 取 3.7 时，四种设计公式抗力分项系数计算结果如表 4.6-4 所示。

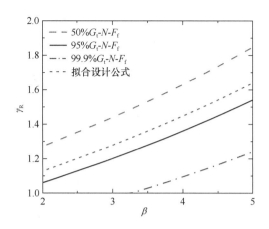

图 4.6-16 可靠指标 β 与抗力分项系数 γ_R 的关系

可靠指标 $\beta=3.7$ 时四种设计公式的抗力分项系数　　　　　　表 4.6-4

设计方法	γ_R
50% G_t-N-F_f 设计公式	1.57
95% G_t-N-F_f 设计公式	1.31
99.9% G_t-N-F_f 设计公式	1.06
拟合设计公式	1.39

第5章 新型原竹及原竹组合结构体系

5.1 竹管束空间网壳结构体系

竹管束空间网壳结构体系是先将相邻竹管端部对接制作成三角形，再将相邻三角形的竹管平行连接形成整体结构，如图 5.1-1 所示。

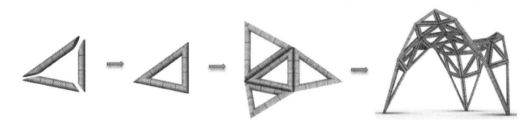

图 5.1-1 竹管束空间网壳结构体系

竹管束空间网壳结构体系具有以下优势：

（1）由于任何曲面都可以分割成多个三角形网格的组合，所有竹管无需弯曲（图 5.1-2）。

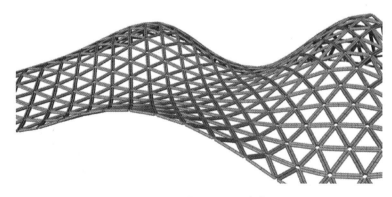

图 5.1-2 三角形网格组合曲面

（2）无论端连节点或平连节点都只需连接两根竹管，此特征为节点介入增强措施提供了充裕的空间条件（图 5.1-3）。

（3）虽然竹管直径、壁厚的可选择范围很小，但叠层补充平行连接三角形形成束管的方法可以提高刚度以满足大跨度结构的受力要求（图 5.1-4）。

（4）制作三角形时竹管的端部只需用普通圆锯进行平切，简单的工艺加上竹管三角形的平面特征为其自动化生产创造了有利条件（图 5.1-5）。

（5）由于待安装三角形中的一条边在安装时需平行地靠在另一个已经固定好的三角形

图 5.1-3　竹管束空间网壳结构节点

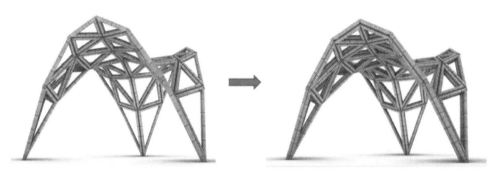

图 5.1-4　叠层补充平行连接三角形

图 5.1-5　三角形单元制作工艺

上，使待安装三角形的测量定位只剩一个点，调节维度的减少可显著降低复杂曲面网壳结构的建造难度（图 5.1-6）。

（6）由于拆卸一个三角形不会影响结构的几何不变性，对劣化的竹管周期性地进行"逐个拆，及时装"的原位替换，可使结构寿命摆脱对竹材耐久性的制约（图 5.1-7）。

图 5.1-6　三角形单元安装

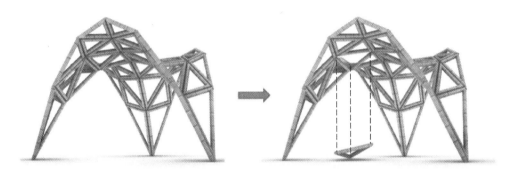

图 5.1-7　三角形单元原位替换

5.2　木骨架竹条覆面墙板结构体系

木骨架竹条覆面墙板结构体系是把标准竹片分别以 X 形双向交叉钉接铺设在木骨架上，形成模数化、系列化的预制竹墙板（构件）。通过标准化的建筑设计以及模数化、工厂化的部品生产，实现竹建筑结构部件的通用化和现场施工的装配化、机械化（结构）。木骨架双向斜放竹条覆面墙板承重节体系的竖向承重构件采用木骨架双向正交斜放竹条覆面墙板，水平承重构件为正交斜放竹条覆面桁架搁栅以及挡梁，按照轻型木结构的组装方法组合而成，具有成本低、抗震性能好等特点。

5.2.1　木骨架竹条覆面搁栅及挡梁的组合使用

当木骨架竹条覆面墙板安装就位后，按照结构设计布置楼面搁栅。外墙上楼面搁栅端部嵌入挡梁凹槽内，其平面布置如图 5.2-1 所示，构造节点详见图 5.2-2，预制墙板、预制搁栅、预制挡梁安装就位后的结构整体透视图详见图 5.2-3。

5.2.2　相邻楼层墙板竖连接

相邻楼层墙板竖连接可采用两种方式：一种是竖向金属片拉结，另一种是设置穿墙螺杆。竖向金属片拉结的具体做法是在相邻层墙板外侧贴附竖向长条金属片，金属片固定在上层预制竹墙板外侧的双层双向交叠的竹片上，并且要贯穿内侧的木骨架，在竖向将预制搁栅、挡梁、下层预制竹墙板连为整体（图 5.2-4）。

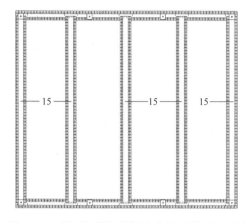

图 5.2-1　楼面搁栅与挡梁咬合关系平面布置图

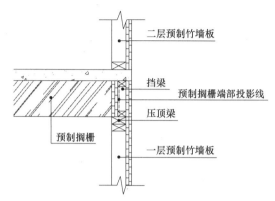

图 5.2-2　搁栅挡梁交汇处楼面构造节点

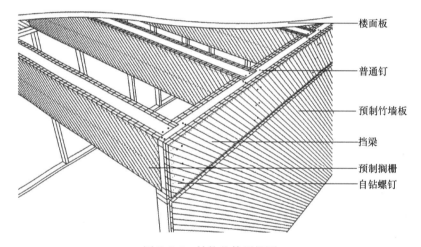

图 5.2-3　结构整体透视图

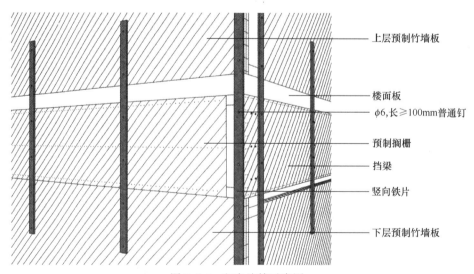

图 5.2-4　竖向连接示意图

穿墙螺杆的具体做法是：在墙体空腔内设置穿墙螺杆作为连接二层预制竹墙板—楼面板—预制搁栅和挡梁—首层预制竹墙板的竖向连接构件（图 5.2-5～图 5.2-7）。

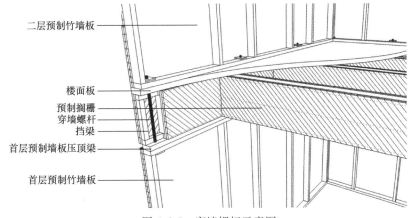

图 5.2-5　穿墙螺杆示意图

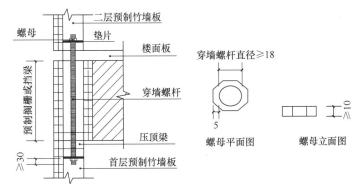

图 5.2-6　穿墙螺杆构造图

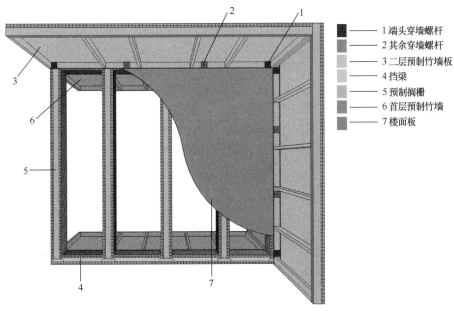

图 5.2-7　穿墙螺杆平面布置俯视图

其制作工序为：在主体结构组装完成之后，在预制竹墙板的两端定位出端头的穿墙螺杆位置，穿墙螺杆间距 1m。由于穿墙螺杆要依次穿过二层预制竹墙板下边缘木骨架、楼面板、挡梁或预制搁栅、压顶梁、首层预制竹墙板上边缘木骨架，所以定位标记需要标记在二层预制竹墙板下边缘的木骨架上和首层预制竹墙板上边缘的木骨架上，标记一定要上下位置相同。在标记位置钻孔时，孔的直径为穿墙螺杆直径外扩 1~2mm，然后将穿墙螺杆放入孔洞中，在穿墙螺杆两端分别放置铁垫片，之后用螺母将穿墙螺杆两端固定。

此种竖向连接金属片构件的优势在于通过穿墙螺杆的连接，将上层预制竹墙板—楼面板—预制搁栅—下层预制竹墙板这一系列主体结构连接形成一个整体，增强了整个主体结构的整体性，在地震中，可有效地防止首层结构与搁栅层（搁栅层包括预制搁栅和楼面板）和二层结构发生相对位移和受剪破坏，而且内置穿墙螺杆不会受到来自空气中的水分和雨水的直接侵蚀，延长了金属构件的使用寿命。穿墙螺杆两端的铁制垫片一方面增加了穿墙螺杆与主体结构的接触面积，另一方面保证了穿墙螺杆不会随意滑动，增加了穿墙螺杆的稳定性。

5.2.3 特殊构造问题的处理方法

本节针对在民居中所涉及的需要特殊处理的结构及构造问题，做具体的构造设计和设计说明。主要包括两方面的特例结构问题，即同层降高差问题和悬挑阳台问题。

1. 同层降高差的处理方法

建筑物同层有不同标高时，例如卫生间、阳台等需要降标高的情况下，楼面预制搁栅的构造需要做改变。在标高不改变的情况下，所有的楼面搁栅都采用同样规格，如果在楼面的某一段由于建筑使用功能上的要求需要改变标高，可以按照如图 5.2-8 所示的作法来处理。

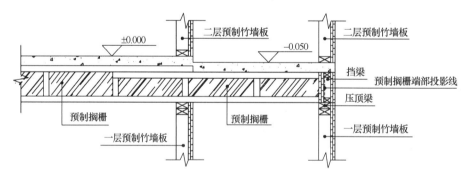

图 5.2-8　楼面高差处理

此种构造作法是将木骨架双向正交竹条预制搁栅在需要降低标高的位置两端各安置一根竖向内撑，这两根竖向内撑的长度较其余正常高度的竖向内撑长度短，其长度可根据实际楼面高差进行调整。上翼缘的木骨架在降低标高的这一段需要切断，并且布置新的上翼缘木骨架在短竖向内撑上。需要注意的是，低标高的上翼缘木骨架需与正常上翼缘木骨架部分重叠，重叠部分长度可根据竖向内撑间距规定。

2. 悬挑阳台的处理方法

根据楼面搁栅与挑阳台搁栅的方向是垂直还是一致，可分成不同的做法。

当楼面预制搁栅的方向与悬挑阳光台的悬挑搁栅方向垂直时，需要将悬挑搁栅穿过置于外墙楼面预制搁栅（图 5.2-9）。悬挑搁栅的挑出端，用挡梁作为封口梁进行封边，封口挡梁的构造作法与普通挡梁一致。在建筑内侧的端头用梁托（图 5.2-10）固定于内侧的楼面预制搁栅上，梁托的设计及尺寸按照图集《木结构建筑》14J924 进行改良和设计。

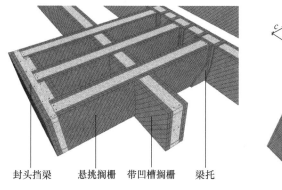

封头挡梁　悬挑搁栅　带凹槽搁栅　梁托

图 5.2-9　悬挑搁栅与楼面搁栅垂直

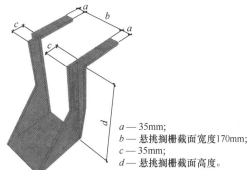

a —— 35mm;
b —— 悬挑搁栅截面宽度170mm;
c —— 35mm;
d —— 悬挑搁栅截面高度。

图 5.2-10　梁托及其尺寸规定

当悬挑搁栅与楼面预制搁栅平行时，悬挑阳台可采用挑板式（图 5.2-11）或者挑梁式（图 5.2-12）。

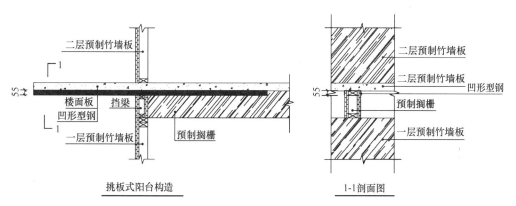

挑板式阳台构造

二层预制竹墙板
楼面板　挡梁
凹形型钢
一层预制竹墙板
预制搁栅

二层预制竹墙板
二层预制竹墙板
凹形型钢
预制搁栅
一层预制竹墙板

1-1剖面图

图 5.2-11　挑板式构造图

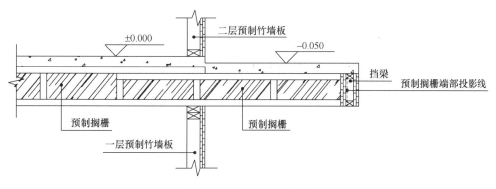

±0.000
二层预制竹墙板
−0.050
挡梁
预制搁栅端部投影线
预制搁栅
预制搁栅
一层预制竹墙板

图 5.2-12　挑梁式构造图

5.2.4 两层木骨架竹条覆面预制墙板结构体系振动台试验研究

为定性研究木骨架竹条覆面预制墙板结构体系的抗震性能，取得有关抗震性能的相关研究数据，针对该结构体系开展相关基础性试验研究，参照云南傣族民居平面布局特点，采用木骨架竹片覆面墙板作为建筑模型的主要受力构件，制作两层足尺振动台试验建筑模型，对其开展抗震性能试验研究，在此基础上，评价结构总体抗震性能，进一步优化技术。

1. 试验概况

两层足尺装配式竹结构模型进行振动台试验，通过 Servotest 地震模拟振动台、BK 压电式加速度传感器、电阻应变片、DH3820 动态应变仪和 DH5922 动态数据采集系统等测试设备，观测各加载工况下结构的地震响应及工作状态，综合考查其抗震性能，研究内容如下。

（1）测试结构在遭受到 8 度多遇烈度（0.07g）、8 度设防烈度（0.2g）、8 度罕遇烈度（0.4g）、9 度罕遇烈度（0.62g）和超 9 度罕遇烈度（0.9g）地震作用时，相应位移、加速度、层间位移角等反应，评估其抗震性能。

（2）结构在遭受不同烈度地震作用前后自振频率参数及其变化，以此考查结构刚度衰减从而评估结构整体损伤情况。

（3）根据试验结果判定结构反应是否满足有关规范、标准要求，评价结构总体抗震性能，根据具体情况提出加强或改进建议，优化结构设计。

2. 模型设计

振动台试验建筑模型以云南西双版纳傣族民居为原型制作，主体结构是由木骨架竹片覆面墙板和木骨架双向正交竹片覆面预制搁栅连接建造而成，为一个单开间两层足尺试验模型，模型层高 3.0m，总高度 6.0m，平面尺寸为 3.55m×3.58m。在一层西面墙体设置 2.1m（高）×0.9m（宽）入户门一道，同时在一层东面墙体以及二层东西（Y 向）墙体均设置尺寸为 1.2m×1.2m 的窗户，南北（X 向）墙面不开设洞口，试验模型尺寸见图5.2-13。

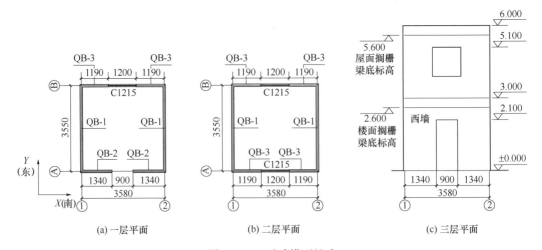

(a) 一层平面　　　　　(b) 二层平面　　　　　(c) 三层平面

图 5.2-13　试验模型尺寸

结构模型由木骨架竹片覆面预制墙板、300mm×150mm 木骨架正交竹片覆面预制搁栅、15mm 厚胶合板楼（屋）面板、50mm×100mm 压顶梁以及挡梁组成，墙板木骨架截面尺寸 50mm×100mm，格栅木骨架截面尺寸 40mm×90mm，覆面竹片宽 25mm。墙板骨架有 3 种规格 QB-1、QB-2、QB-3，如图 5.2-14 所示。装配后的试验模型如图 5.2-14 所示。根据《建筑结构荷载规范》[54] GB 50009—2012，取楼面活荷载 2kN/m²，屋面活荷载 0.5kN/m²，在二层楼面及屋脊上铺设砂袋及钢砖用于模拟楼面及屋面荷载，二层楼面均布荷载共计 28kN，屋面均布荷载共计 8.9kN。

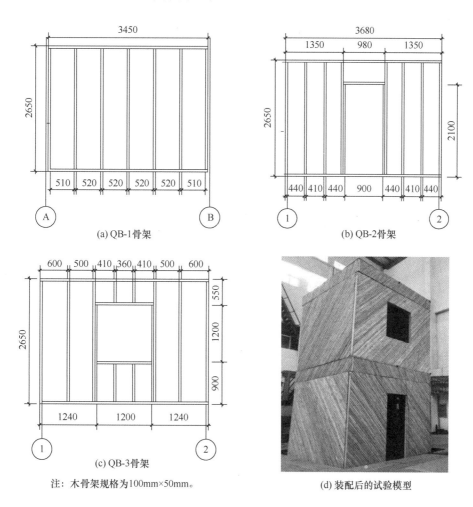

注：木骨架规格为 100mm×50mm。

图 5.2-14　墙板加工图及组装就位的结构模型

3. 试验工况

本试验采用 X、Y 单向地震波加载的方式进行。试验拟考查原型结构的烈度等级依次为 8 度多遇烈度（0.07g）、设防烈度（0.2g）、罕遇烈度（0.4g）、9 度罕遇烈度（0.62g）、超 9 度罕遇烈度（0.92g），加速度峰值为 0.92g 工况仅有 El-Centro 波 X 向时采集到有效数据，Y 向位移超限终止试验。每级加载前后均用白噪声进行模态测试，以考查不同等级烈度试验前后结构的损伤情况。试验具体工况见表 5.2-1。

序号	工况	烈度	地震波	主震方向	拟定试验加速度峰值（g）
1	W1	第 1 次白噪声		XY	0.05
2	EL1		El-Centro	X	0.07
3	EL2	8 度多遇烈度	El-Centro	Y	0.07
4	JG1		JG	X	0.07
5	JG2		JG	Y	0.07
6	W2	第 2 次白噪声		XY	0.05
7	EL3		El-Centro	X	0.2
8	EL4	8 度设防烈度	El-Centro	Y	0.2
9	JG3		JG	X	0.2
10	JG4		JG	Y	0.2
11	W3	第 3 次白噪声		XY	0.05
12	EL5		El-Centro	X	0.4
13	EL6	8 度罕遇烈度	El-Centro	Y	0.4
14	JG5		JG	X	0.4
15	JG6		JG	Y	0.4
16	W4	第 4 次白噪声		XY	0.05
17	EL7		El-Centro	X	0.62
18	EL8	9 度罕遇烈度	El-Centro	Y	0.62
19	JG7		JG	X	0.62
20	JG8		JG	Y	0.62
21	W5	第 5 次白噪声		XY	0.05
22	EL9	9 度强罕遇烈度	El-Centro	X	0.92
23	W6	第 6 次白噪声		XY	0.05

4. 模型破坏情况描述与分析

（1）模型结构反应及破坏情况

试验模型经历了从小震到大震再到超罕遇地震的地震波输入工况，试验加速度峰值从 0.07g 开始，逐渐增大，直到 0.92g。8 度多遇地震（加速度峰值 0.07g）时，模型产生轻微晃动，且 Y 向较 X 向明显，模型没有产生可见破坏。8 度设防地震（加速度峰值 0.20g）时，X 向、Y 向晃动加大，仍表现出 Y 向响应较 X 向更为明显，且模型在 El-Centro 波作用下较 JG 波作用下反应更明显，同时伴随有"吱吱吱"的响声，模型仍然没有产生可见破坏。8 度罕遇地震（加速度峰值达到 0.4g）时，摆动幅度明显，伴随发出"咯吱咯吱"及轻微"劈啪"的声响，模型有极少部分竹片发生轻微劈裂。9 度罕遇地震（加速度峰值达到 0.62g）时，摆动幅度越来越大，且可以观察到一层较二层发生更为明显的变形，伴随着"劈啪"声响越来越大，竹片发生劈裂现象增多，且一层窗口过梁木骨架、墙板木骨架出现细微纵向裂纹，模型整体仍表现出很好的完整性。9 度强罕遇地震（实际加速度峰值达到 0.92g）时，X 向结构模型摆动幅度更大，"嘎吱"声及"劈啪"声更加明显，一层窗口过梁木骨架、墙板木骨架纵向裂纹增大，其余木骨架没有发现新的开裂。Y 向由于振动台位移超限而终止试验，直至试验结束，模型上未发现有损结构安全的明显破坏。

（2）动力特性

经过不同强度地震激励后，分别进行加速度峰值 0.05g 的白噪声扫频，获得模型各层加速度反应，分别根据传递函数计算模型自振频率参数。图 5.2-15 为模型经历不同地震激励后一阶自振频率的变化趋势。由图 5.2-15 可以看出，模型自振频率在前 5 次扫频计算所得自振频率变化较为平缓，但随着输入地震波峰值加速度的增大，结构的损伤逐渐累积，变化呈近似线性下降趋势，X 向自振频率介于 8.336～8.171Hz，Y 向自振频率介于 9.632～8.979Hz。当地震波峰值加速度达 0.92g 后，模型频率降低幅度明显增大，X 向和 Y 向的频率分别降低为 2.617Hz 和 8.979Hz，约为初始频率的 31.4% 和 93.2%，且 X 向更为明显。

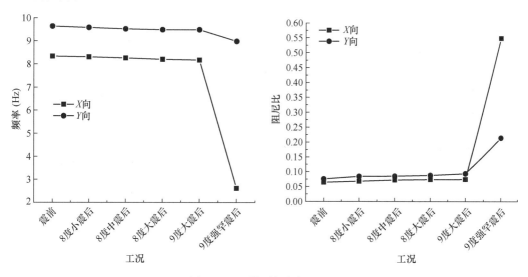

图 5.2-15　模型频率与阻尼比

（3）加速度峰值响应

图 5.2-16 为加速度峰值响应曲线。由图可以看出，随着地震激励增大，各层加速度峰值响应随之增大。同时可以看出，同一方向地震激励下，屋面加速度峰值响应大于楼面加速度峰值响应，El-Centro 波作用下更为明显。

为了更加直观地评估结构模型耗能减震作用，引入动力放大系数 β，动力放大系数 β 为结构模型各楼层的峰值加速度响应与振动台台面输入峰值加速度响应之比。根据试验测试楼层加速度数据计算各层动力放大系数曲线，见图 5.2-17。

（4）层间位移角

图 5.2-18 为不同地震激励工况下，各测点相对于振动台台面所发生的最大位移曲线。由图 5.2-18 可以看出，随着地震激励增大，各点相对于台面最大位移呈现增大趋势，El-Centro 波激励下，X 向各点相对于台面最大位移增大幅度随激励增大而增大，Y 向近似直线增大；JG 波激励下，随激励增大，各点相对台面最大位移增大幅度趋缓，特别是 X

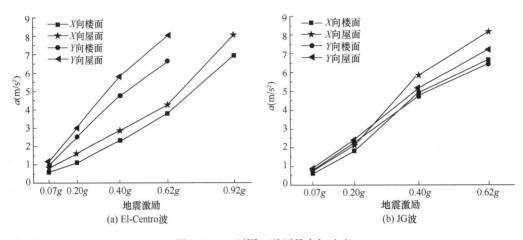

图 5.2-16 不同工况下最大加速度

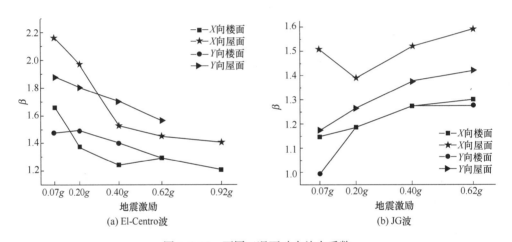

图 5.2-17 不同工况下动力放大系数

向在 0.4g～0.62g 间地震激励下，楼面、屋面相对于台面最大位移增大幅度近乎为零。

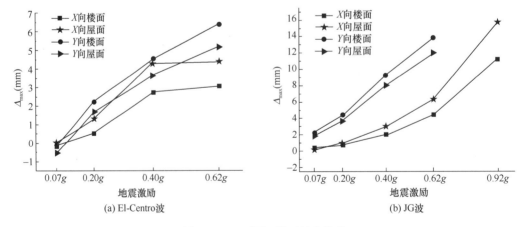

图 5.2-18 不同工况下最大位移

为更加直观地观察层间位移规律，进一步分析模型层间位移角，见表 5.2-2。由表 5.2-2 可知，一层层间位移角大于二层层间位移角。而且 Y 向层间位移角大于 X 向，这主要是因为在 X 向门洞及窗口位置均采用增加木柱及木方横梁进行局部加强，造成 X 向侧向刚度大于 Y 向。8 度多遇地震下最大层间位移角为 1/1364，8 度罕遇地震下最大层间位移角为 1/323，9 度罕遇地震下最大层间位移角为 1/217。由表 5.2-2 还可以看出，在 El-Centro 地震波激励下的试验模型层间位移角均大于同一水准 JG 波地震激励作用下的层间位移角，而且最大层间位移角 1/217 发生在 El-Centro 波 9 度罕遇烈度激励下模型一层层间。

对比钢筋混凝土结构相关规范层间位移角限值，该模型最大层间位移角小于钢筋混凝土抗震墙结构弹性层间位移角限值 1/1000（《建筑抗震设计规范》[48] GB 50011—2010（2016 年版）限值），亦小于多、高层钢结构层间位移角的限值 1/250（弹性位移角限值）和 1/50（弹塑性位移角限值），说明试验模型安全储备较高，具有很大的优化空间。

层间位移角

表 5. 2-2

地震波	a_{pg}（g）	一层层间位移角	二层层间位移角	一层层间位移角	二层层间位移角
		X 向		Y 向	
El-Centro	0.07	1/8620	1/16666	1/1364	1/10000
	0.20	1/4098	1/16666	1/680	1/4348
	0.40	1/1502	1/3086	1/323	1/2404
	0.62	1/677	1/1570	1/217	1/1637
	0.92	1/266	1/679	—	—
JG	0.07	1/20000	1/20000	1/20000	1/7092
	0.20	1/5525	1/1946	1/1350	1/5618
	0.40	1/1089	1/1946	1/667	1/3546
	0.62	1/980	1/2268	1/469	1/2475

（5）剪力分布与剪重比

由图 5.2-19 可知，层间剪力分布规律与层间质量基本上成正比关系，一层层间剪力占总剪力的 72% 左右，二层层间剪力占总剪力的 28% 左右。个别工况下有所差别，但相差不超过 6%。数据分析表明，上述楼层层间剪力的比值和各楼层质量之间的比值比较接近，因此可以认为试验模型层间剪力分布主要取决于结构模型质量分布，表明可通过结构层间质量分布初步估算结构层间剪力。

图 5.2-20 为最大基底剪重比曲线。由图 5.2-20 可以看出，地震激励加速度峰值与底部剪重比之间呈现近似的线性关系。这说明试验模型在经历一系列地震激励后，试验模型刚度变化不大，或者一定范围内的刚度变化对于结构的最大基底剪重比影响不大。最大基底剪重比与地震峰值加速度之间呈现如下规律：当 a_{pg} 为 0.07g 时，基底最大剪重比在 0.064～0.10 之间；当 a_{pg} 为 0.20g 时，基底最大剪重比在 0.13～0.27 之间；当 a_{pg} 为 0.40g 时，基底最大剪重比为 0.25～0.52；当 a_{pg} 为 0.62g 时，基底最大剪重比为 0.40～0.71。

从以上分析可以得出，针对类似结构可以通过地震加速度峰值初步估算结构的最大基底剪重比，同时表明针对该类型结构可采用底部剪力法进行初步设计。

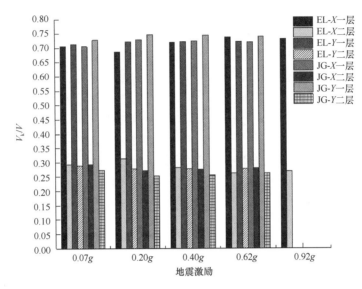

图 5.2-19　层间剪力与基底总剪力之比 $\left[a_{\mathrm{pg}}\left(g\right)\right]$

（6）能力谱

图 5.2-21 为各工况下能力谱曲线。能力谱曲线上的数据点对应各工况中的最大底部剪力和相同时刻的一层层间位移。能力谱曲线的斜率从某种程度上反映了结构整体的抗侧刚度。由于振动台试验是连续的，因此能力谱曲线也反映了累积损伤对于模型结构刚度的影响。该试验模型能力谱曲线近似直线，说明结构损伤较小，结构抗侧刚度变化较小，表明结构基本处于弹性状态。

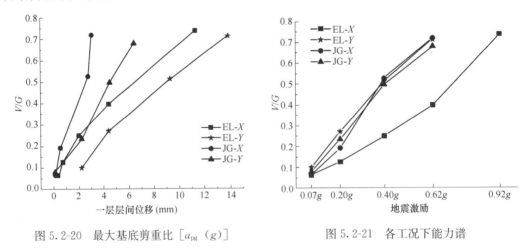

图 5.2-20　最大基底剪重比 $\left[a_{\mathrm{pg}}\left(g\right)\right]$　　　　图 5.2-21　各工况下能力谱

进一步分析结构在不同地震波激励情况下的能力谱曲线，可以看出 El-Centro 波激励下，能力谱曲线增长幅度趋缓，说明结构出现了对 El-Centro 波较为敏感的轻微损伤，结构抗侧刚度有一定减小。JG 波激励下，能力谱曲线近似直线，说明结构的轻微损伤对 JG 波激励不太敏感，结构侧向刚度损失不明显。

（7）抗震能力评估

从以上试验现象及试验数据分析可知，该结构模型完全满足《建筑抗震设计规范》

GB 50011—2010（2016 年版）"小震不坏、中震可修、大震不倒"的要求，而且安全储备较多。该结构模型多遇地震下最大层间位移角为 1/1364，9 度罕遇地震下最大层间位移角为 1/217。我国《建筑抗震设计规范》[48] GB 50011—2010（2016 年版）中对钢结构的弹性和弹塑性层间位移角的限值分别为 1/300 和 1/30，钢筋混凝土不同结构形式的弹性层间位移角限值在 1/1000～1/550 之间，弹塑性层间位移角限值在 1/120～1/30 之间。考虑该结构体系所采用的建筑材料为力学性能较好的木材和竹材，轻型木结构房屋的弹性和弹塑性层间位移角建议限值 1/250 和 1/30，该结构类型可以此为性能目标，对结构体系进一步优化研究，提出更加合理经济的结构优化方案。

综上所述，该结构体系房屋能够满足我国《建筑抗震设计规范》GB 50011—2010（2016 年版）的 8 度抗震设防甚至 9 度设防要求。基于以上试验分析研究表明该结构体系应用于 8 度、9 度烈度区是安全可靠的。

5.3　原竹-磷石膏组合墙体承重结构体系

竹材生长快、成材早，具有较高的顺纹抗拉压能力、较好的弹性和韧性以及较高的强重比，原竹易霉变、虫蛀等缺陷极大地影响了竹材的使用寿命，阻碍了传统原竹结构的推广和应用。

磷石膏是湿法生产磷酸过程中排放的工业废渣，当用硫酸消化磷矿石生产磷酸时就会产生磷石膏，每生产 1t 磷酸就有 4～5t 磷石膏产生。磷石膏主要成分为二水硫酸钙，因其含有未反应的硫酸及残余的磷酸或氢氟酸而呈酸性，pH 值在 2～6 之间。磷石膏一般为灰白、黑灰、浅灰、黄白或浅黄色的细粉状固体，黏性较大，刚生产出来的磷石膏水分含量较高，为 20%～40%，有刺激性气味，陈放几年后的磷石膏性能较为稳定，呈硬块状。

中国磷矿资源储量位居世界第二，近年来国内磷石膏年产生量均在 7000 万 t 以上，占工业副产石膏年产量的 40%。但由于早期国家对磷石膏的开发重视程度较低，磷石膏的处理方式主要是以堆积为主，堆积量已超过 7 亿 t，严重破坏了生态环境，不仅污染地下水资源，还造成土地资源的浪费。因此，磷石膏的再利用直接关系到环境保护、磷化工等产业的可持续发展等问题。随着国家环保政策日益严格，我国磷石膏利用率连年上涨，但目前仍较低，综合利用率约 40%。

当前磷石膏的利用现状主要包括以下几个方面：

国内外对磷石膏的主要利用途径是用于农业、水泥工业、化工原料、建材制品及矿山充填等方面。农业领域：磷石膏被广泛用作农业肥料和土壤改良剂。它可以在农田中直接施用，提供植物所需的磷酸盐和钙元素，提高土壤质量，增加农作物产量和品质。水泥工业：中国的水泥产量巨大，由于水泥的水化过程非常迅速，实际施工时不易把控，因此在水泥生产工艺中，往往会加入一定量的缓凝剂来延缓水泥水化反应，从而调节水泥的凝结时间，提高水泥品质。化工原料：利用磷石膏制备化工原料是一种前景广阔的途径。目前已经有一些化工厂开发了相应的技术来生产各种化工原料，如硫酸铵、硫酸二铵、硫酸钙、硫酸三铵等。建材制品：经过简单净化处理的磷石膏可以用于生产石膏建筑材料，使用方法将磷石膏中的二水硫酸钙转化为 α 型或者 β 型半水石膏，可以再加工成石膏板材、石膏粉、装饰石膏制品、石膏砌块等建材产品。矿山充填：磷石膏具有良好的充填性能和稳定性，可以用于填充煤矿、金属矿、非金属矿等矿山空洞。在填充矿山空洞的同时，磷石膏还能固定地下水位，避免地下水下渗、潜在的危害和污染扩散。

但是这些领域磷石膏往往只是作为辅料，利用率低，绝大部分仍是低端、低附加值利用，仍未形成大量化、高附加值综合利用磷石膏的途径。原因在于：磷石膏属于气硬性胶凝材料，虽然强度发展快、自重轻、阻燃、能耗小，但相比于硅酸盐水泥，磷石膏胶凝材料耐水性差、强度低、蠕变较大，所以其作为建筑材料的使用受到了限制。现阶段若能对磷石膏进行改性，将改性后的磷石膏制备磷石膏基复合胶凝材料，直接用于浇筑承重结构构件，可大规模地将工业废弃磷石膏转化为可利用的建筑材料，研究出材料力学性能满足结构安全及使用功能的石膏复合材料，提高磷石膏胶凝材料的附加值，推动以磷石膏为主材和辅材的新型结构体系的快速发展，以符合节能建筑的发展需要，顺应建筑科学的发展趋势。

磷石膏用作胶凝材料的优点有以下几个方面：（1）减少磷石膏库存，提高磷石膏利用率，保护自然社会环境，符合当下形势发展。（2）减少能耗，绿色环保，减少水泥的生产和使用量。（3）强度发展快，自重较轻，阻燃，隔热，耐高温。（4）制作工艺简单，成本低，能为社会带来一定的经济效益。

图 5.3-1 为原竹-磷石膏组合墙体承重结构空间示意图，该结构体系由磷石膏包裹原竹骨架形成，集承重、防火、防腐、防虫蛀、节能和装饰于一体。原竹-磷石膏预制墙体承重结构体系的建筑材料采用资源丰富的原竹和亟待资源化利用的磷石膏，能有效实现建筑结构体系低成本、低能耗、高效能的发展需求，促进原竹和磷石膏资源的充分合理利用，有利于原竹结构建筑的产业化发展。

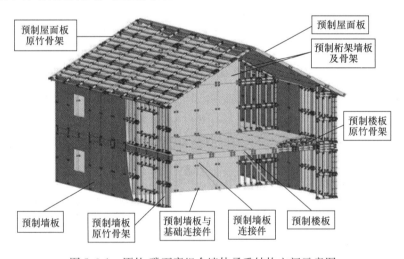

图 5.3-1 原竹-磷石膏组合墙体承重结构空间示意图

第6章 新型原竹及原竹组合施工安装方法

6.1 空间网壳结构逆向安装施工方法

从空间网壳结构的中心逐步往边缘方向扩展安装三角形的逆向安装方法，消除了因制作与安装累积误差可能带来的强迫就位问题，无需搭设脚手架来临时支撑和定位安装的结构，具有高效快速且装配精度高的优点。图6.1-1为逆向安装施工方法的示意图，图6.1-2为现场施工照片。

图 6.1-1 空间网壳结构逆向安装施工方法示意图

图 6.1-2 空间网壳结构逆向安装施工现场

6.2 原竹集束结构内嵌钢板刚性柱脚节点的安装技术

原竹集束结构内嵌钢板刚性柱脚节点主要由柱脚预埋铁件（安装板及连接筋）、内嵌钢片、螺杆以及原竹构件组装而成，如图 6.2-1 所示。

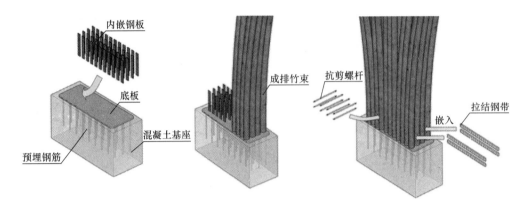

图 6.2-1　内嵌钢板刚性柱脚节点安装示意

节点的安装步骤为：

（1）根据设计的混凝土基座形状在地面上搭建侧模板，形成混凝土基座型腔，然后在型腔内设置钢筋笼或钢筋架。

（2）制备安装连接件。安装连接件包括水平设置的安装板，在安装板的下侧竖向设置有若干连接筋，在安装板的上侧竖向设置有若干呈阵列式分布的内嵌钢片；其中，位于同一列的内嵌钢片位于同一竖直平面，且各列内嵌钢片所在的竖直平面相互平行；在各内嵌钢片相对应的位置开设有两个上下分布的预制孔。

（3）将安装连接件放入混凝土基座型腔内，并使安装连接件的连接筋插入钢筋笼或钢筋架内；其中，安装板靠近型腔的上侧，内嵌钢片从型腔的上端伸出型腔；然后向混凝土基座内浇筑混凝土，直至混凝土靠近安装板的上侧或与安装板上侧平齐；混凝土固化后安装连接件与混凝土基座成型为一体，然后拆除侧模板。

（4）加工原竹集束柱。原竹集束柱包括若干呈阵列式分布的原竹，且原竹固定连接为一体形成原竹集束柱；在原竹集束柱的下端，对应内嵌钢片上预制孔的位置，各行原竹上均开设有贯穿原竹集束柱两侧的通孔；然后将原竹集束柱套入安装连接件上侧的内嵌钢片，其中各原竹分别对应插入一内嵌钢片，然后调节原竹集束柱的位置，使原竹集束柱上的通孔与内嵌钢片上的预制孔重合。

（5）加工钢夹板。在钢夹板上，对应内嵌钢片上预制孔的位置开设有过孔；在原竹集束柱的相邻两列原竹之间分别设置一钢夹板，并使钢夹板上过孔与内嵌钢片上预制孔正对。

（6）使用多根对拉螺杆分别贯穿对应位置的内嵌钢片、钢夹板以及原竹后，将内嵌钢片、钢夹板以及原竹固定连接在一起。

（7）在原竹的下部开设有灌浆孔，通过该灌浆孔向原竹内部填充灌浆料，从而能够增强原竹集束构件的强度，且灌浆料将内嵌钢片包裹后，能够有效防止内嵌钢片生锈等，提高整个柱脚结构的使用寿命。

主要技术要点及要求如下：

（1）原竹集束柱为多根，可能包括直柱和曲柱，其中直柱位于安装板的中部，曲柱应分布于直柱的两侧。

（2）在原竹集束柱的两侧还应设有拉结钢带，对拉螺杆穿过拉结钢带后将内嵌钢片、钢夹板以及原竹固定连接。

（3）在原竹集束柱与安装板之间还应铺设橡胶垫，橡胶垫上对应各内嵌钢片的位置均开设有让位孔，橡胶垫通过各让位孔套入内嵌钢片后与安装板贴合。从而能够避免原竹集束柱下端与安装板之间直接接触而造成受力不均匀。

（4）为保证原竹预制部件与柱脚结合牢固，需选用 L 形钢筋两头双面搭接焊至钢板与柱脚钢筋笼上（图 6.2-2、图 6.2-3），焊缝长度 L 不小于 $5d$，不同直径钢筋符合表 6.2-1 的规定。

图 6.2-2　钢筋焊接

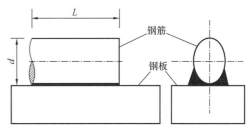

L—焊缝长度；d—钢筋直径

图 6.2-3　焊接示意图

搭接焊参数表　　表 6.2-1

序号	钢筋直径 d（mm）	焊缝长度 L（mm）
1	22	120
2	18	100
3	16	90
4	14	80

（5）连接筋焊接完成后，根据预埋铁件放样标注，临时固定在柱脚钢筋笼上，待找平检查后即可完成焊接，再进行支模浇筑柱脚混凝土，图 6.2-4 为焊接完成的效果。

图 6.2-4　焊接完成

（6）选择内嵌钢片（图 6.2-5），按要求进行开孔，保持孔口高低一致，孔径略大于螺杆直径，然后焊接固定在钢板顶面（图 6.2-5），焊接方法采用双面围焊。焊接前用钢尺在钢板上测量钢片前后位置及间距，并用弹线在柱脚进行标注。连接直柱的钢片需竖直向上，连接曲柱的钢片需在焊接前按图纸要求弧度进行倾斜后再进行焊接（柱脚实体见图 6.2-6）。

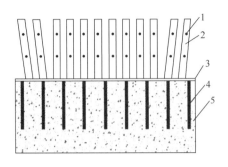

1—预制孔；2—内嵌钢片；3—安装板；
4—连接筋；5—混凝土底座

图 6.2-5　柱脚预埋铁件大样图　　　　　图 6.2-6　柱脚预埋铁件及内嵌钢板

6.3　原竹预制墙体墙脚节点的安装技术

原竹预制墙体承重结构墙脚节点主要采用内嵌钢板灌浆连接的方式实现（图 6.3-1），安装技术与原竹集束结构内嵌钢板刚性柱脚节点的安装技术相同。

主要技术要点及要求如下：

（1）底层墙体应在下端预留 30～40mm 高度不灌注磷石膏，待现场墙体就位安装完成后，采用高强灌浆料填注。

（2）钢夹板不用通长设置，通常在一个单元墙体长度方向的两端需各布置一道；单元墙体长度较大时，也需布置中间钢夹板，相邻两道钢夹板的净距宜不大于 400mm；每一道钢夹板成对布置在墙厚的两边，单块钢夹板长度应以能连接两个骨架柱来确定。

（3）为保证原竹预制部件与墙脚结合牢固，需选用 L 形钢筋两头双面搭接焊至钢板与墙脚钢筋笼上，焊缝长度 L 不小于 5d，不同直径钢筋符合表6.2-1 的规定。

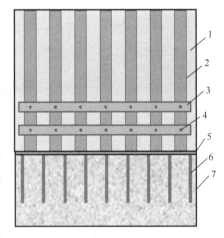

1—墙板；2—原竹骨架柱；3—卡箍；4—预留孔；
5—安装板；6—焊接钢板；7—混凝土底座

图 6.3-1　内嵌钢板灌浆刚性墙脚节点示意

（4）钢筋焊接完成后，根据预埋铁件放样标注，临时固定在墙脚钢筋笼上，待找平检查后即可完成焊接，再进行支模浇筑墙脚混凝土。

（5）浇筑墙脚混凝土时应手提振捣棒振捣，振捣时应避开预埋铁件位置。

（6）如图 6.3-2 中 2 所示，按要求进行开孔，保持孔口高低一致，孔径略大于螺杆直径，然后焊接固定在钢板顶面，焊接方法采用双面围焊（图 6.3-2）。焊接前用钢尺在钢板上测量钢片前后位置及间距，并用弹线在墙脚进行标注。墙脚预埋铁件示意，见图 6.3-2。

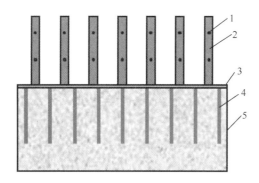

1—预制孔；2—内嵌钢片；3—安装板；
4—焊接钢筋；5—混凝土底座

图 6.3-2　墙脚预埋铁件示意

6.4　原竹-磷石膏预制墙体与楼板连接节点的安装技术

预制墙体承重体系结构中墙板与楼板的连接，连接处由上下两层预制墙体和楼板以及金属连接件组成，如图 6.4-1 所示。

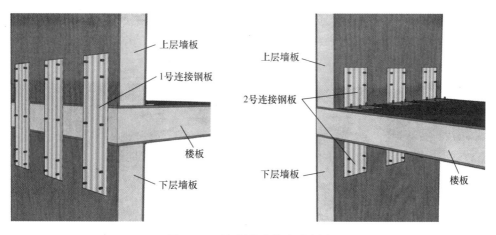

图 6.4-1　墙-板节点构造示意图

节点的安装步骤如下：

（1）原竹钻孔：选择同直径的若干根原竹，用 12mm 钻头进行钻孔。为保证穿接精度及牢固，平行并排孔成孔孔径、孔距及高差要求应按照表 6.4-1 的规定。钻孔完成后复核水平孔与垂直孔。

（2）原竹骨架板组装：此原竹结构的墙板和楼板为预制竹骨架灌注石膏的复合板，其具体做法如下：

① 钢卡箍应按照图 6.4-2 所示进行制作。

② 通过预制的钢卡箍（图 6.4-2）和 M10 螺杆将竹骨连成一排，形成竹骨架（图 6.4-3）。

成孔质量要求 表 6.4-1

测定部位	检验方法及要求
孔径	穿接选用 M10 不锈钢螺杆对穿，钻头孔径应≥10mm，同时螺杆能穿入钻孔；用钢尺测量孔径及对穿孔距，应满足要求
孔距	用水平线配合钢尺检查孔距是否一致
高差	应检验拼接端头距圆心竖直线长度，取差值，不应大于 2mm

③ 完成后用 M10 螺杆将其与两侧面板（OSB 板等）穿接（图 6.4-4），双端配螺母，并拧紧，最后支模浇石膏。

④ 不同螺栓扭紧力矩可按表 6.4-2 规定。

⑤ 同高度孔的对穿螺杆拧紧应按顺序进行。

⑥ 穿接完成后需对螺母进行防腐、防锈处理。

⑦ 螺栓、螺杆质量要求需有螺栓、螺杆出厂合格证及复检报告，螺栓接头摩擦面处理和抗滑移系数试验、复验报告和拧紧施工检查记录等资料。

图 6.4-2　卡箍制作　　　　　图 6.4-3　竹骨架组装　　　图 6.4-4　竹骨架与面板组装

螺栓扭紧力矩参照表 表 6.4-2

螺栓公称直径尺寸 d（mm）	施加在扳手上的扭紧力矩 M（N·m）	施力操作要领	螺栓公称直径尺寸 d（mm）	施加在扳手上的扭紧力矩 M（N·m）	施力操作要领
M6	3.5	只加腕力	M16	71	加全身力
M8	8.3	加腕力、肘力	M20	137	压上全身重量
M10	16.4	加全身臂力	M24	235	压上全身重量
M12	28.5	加上半身力	—	—	—

（3）墙板与楼板连接组装

如图 6.4-5 所示，预制墙板在现场进行组装，墙体与楼板的连接件由 1 号连接钢板和

2 号连接钢板组成，每一块钢板都提前在相应位置上留好孔洞，通过 M10 螺杆将钢板与墙板穿接组装成墙板连接节点。

图 6.4-6 中画圈部分是一种螺杆组合件，其具体构造如图 6.4-6 所示，这样的连接形式主要是为了防止 1 号连接钢板的鼓屈以及限制楼板在水平方向上的位移，加强节点区的整体性和稳定性。

（4）预制墙板应进行端部处理，保证平整、美观，完成后，通过预装连接件墙板牢固连接，连接方式选用钻孔、对穿螺杆连接。最后按设计要求放样预制墙板的位置，按由低到高的顺序进行预制墙板安装。

（5）墙板连接节点安装质量要求应按照表 6.4-3 的规定。

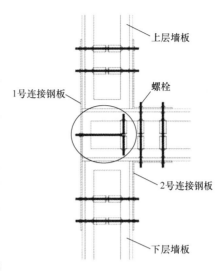

图 6.4-5　墙板组装

图 6.4-6　螺栓和螺母组合件的组合示意图

墙板连接节点安装质量控制要求　　　　　　　　　　　　表 6.4-3

序号	项目	允许偏差（mm）
1	卡箍直径与原竹直径间距	±10
2	竹骨轴线偏移	≤5
3	卡箍连接错位	≤5
4	螺杆偏移	±3
5	竹骨间距	±10

（6）成品检查：预制部件外观不应有严重缺陷，对于缺陷统计及处理，可按照表 6.4-4 中方案实施。将检查合格后的成品按批次整齐堆放，待施工前运输至施工现场，加工完成后的预制部件采用机械吊装运输，运输过程中速度宜慢且上下车均采用人工配合机械吊装搬运，轻拿轻放，确保预制部件进场质量合格。

预制部件缺陷及处理方案　　　　　　　　　　　　表 6.4-4

项目	缺陷情况	处理方案	处理依据及方法
破损	1. 严重影响结构性能且无法恢复的破损	废弃	目测法
	2. 影响原竹连接、锚固的破损	废弃	目测法
	3. 外观轻微破损，不影响结构性能	不做处理	目测法

项目	缺陷情况	处理方案	处理依据及方法
裂缝	1. 竹身有长裂缝，且形成通缝	废弃	目测法
	2. 裂缝宽度大于 3mm	废弃	目测法、钢尺测量
	3. 小于 3mm 裂缝且裂缝较短	修补方案 1	目测法、钢尺测量
锈蚀	螺母锈蚀	修补方案 2	目测法

注：修补方案 1：用表面光老化，抗裂处理；修补方案 2：用弱酸性剂除锈，并再次涂刷防锈涂料。

6.5 原竹-磷石膏预制墙体与墙体连接节点的安装技术

预制墙体承重体系结构中墙体与墙体的连接共分为 L 形、T 形和十字形，如图 6.5-1 所示。连接处由多块预制墙体和金属连接件组成，解决了墙体相互连接的问题，实现了转角墙的有效连接，其连接工艺简单方便，具有装配化施工的特点。

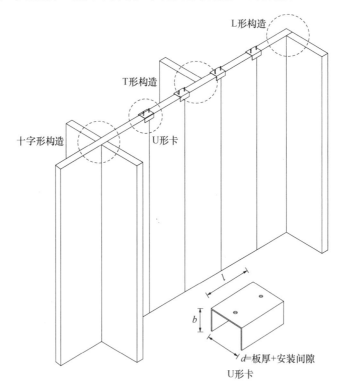

图 6.5-1　墙体连接示意图

此原竹结构墙体制作的具体做法如下：

（1）连接件钻孔位置应与原竹钻孔位置一致，为保证穿接精度及牢固，平行并排孔成孔孔径、孔距及高差要求应按照表 6.4-1 的规定，钻孔完成后复核水平孔与垂直孔。

（2）用 M10 螺杆将连接件与墙体穿接（图 6.5-2），双端配螺母，并拧紧。其中，L 形连接墙体由两块预制墙体和 L 形金属连接件组成，T 形连接墙体由三块预制墙体和

π形金属连接件组成，十字形连接墙体由四块预制墙体和 p 形金属连接件组成。

（3）不同螺栓扭紧力矩可按表 6.4-2 的规定。

（4）同高度孔的对穿螺杆拧紧应按顺序进行。

（5）穿接完成后需对螺母进行防腐、防锈处理。

（6）螺栓、螺杆质量要求需有螺栓、螺杆出厂合格证及复检报告，螺栓接头摩擦面处理和抗滑移系数试验、复验报告和拧紧施工检查记录等资料。

（7）预制墙体应进行端部处理，保证平整、美观，完成后，通过预装连接件墙板牢固连接，连接方式选用钻孔、对穿螺杆连接。最后按设计要求放样预制墙体的位置，按顺序进行预制墙板安装。

（8）成品检查：预制部件外观不应有严重缺陷，对于缺陷统计及处理，可按照表 6.5-1 中方案实施。将检查合格后的成品按批次整齐堆放，待施工前运输至施工现场，加工完成后的预制部件采用机械吊装运输，运输过程中速度宜慢且上下车均采用人工配合机械吊装搬运，轻拿轻放，确保预制部件进场质量合格。

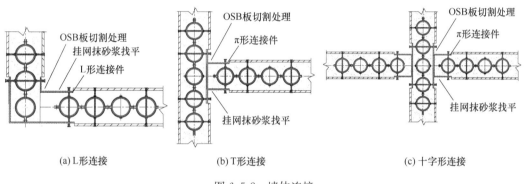

(a) L 形连接　　　　　　(b) T 形连接　　　　　　(c) 十字形连接

图 6.5-2　墙体连接

预制部件缺陷及处理方案　　　　　　　　　　表 6.5-1

项目	缺陷情况	处理方案	处理依据及方法
破损	1. 严重影响结构性能且无法恢复的破损	废弃	目测法
	2. 影响原竹连接、锚固的破损	废弃	目测法
	3. 外观轻微破损，不影响结构性能	不做处理	目测法
锈蚀	螺母锈蚀	修补方案 1	目测法

注：修补方案 1：用弱酸性剂除锈，并再次涂刷防锈涂料。

6.6　原竹结构装配式施工安装技术

原竹结构装配式安装施工的工艺主要分为预制与安装两大部分，预制部分为：曲柱、直柱、主梁、檩条等部件的一体化预制；安装部分分为：柱脚预埋铁件焊接找平、直柱与曲柱安装、主梁安装、檩条安装四个部分。原竹结构装配式安装施工工艺流程如图 6.6-1 所示。

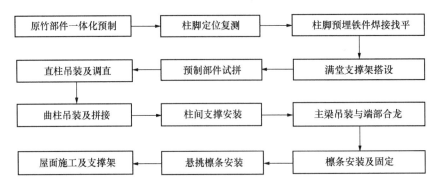

图 6.6-1　原竹结构装配式安装工艺流程

第7章 工 程 应 用

7.1 竹管束空间网壳结构体系

竹管束空间网壳结构体系探索性工程实践包括柱面、球面、双曲抛物面等，详见表 7.1-1。

竹管束空间网壳结构示范工程 表 7.1-1

编号	工程概况	工程照片与结构平面图
1	2019 年 7 月建成双曲抛物面网壳（宽 4.5m，高 3.2m）。北京延庆，2019 世界园艺博览会（国际竹藤组织园）	
2	2019 年 9 月建成双曲抛物面网壳（宽 7.0m，高 3.4m），四川青神县，国际竹产业交易博览会	
3	2019 年 10 月建成球面网壳（跨6m，高 4.6m），西安建筑科技大学（雁塔校区）	
4	2020 年 11 月建成柱面网壳（跨5.3m，高 3.9m），杭州市余杭区塘栖古镇	

7.2 中冶·柏芷山国际度假公园游客接待中心

中冶·柏芷山国际度假公园游客接待中心项目（图 7.2-1）位于贵州省遵义市桐梓县狮溪镇境柏芷山南区。用地位于场地西侧邻近道路的坡地，海拔高度约 1246m，地势由东北至西南逐渐降低，西南方向景观视野开阔，自然资源优渥。本项目总建筑面积 1638.16m²，地上 1 层（大厅设有局部夹层），两侧环坡局部吊层，地面总高 15.28m。主体为单层原竹结构，结构总长度为 34.3m，宽度为 29.5m，最大跨度为 12m，高度为 10.8m。本工程主要部件包括主直柱、次直柱、曲柱、主梁、檩条等，竹部件总数 356 个，所有部件均在厂内一体化预制后运至施工现场进行装配式安装。

图 7.2-1　中冶·柏芷山国际度假公园游客接待中心

项目主要部件在工厂预制加工，运输至施工现场，采用了高效的连接节点和装配式安装技术施工。装配式安装主要通过部件现场试拼装及吊装，完成原竹结构安装施工作业。吊装时以屋檩为横轴，垂直方向为纵轴，沿纵轴方向顺序进行。在进行横轴截面部件安装时，应由中轴线两端柱脚对称进行，先完成直柱的吊装［图 7.2-2 (a)］，再进行曲柱的吊

(a) 直柱吊装　　　　　　　　　　(b) 曲柱吊装　　　　　　　　　(c) 柱间支撑安装

(d) 主梁吊装　　　　　　　　　　　　　(e) 悬挑檩条安装

图 7.2-2　原竹结构装配式安装施工顺序图

装［图 7.2-2（b）］，依次完成各柱脚部件的吊装，并采用支撑架固定；然后，根据设计的位置首先沿着中轴对称方向对柱脚间曲柱端头进行合拢安装，并复核安装数据，便于主梁及直柱安装；最后，进行柱间支撑安装［图 7.2-2（c）］。待第一榀安装完成后，依次顺序进行第二榀安装，安装方法同上，在复核完安装数据后，再是主梁吊装［图 7.2-2（d）］，当相邻截面的直柱、曲柱、主梁均完成后即可进行截面间檩条安装，依次完成原竹结构屋楣的安装后，进行悬挑檩条安装［图 7.2-2（e）］，吊装顺序如图 7.2-2 所示。

7.3　2019 北京世界园艺博览会竹藤馆

竹藤馆由意大利卡德纳斯设计工作室负责建筑设计，香港中文大学建筑学院、清华大学土木工程研究团队负责工程设计，国际竹藤中心负责原竹建筑无支点结构设计和原材料处理加工。竹藤馆完全使用原竹结构，在原材料制备、基础结构、原竹连接、力学和后期维护等方面，获得多项技术创新。

竹藤馆为原竹竹拱建筑体系，整个建筑采用 5000 多根毛竹建成，其主要受力结构为原竹竹拱结构，竹拱跨度达到 32m，中间无任何支点，是目前中国北方跨度最大的无支点拱形原竹建筑。图 7.3-1 所示为竹藤馆效果图和建成后实拍图。

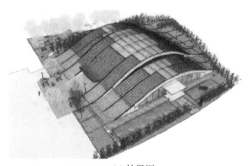

(a) 效果图

(b) 建成后馆顶

(c) 建成后侧门

图 7.3-1　竹藤馆

参 考 文 献

[1] 住房和城乡建设部. 木结构设计规范：GB 50005—2017[S]. 北京：中国建筑工业出版社，2017.

[2] Bian F，Zhong Z，Zhang X，et al. Bamboo-an untapped plant resource for the phytoremediation of heavy metal contaminated soils[J]. Chemosphere，2020，246：125750.

[3] Desalegn G，Tadesse W. Resource potential of bamboo，challenges and future directions towards sustainable management and utilization in Ethiopia[J]. Forest Systems，2014，23：294.

[4] 柳涛，邱丽氙，常虹，等. 中国竹亚科植物空间分布及多样性研究[J]. 竹子学报，2018，37(1)：1-7.

[5] 楼崇. 我国的竹类资源及分布特征[J]. 林业科技开发，1991(3)：7-8.

[6] 李玉敏，冯鹏飞. 基于第九次全国森林资源清查的中国竹资源分析[J]. 世界竹藤通讯，2019，17(6)：45-48.

[7] 陆蓉. 云南省竹资源工业利用[J]. 内蒙古林业调查设计，2011，34(5)：114-117.

[8] 曾莹莹，王玉魁，蔡先锋，等. 毛竹林爆发式生长期立竹器官营养成分的动态变化[J]. 浙江农林大学学报，2015，32(2)：272-277.

[9] 张文元，范少辉，苏文会，等. 毛竹成竹期各器官营养元素动态变化规律[J]. 安徽农业科学，2009，37(36)：8227-8232.

[10] Akinbade Y，Nettleship I，Papadopoulos C，et al. Modelling full-culm bamboo as a naturally varying functionally graded material[J]. Wood Science and Technology，2020，55：155-79.

[11] Grosser D，Liese W. On the anatomy of Asian bamboos，with special reference to their vascular bundles[J]. Wood Science and technology，1971，5(4)：290-312.

[12] 李世红，付绍云，周本濂，等. 竹子——一种天然生物复合材料的研究[J]. 材料研究学报，1994(2)：188-192.

[13] 马乃训，马灵飞. 毛竹材材性变异的研究[J]. 林业科学，1997(4)：356-364.

[14] Amada S，Untao S. Fracture properties of bamboo[J]. Composites Part B：Engineering，2001，32(5)：451-459.

[15] Lo T，Cui H，Leung H. The effect of fiber density on strength capacity of bamboo[J]. Materials Letters，2004，58(21)：2595-2598.

[16] 刘焕荣. 竹材的断裂特性及断裂机理研究[D]. 北京：中国林业科学研究院，2010.

[17] 杨中强，祝频，黄世能，等. 8 种丛生竹竹材物理力学性能研究[J]. 广东建材，2011，27(6)：129-131.

[18] 鲁顺保，丁贵杰，彭九生. 立地条件对毛竹材化学性质的影响[J]. 江西农业大学学报，2010，32(4)：773-777.

[19] 林金春，林金国，余雁. 立地条件对人工林毛竹材物理力学性质的影响[J]. 江西农业大学学报，2010，32(4)：773-777.

[20] 王健，杜文军，司徒春南，等. 不同方向及年龄的麻竹竹材的物理和力学性能研究[J]. 广东农业科学，2012，39(24)：59-61.

[21] 钟莎，张双保，覃道春，等. 毛竹含水率、基本密度和干缩性的变异规律[J]. 北京林业大学学

报，2009，31(S1)：185-188.

[22] Xu Qi, Harries K, Li X, et al. Mechanical properties of structural bamboo following immersion in water[J]. Engineering Structures, 2014, 81.

[23] 张晓冬，程秀才，朱一辛. 毛竹不同高度径向弯曲性能的变化[J]. 南京林业大学学报（自然科学版），2006(6)：44-46.

[24] 李光荣，辜忠春，李军章. 毛竹竹材物理力学性能研究[J]. 湖北林业科技，2014，43(5)：44-49.

[25] 邵卓平，黄盛霞，吴福社，等. 毛竹节间材与节部材的构造与强度差异研究[J]. 竹子研究汇刊，2008(2)：48-52.

[26] Sá Ribeiro RA, Sá Ribeiro MG, Miranda IPA. Bending strength and nondestructive evaluation of structural bamboo[J]. Construction and Building Materials, 2017, 146：38-42.

[27] Ren H, Li X, Wang X, et al. Research on Physical and Mechanical Properties of Moso Bamboo[J]. Chinese Forestry Science and Technology, 2008, 7(3), 50-55.

[28] Kumar A, Vlach T, Laiblova L, et al. Engineered bamboo scrimber：Influence of density on the mechanical and water absorption properties[J]. Construction and Building Materials, 2016, 127：815-27.

[29] Dixon P G, Gibson L J. The structure and mechanics of moso bamboo material[J]. Journal of The Royal Society Interface, 2014, 11：20140321.

[30] Lorenzo R, Mimendi L, Li H, et al. Bimodulus bending model for bamboo poles[J]. Construction and Building Materials, 2020, 262：120876.

[31] García-Aladín M F, Correal J F, García J J. Theoretical and experimental analysis of two-culm bamboo beams[J]. Proceedings of the Institution of Civil Engineers - Structures and Buildings, 2018, 171：316-325.

[32] 建设部. 建筑用竹材物理力学性能试验方法：JG/T 199—2007[S]. 北京：中国标准出版社，2007.

[33] Bamboo structures-Determination of physical and mechanical properties of bamboo culms-Test methods：ISO 22157—2019[S]. 2019.

[34] 陈肇元. 中心受压的原竹杆件[J]. 哈尔滨工业大学学报，1957(4)：25-35＋37-40.

[35] 中国工程建设标准化协会. 圆竹结构建筑技术规程：CECS 434—2016 [S]. 北京：中国计划出版社，2016.

[36] 黄熊. 屋顶竹结构[M]. 北京：建筑工程出版社，1959.

[37] Lawrence A, Trujillo D, Lan F, et al. Structural use of bamboo. Part 4：Element design equations[J]. Structural Engineer, 2017, 95(3)：24-27.

[38] 田黎敏，靳贝贝，郝际平. 现代竹结构的研究与工程应用[J]. 工程力学，2019，36(5)：1-18.

[39] 吴旖文. 竹管及结构单元的力学性能试验研究与数值模拟[D]. 杭州：浙江大学，2019.

[40] Bahtiar E T, Malkowska D, Trujillo D, et al. Experimental study on buckling resistance of Guadua angustifolia bamboo column[J]. Engineering Structures, 2020, 228：111548.

[41] Nugroho N, Bahtiar E T. Buckling formulas for designing a column with Gigantochloa apus[J]. Case Studies in Construction Materials, 2021, 14：e00516.

[42] Zahn J J. Re-examination of Ylinen and other column equations[J]. Journal of Structural Engineering, 1992, 118(10)：2716-2728.

[43] Shukla S R, Sharma S K. Evaluation of dynamic elastic properties of Bambusa bambos at three different stages of its life cycle by elastosonic technique[J]. Journal of Tropical Forest Science, 2017, 29(4)：448-456.

［44］ 住房和城乡建设部．建筑抗震试验规程：JGJ/T 101—2015［S］．北京：中国建筑工业出版社，2015.

［45］ FEMA in furtherance of the Decade for Natural Disaster Reduction：FEMA 273［S］．1997.

［46］ 冯鹏，强翰霖，叶列平．材料、构件、结构的"屈服点"定义与讨论［J］．工程力学，2017，34（3）：36-46.

［47］ 徐培福，戴国莹．超限高层建筑结构基于性能抗震设计的研究［J］．土木工程学报，2005（1）：1-10.

［48］ 住房和城乡建设部．建筑抗震设计规范：GB 50011—2010（2016年版）［S］．北京：中国建筑工业出版社，2016.

［49］ 住房和城乡建设部．混凝土结构设计规范：GB 50010—2010［S］．北京：中国建筑工业出版社，2011.

［50］ 中国工程建设标准化协会．矩形钢管混凝土结构技术规程：CECS 159—2004［S］．北京：中国计划出版社，2004.

［51］ 住房和城乡建设部．水泥基灌浆材料应用技术规范：GB/T 50448—2015［S］．北京：中国建筑工业出版社，2015.

［52］ 住房和城乡建设部．钢结构工程施工质量验收标准：GB 50205—2020［S］．北京：中国计划出版社，2020.

［53］ 住房和城乡建设部．建筑结构可靠性设计统一标准：GB 50068—2018［S］．北京：中国建筑工业出版社，2018.

［54］ 住房和城乡建设部．建筑结构荷载规范：GB 50009—2012［S］．北京：中国建筑工业出版社，2012.